Solventes Industriais

Seleção, Formulação e Aplicação

A Lei de Direito Autoral
(Lei n.º 9.610 de 19/2/98)
no Título VII, Capítulo II diz:

— *Das sanções civis*:

Art. 102   O titular cuja obra seja fraudulentamente reproduzida, divulgada ou de qualquer forma utilizada, poderá requerer a apreensão dos exemplares reproduzidos ou a suspensão da divulgação, sem prejuízo da indenização cabível.

Art. 103   Quem editar obra literária, artística ou científica sem autorização do titular perderá para este os exemplares que se apreenderem e pagar-lhe-á o preço dos que tiver vendido.

             Parágrafo único. Não se conhecendo o número de exemplares que constituem a edição fraudulenta, pagará o transgressor o valor de três mil exemplares, além dos apreendidos.

Art. 104   Quem vender, expuser à venda, ocultar, adquirir, distribuir, tiver em depósito ou utilizar obra ou fonograma reproduzidos com fraude, com a finalidade de vender, obter ganho, vantagem, proveito, lucro direto ou indireto, para si ou para outrem, será solidariamente responsável com o contrafator, nos termos dos artigos precedentes, respondendo como contrafatores o importador e o distribuidor em caso de reprodução no exterior.

Paulo Garbelotto
Coordenador

Solventes Industriais
Seleção, Formulação e Aplicação

© 2007 Paulo Garbelotto

1.ª edição – 2007

*É proibida a reprodução total ou parcial
por quaisquer meios
sem autorização escrita da editora*

EDITORA BLUCHER
Rua Pedroso Alvarenga, 1245 – 4º andar
04531-012 – São Paulo, SP – Brasil
Fax: (11) 3079-2707
Tel.: (11) 3078-5366
e-mail: editora@blucher.com.br
site: www.blucher.com.br

ISBN 978-85-212-0437-4

FICHA CATALOGRÁFICA

Solventes industriais : seleção, formulação e aplicação/Paulo Garbelotto, coordenador - - São Paulo: Blucher : Rhodia, 2007.

Vários autores
Bibliografia.
ISBN 978-85-212-0437-4

1. Solventes I. Garbelotto, Paulo.

07-7404　　　　　　　　　　　　　　　　　　　　　　　　　　CDD-660.29482

Índices para catálogo sistemático:
1.　　　　Solventes industriais : Físico-química aplicada 660.29482

Apresentação

Informar, formar, educar: trinômio atemporal que invariavelmente é atribuído a líderes.

Há mais de três décadas a Rhodia dedica, no Brasil, investimentos em avanços tecnológicos no campo dos Solventes com o objetivo de apoiar o desenvolvimento da indústria. A história deste livro é a tradução deste espírito.

Tudo começou com o ideal de compartilhar nosso conhecimento acumulado não somente na fabricação como também em mercados, aplicações, propriedades físicas, técnicas analíticas, cuidados e conceitos de segurança, ambiente e responsabilidade.

Quatorze membros de diferentes áreas de nossa corporação aceitaram o desafio. Foram horas, dias, semanas, meses de dedicação voluntária, com o objetivo de reunir o que de mais atual existe sobre este assunto.

O resultado desta obra, assim, é a reunião de conceitos práticos e assertivos, escritos de uma forma absolutamente leve sem perder, no entanto, a profundidade inerente ao estado-da-arte de um verdadeiro clássico.

Convido assim você, leitor, a viajar pelo mundo dos solventes industriais.

Direção Rhodia

VI Solventes industriais

Prefácio

Solvente, muitas vezes tratado com um simples meio reacional, na realidade representa um universo de enorme complexidade, cujos segredos são desvendados neste livro. Essa palavra expressa a capacidade de se dissolver alguma espécie ou entidade, permitindo que seus constituintes atômicos/moleculares se adentrem na fase líquida e sejam transportados para cumprir um destino ou propósito. Nesse percurso concorrem todas as forças que atuam na espécie a ser dissolvida, o soluto, bem como na interface soluto-solvente, e entre as moléculas do solvente. Por isso, o papel das interações dipolares, de pontes de hidrogênio e de van der Waals precisa ser devidamente compreendido e equacionado. Ao lado dessas forças também atua a natureza entrópica do solvente. A abordagem científica do papel do solvente é portanto essencial para o planejamento de seu desempenho em processos tecnológicos. Esse é um dos aspectos importantes que este livro oferece ao leitor, permitindo conhecer em profundidade, o mundo dos solventes.

As implicações do tema são imensas, a começar pela água, o solvente universal, sem o qual não existiria a vida. De fato, desde os imensos oceanos até a minúscula célula, as transformações químicas mais importantes se processam em fase líquida. Na indústria, o solvente faz parte de quase todas as formulações utilizadas nas mais diferentes etapas de produção. Na maioria delas, o solvente tem um papel transitório, pois deverá ser removido após o final do processo. Contudo, a remoção deve ser conduzida de forma criteriosa para não comprometer o resultado. É o caso das tintas, onde a utilização de uma mistura de solventes deve ser devidamente planejada, com base em parâmetros físicos, para que a evaporação dos componentes mais voláteis não provoque a precipitação do soluto na mistura remanescente. Esse planejamento científico é outro ponto importante que o leitor poderá assimilar através da leitura deste livro.

Grande parte das aplicações dos solventes ocorre em ambiente aberto, como nas pinturas residenciais e de edifícios, nos processos de impressão, e nas atividades de limpeza industrial e doméstica. Dessa forma, componentes voláteis acabam indo para a atmosfera; outros, solúveis em água, poderão contribuir para a contaminação das vias fluviais e também, do solo. Os problemas decorrentes são imensos, justificando a crescente preocupação em torno da preservação da qualidade de vida e do meio ambiente, refletida em normativas de caráter nacional e internacional que já começam a regulamentar o uso dos solventes. Neste livro, ao lado de normativas devidamente comentadas, o leitor encontrará uma apresentação bem fundamentada sobre os procedimentos da chamada "Química Verde", voltada para a escolha correta das opções em prol da qualidade de vida e da sustentabilidade.

Finalmente, diversos aspectos técnicos de análise e monitoração, bem como de natureza econômica e comercial, estão sendo apresentados de forma bastante criteriosa, permitindo compor um panorama amplo e atual dos solventes industriais. Seus autores, profissionais de reconhecida competência que atuam na Rhodia, compartilham neste magnífico livro, sua experiência e conhecimento, sem deixar de lado as questões relevantes no gerenciamento da saúde, segurança e meio ambiente.

Henrique E. Toma
Professor Titular do Instituto de
Química da Universidade de São Paulo

Sobre os autores

Alessandro Rizzato

Bacharel e Mestre em Química pela Universidade Estadual Paulista (UNESP). Doutor em Química pela UNESP e pela Université de Bourgogne, Dijon – França. Pós-doutorado em Química de Materiais Cerâmicos Nanoestruturados e Mesoporosos. Atua há 2 anos no Centro Rhodia de Pesquisas e Tecnologia em Paulínia, como pesquisador do Laboratório de Físico-Química, é responsável pelo Desenvolvimento e Aplicação de produtos a base de Bicarbonatos e desde maio de 2006 é Six Sigma Black Belt da Rhodia.

Ana Cristina Leite

Engenheira Química pela UNICAMP. Pós-graduada em Marketing pela Fundação Getúlio Vargas. Atua há 10 anos na indústria química e atualmente é responsável pela área de marketing das divisões químicas da Rhodia na América Latina.

Cristina Maria Schuch

Bacharel e Mestre em Química pela Universidade Federal do Rio Grande do Sul (UFRGS). Doutora em Química pela Universidade Estadual de Campinas (UNICAMP). Atua há 6 anos na indústria química e atualmente é pesquisadora sênior no Centro de Pesquisas da Rhodia em Paulínia, no departamento de Química Analítica.

Danilo Zim

Doutor em Química pela Universidade Federal do Rio Grande do Sul (UFRGS) com pós-doutorado no Massachusetts Institute of Technology (MIT). Atua desde 2003 na concepção e melhoria de processos químicos e atualmente é pesquisador do Centro de Pesquisas da Rhodia em Paulínia.

Denílson José Vicentim

Bacharel em Química, formado pela PUC Campinas. Atua desde 1987 no Centro de Pesquisas da Rhodia em Paulínia. Atualmente é Especialista em Desenvolvimento e Aplicações para os mercados de tintas e vernizes, tintas de impressão, thinners.

Edson Leme Rodrigues

Doutor em Engenheira Química pela Universidade Federal de São Carlos (UFSCar). Atua desde 2000 em desenvolvimento de processos químicos e petroquímicos. Atualmente é pesquisador no Centro de Pesquisas da Rhodia em Paulínia em desenvolvimento e aplicações para os mercados de ésteres, poliésteres e poliuretanos atuando também na concepção de processos químicos em escala piloto.

Fabiana Marra

Bacharel em Química pela Faculdade Oswaldo Cruz. Pós-graduada em Administração Industrial pela Fundação Vanzolini da Universidade de São Paulo. Atua há 15 anos nas indústrias de tintas e seus fornecedores e atualmente é responsável pelo marketing operacional da unidade de negócios solventes da Rhodia.

Fernando Zanatta

Farmacêutico formado pela Universidade Metodista de Piracicaba. Especialista em Product Stewardship e em Sistemas de Gestão da Qualidade. Atua na Rhodia como especialista corporativo em Product Stewardship para a América Latina.

Hidejal Santos

Biólogo e Engenheiro Civil/Sanitarista, formado pela PUC CAMPINAS. Atua no Centro de Pesquisas da Rhodia em Paulínia-CPP desde 78. À partir de 92, atua no CPP em meio ambiente, na área de Tecnologia. Atual Consultor em Meio Ambiente e garantidor nas áreas de Higiene Industrial e Análise de Risco de Processos.

Léo Santos

Bacharel e Mestre em Química pela Universidade Estadual Paulista (UNESP), Doutor em Química pela UNESP e pela Université de Montpellier II - Montpellier – França. Pós-doutorado em Química de Materiais: Polímeros, Superfícies e Estado Amorfo. Atua há 3 anos no Centro Rhodia de Pesquisas e Tecnologia em Paulínia como pesquisador no Laboratório de Físico-Química e desde outubro de 2006 é um dos responsáveis pela área de Análise Química Industrial na Usina Química de Paulínia.

Maria Luiza Teixeira Couto

Mestre em Geociências pela UNICAMP e engenheira quimica pela Universidade Federal de Minas Gerais, atuando na área de meio ambiente no CPP.

Rosmary De Nadai

Bacharel em Química pela UNICAMP. Especialista em Gestão Ambiental pela UNICAMP. Atua na área de meio ambiente no Centro de Pesquisas da Rhodia em Paulinia (CPP).

Sérgio Martins

Bacharel em Química com atribuições tecnológicas pela UFSCar. Mestre em Química pela USP. Atua desde 1994 no Centro de Pesquisas de Paulínia da Rhodia, sendo responsável neste período pelos Laboratórios de Caracterização Molecular e de Química de Processos. Atualmente é Especialista em Desenvolvimento e Aplicações para os mercados de adesivos, couro, mineração, tintas e vernizes.

Conteúdo

1 Panorama
- 1.1 Histórico 3
  - 1.1.1 O início 3
  - 1.1.2 1.ª onda: o processo de substituição dos clorados 4
  - 1.1.3 2.ª onda: o processo de restrição ao uso de hidrocarbonetos 5
  - 1.1.4 3.ª onda: a evolução dos solventes oxigenados 6
  - 1.1.5 Século 21: a revolução verde 7
- 1.2 Solventes: produto multimercado 8
  - 1.2.1 Mercado de tintas e vernizes 9
  - 1.2.2 Mercado de tintas de impressão 10
  - 1.2.3 Mercado de adesivos 11
- 1.3 Solventes: uma peça importante na cadeia petroquímica 13
- 1.4. Solventes: commodities e especialidades 15
- 1.5 Solventes: uma tecnologia antiga e atual 16

2 Aspectos gerais
- 2.1 Definição 20
- 2.2 Classificação 21
  - 2.2.1 Classificação dos solventes de acordo com a constituição química 21
  - 2.2.2 Classificação dos solventes em termos do comportamento ácido-base 21
  - 2.2.3 Classificação dos solventes em termos da interação soluto-solvente 24
  - 2.2.4 Classificação dos solventes usando constantes físicas ... 26
- 2.3 Interação soluto-solvente 28
  - 2.3.1 Transferência de energia na formação das soluções 29
  - 2.3.2 Solubilidade das soluções 29
  - 2.3.3 Fatores que afetam a solubilidade 30
  - 2.3.4 Classificações das soluções 31

2.4 Papel do solvente na indústria 31
    2.4.1 Solvente nas reações químicas 31
    2.4.2 Solvente em processos de extração 32
    2.4.3 Solventes usados em pintura e revestimento 33
    2.4.4 Solventes usados em tintas de impressão 33
    2.4.5 Solventes usados em produtos de limpeza 34
    2.4.6 Solventes usados em adesivos 34
    2.4.7 Solventes usados na manufatura de fármacos 34
    2.4.8 Solventes usados na produção de produtos agrícolas e alimentícios 35
    2.4.9 Solventes usados na manufatura de produtos de higiene pessoal 35
    2.4.10 Solventes para uso automotivo 36
    2.4.11 Solventes usados na produção de microchips 37
    2.4.12 Solventes usados em aerossóis 37

3 Principais classes de solventes

3.1 Solventes alifáticos 42
    3.1.1 Definição 42
    3.1.2 Características e reatividade 43
    3.1.3 Principais rotas de produção 45
3.2 Solventes aromáticos 46
    3.2.1 Definição 46
    3.2.2 Características e reatividade 47
    3.2.3 Principais rotas de produção 48
3.3 Solventes oxigenados 49
    3.3.1 Definição 49
    3.3.2 Características e reatividade 49
        3.3.2.1 Álcoois, éteres e acetais 49
        3.3.2.2 Principais rotas de produção 51
        3.3.2.3 Compostos carbonílicos 53
        3.3.2.4 Principais rotas de produção 55
3.4 Solventes halogenados 56
    3.4.1 Principais rotas de produção 57
3.5 Solventes nitrogenados e sulfurados 58
    3.5.1 Principais rotas de produção 59

4 Green Solvents

4.1 Introdução 64
4.2 Solventes verdes (*Green Solvents*) 66
    4.2.1 Química verde (*Green Chemistry*) 67
    4.2.2 Conceitos fundamentais 68
    4.2.3 Impacto ambiental 69

		4.2.3.1	Destruição da camada de ozônio 69
		4.2.3.2	Formação de neblina fotoquímica 72
4.3	Critérios para avaliação de solventes verdes 85
	4.3.1	Desempenho na aplicação... 85
	4.3.2	Neblina fotoquímica e produção de oxidante 86
	4.3.3	Destruição da camada de ozônio 86
	4.3.4	Fontes renováveis das matérias-primas: impacto no aquecimento global 86
	4.3.5	Descarte 87
4.4	Exemplos de classes de solventes verdes 88
	4.4.1	Exemplo de classificação de um solvente como solvente verde (*Green Solvent*) 89

5 Propriedades físico-químicas dos solventes

5.1	Energias envolvidas 96
5.2	Energia potencial e ligação covalente 97
5.3	Polaridade das ligações 97
5.4	Polaridade das moléculas 99
5.5	Forças intermoleculares 99
5.6	Estabilidade de fases 100
5.7	Limite de uma fase 101
5.8	Ponto crítico e ponto de ebulição 102
5.9	Ponto de fusão e ponto triplo 105
5.10	Constante dielétrica 106
5.11	Viscosidade 109
5.12	Índice de refração 109
5.13	Tensão superficial 111
5.14	Densidade 112

6 Parâmetro de solubilidade

6.1	Densidade de energia coesiva e pressão interna 128
6.2	Modelos empíricos de parâmetros de solubilidade 134
6.2.1	Modelo do parâmetro — Hildebrand 135
	6.2.2	Modelo do parâmetro — (Pausnitz and Blanks) 136
	6.2.3	Modelo do parâmetro — (Hansen) 137
	6.2.4	Modelos multi-parâmetros 142

7 Principais critérios de escolha de um solvente

7.1	Poder solvente 150
	7.1.1	Viscosidade 151
		7.1.1.1	Viscosidade dinâmica 151
		7.1.1.2	Viscosidade cinemática 153
		7.1.1.3	Reologia 153

		7.1.1.4	Medidas 155
		7.1.1.5	Outros métodos de determinação do poder solvente.. 158
	7.2	Velocidade de evaporação.. 159
		7.2.1	Vaporização.. 159
		7.2.2	Classificação dos solventes segundo seu ponto de ebulição 160
			7.2.2.1 Determinação do índice de volatilidade de um solvente 161
			7.2.2.2 Determinação da curva de evaporação de um solvente 162
		7.2.3	Balanceamento dos solventes em formulações 163
	7.3	Outros critérios para a escolha de um solvente................................ 168
		7.3.1	Fatores técnicos 168
			7.3.1.1 Retenção de solventes... 168
			7.3.1.2 Higroscopicidade 169
	7.4	Segurança, saúde e meio ambiente 173
	7.5	Exemplo de seleção de solventes em processos de separação............... 173

8 Solventes e suas aplicações

	8.1	Tintas e vernizes.. 184
		8.1.1 Princípios para formulação de sistemas solventes para tintas 184
		8.1.1.1 Solubilidade das resinas 184
		8.1.1.2 Comportamento das fases de uma solução polimérica... 185
		8.1.1.3 Mecanismo de formação de filme................................. 187
	8.2	Evaporação do solvente 188
		8.2.1 Tensão superficial... 192
		8.2.2 Viscosidade 192
		8.2.3 Metodologia de formulação.. 193
		8.2.3.1 Estabelecer a solubilidade do polímero e a miscibilidade da formulação... 193
		8.2.3.2 Especificar o perfil da evaporação e as outras propriedades do sistema solvente 193
		8.2.3.3 Formular sistemas solventes que apresentem boa solubilidade do polímero 194
		8.2.3.4 Testar as formulações experimentalmente para confirmar os resultados previstos......................... 194
	8.3	Formulação de sistemas solvente para segmentos de mercados específicos de tintas 194
		8.3.1 Determinação dos parâmetros de solubilidade e definição de conceito de distância normalizada 194
		8.3.1.1 Medidas para obtenção do parâmetro de solubilidade 194

    8.3.1.2 Definição do conceito de distância normalizada..........195
  8.3.2 Pintura original (OEM - Original Equipment Manufacturer).....196
  8.3.3 Repintura automotiva..204
8.4 Tintas industriais...217
  8.4.1 *Coil Coating*...217
  8.4.2 *Can Coating* 219
  8.4.3 Manutenção industrial...222
  8.4.4 Verniz para madeira 226
  8.4.5 Tintas de impressão 230
    8.4.5.1 Introdução...230
    8.4.5.2 A função dos solventes nas tintas de impressão..........231
    8.4.5.3 Flexografia 231
    8.4.5.4 Rotogravura 251
    8.4.5.5 Serigrafia 257
    8.4.5.6 Offset...258
8.5 Adesivos...259
8.6 Coalescente..267
  8.6.1 Preparação de filmes poliméricos..267
    8.6.1.1 A formação do filme..267
    8.6.1.2 Solvente de um filme 270
    8.6.1.3 Componentes orgânicos voláteis na solução aquosa ...271
    8.6.1.4 Aditivos 271
8.7 Solvente em processos...272
  8.7.1 Extração em fase líquida..274
    8.7.1.1 Definições..274
    8.7.1.2 Características desejáveis do solvente 277
    8.7.1.3 Áreas de aplicação 280
  8.7.2 Destilação extrativa..280
    8.7.2.1 Definições..280
    8.7.2.2 Características desejáveis do solvente 284
  8.7.3 Destilação azeotrópica 284
    8.7.3.1 Definições..284
    8.7.3.2 Características desejáveis do solvente 286
    8.7.3.3 Comparação entre a destilação extrativa e azeotrópica..286
  8.7.4 Absorção de gases 286
    8.7.4.1 Definições..286
    8.7.4.2 Características desejáveis do solvente 287
  8.7.5 Reações 288
    8.7.5.1 Efeito do solvente na velocidade das reações..............288
    8.7.5.2 O papel dos solventes em reações bioquímicas 291
    8.7.5.3 O papel dos solventes alternativos nas reações 293
  8.7.6 Método de seleção de solventes em processos.........................295

9 Métodos para a análise de solventes

- 9.1 Cromatografia gasosa 310
  - 9.1.1 Escolha de colunas cromatográficas 312
  - 9.1.2 Análise de solventes retidos em filmes e plásticos 316
- 9.2 Métodos químicos de análise de solventes...............................319
- 9.3 Métodos físicos de análise de solventes 320
- 9.4 Caracterização espectroscópica de solventes..........................322
- 9.5 Utilização de técnicas analíticas acopladas para resolução de problemas na indústria de solventes 324
- 9.6 Considerações finais...329

10 Um segmento comprometido com a sustentabilidade

- 10.1 Product Stewardship (Gerenciamento do Produto) 332
- 10.2 Classificação e comunicação de perigos — GHS 334
  - 10.2.1 Classificação de perigos para solventes 336
  - 10.2.2 Uso de GHS para classificação e comunicação de perigos 336
  - 10.2.3 Exemplo de classificação de perigos físicos...............338
    - 10.2.3.1 Inflamabilidade para líquidos.......................338
  - 10.2.4 Exemplo de classificação de perigos à saúde 339
    - 10.2.4.1 Toxicidade aguda (TA) 339
    - 10.2.4.2 Classificação com base nos dados disponíveis para todos os componentes 341
  - 10.2.5 Toxicidade sistêmica em órgãos-alvos específicos 342
    - 10.2.5.1 Classificação para toxicidade sistêmica em órgãos-alvos específicos................343
  - 10.2.6 Comunicação de perigos 346
    - 10.2.6.1 Perigos multiplos e precedência das informações de perigo..............................346
- 10.3 Gerenciamento dos aspectos de higiene, saúde e meio ambiente..........348
  - 10.3.1 Os solventes no contexto da higiene industrial 348
    - 10.3.1.1 A toxicidade como ferramenta de informação e planejamento na prática da Higiene Ocupacional 348
  - 10.3.2 Avaliações de campo — conceitos e práticas 351
    - 10.3.2.1 Considerações fundamentais.........................351
    - 10.3.2.2 Medições de campo — considerações para uma avaliação sustentável 354
    - 10.3.2.3 Tratamento dos resultados de campo — interpretação e aceitabilidade 358
- 10.4 Gerenciamento dos aspectos da saúde 361
  - 10.4.1 Os solventes no contexto da saúde humana — uma visão higienista 361
  - 10.4.2 O laboratório de análises como apoio ao diagnóstico médico....363
  - 10.4.3 Testes clínicos usados na prática da Saúde Ocupacional e seus significados 366

10.4.4 Carcinogênese/mutagênese/tóxicos para a reprodução
humana — CMR 372
    10.4.5 Efeitos neurotóxicos 373
10.5 Gerenciamento dos aspectos ambientais 374
    10.5.1 Solventes e seu comportamento no acosistema 374
    10.5.2 Propriedades físico-químicas 375
        10.5.2.1 Estado físico 376
        10.5.2.2 pH 376
        10.5.2.3 Peso molecular 376
        10.5.2.4 Pressão de vapor 376
        10.5.2.5 Solubilidade em água 376
        10.5.2.6 Densidade 377
        10.5.2.7 Lipossulubilidade 377
        10.5.2.8 Coeficiente de partição (Kow) 377
        10.5.2.9 Constante de Henry 378
    10.5.3 Informações ecológicas 378
        10.5.3.1 Mobilidade 379
        10.5.3.2 Volatilidade 379
        10.5.3.3 Adsorção/dessorção 379
        10.5.3.4 Precipitação 380
        10.5.3.5 Tensão superficial 380
        10.5.3.6 Compartimento-alvo do solvente 380
        10.5.3.7 Degradação biológica ou biodegradabilidade 381
        10.5.3.8 Persistência 383
        10.5.3.9 Bioacumulação 384
        10.5.3.10 Fator de bioconcentração (FBC) 384
        10.5.3.11 Ecotoxicidade 385
        10.5.3.12 Efeitos sobre organismos aquáticos 385
        10.5.3.13 Efeitos sobre organismos terrestres 387
        10.5.3.14 Efeitos nocivos diversos 387
    10.5.4 Potencial de formação de ozônio fotoquimicamente 387
        10.5.4.1 Potencial de destruição da camada de ozônio 388
    10.5.5 Potencial de aquecimento global 390
    10.5.6 Efeitos nas estações de tratamento de águas residuais 390

Glossário 393
Índice remissivo 395

Panorama
Mercado de solventes industriais

Este capítulo tem por objetivo apresentar um panorama sobre solventes: sua história, seus mercados, os principais produtos e como eles estão inseridos em algumas cadeias produtivas.

Ana Cristina Leite

Fabiana Marra

O universo dos solventes é muito abrangente e suas aplicações estão presentes no dia-a-dia de todos. Os solventes industriais representam o maior volume manipulado e são componentes-chaves em diversos processos e produtos: tintas, embalagens, adesivos, produtos de limpeza, purificação de fármacos e químicos em geral, apenas para citar alguns exemplos.

Este capítulo tem por objetivo apresentar um panorama sobre este tipo de solvente: sua história, seus mercados, seus principais produtos e como eles estão inseridos em algumas cadeias produtivas.

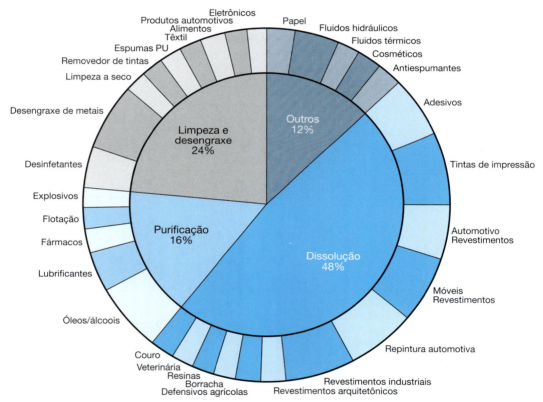

Figura 1.1. Solvente: uma família de produtos presentes em uma ampla gama de mercados finais.

1.1. Histórico

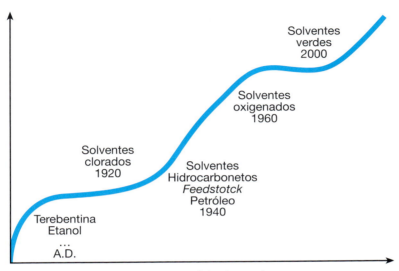

Figura 1.2. A história dos solventes.

1.1.1. O início

Acredita-se que os primeiros solventes utilizados foram os hidrocarbonetos; como a terebintina que era extraída da madeira e o etanol de processos de fermentação. Civilizações grega e romana já fermentavam uva e cana-de-açúcar para obtenção de etanol e descobriram que, apesar de esse líquido ter comportamento parecido com a água e parecer água, podia dissolver óleos e resinas.

Antes de Cristo, já havia registros do uso de solventes para fins medicinais pelos assírios. Existem também dados que comprovam que os egípcios os usavam para sintetizar substâncias com finalidade cosmética. Trabalhos realizados entre químicos da L'Oreal e cientistas do Louvre em Paris concluíram que a cor preta presente na maquiagem analisada em relíquias do segundo milênio era sintética, ou seja, feita por componentes não existentes na natureza.

Antoine de Chiris e Roure Bertrand Fils marcaram a história dos solventes quando em 1900 apresentaram na Feira Mundial de Paris essências extraídas com solventes voláteis. Ganharam o grande prêmio da feira.

O primeiro solvente de fonte petroquímica foi produzido em 1920.

Com o fim da 1.ª Guerra Mundial em 1918, veio a necessidade de produção em larga escala. Os solventes em tintas começaram a ser utilizados para atender às demandas do mercado que se reconstruía e tinha pressa.

Na indústria automotiva, a introdução de maquinários que permitiam a agilidade do processo de pintura dos carros requisitava que o processo de secagem fosse mais rápido. As resinas à base de óleos vegetais e resinas de madeira foram substituídas por resinas à base de nitrocelulose. Apenas como observação, com o final da guerra, as fábricas de pólvora ficaram ociosas e estas novas resinas serviram para ocupar estes equipamentos de produção.

As resinas fenólicas vieram na seqüência e foram as primeiras resinas sintéticas (1920). Em 1930, as resinas alquídicas começaram a ser comercializadas.

O uso de solventes orgânicos industriais foi impulsionado e modelado pela evolução dos tipos de resinas e da tecnologia de produção das tintas. O motor desta evolução foi, sem dúvida, a necessidade de resinas mais modernas de secagem rápida [1].

1.1.2. 1ª onda: o processo de substituição dos clorados

Os primeiros solventes a serem produzidos foram os chamados organo-clorados. A ICI (International Coatings Industry) foi pioneira na produção e utilização desses solventes.

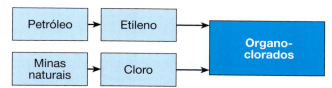

Figura 1.3. Esquema ilustrativo das matérias-primas dos principais organo-clorados.

O solvente tricloroetileno (TCE) teve sua primeira produção em 1910, porém somente encontrou aplicações relevantes em 1930. O tetracloreto de carbono substituiu a gasolina na aplicação de limpeza de materiais e foi considerado o principal solvente orgânico dessa aplicação até 1960, quando foi introduzido o 1,1,1-Tricloroetano (TCA).

Os solventes organo-clorados foram utilizados por vários anos para remover ceras, óleos e outras substâncias de diversas superfícies. Apresentavam alta performance, sendo considerados seguros para o trabalhador porque não eram inflamáveis. Os organo-clorados mais utilizados eram: 1,1,2-tricloro-1,2,2-trifluoroetano (CFC 113), 1,1,1-tricloroetano (TCA), tricloroetileno (TCE), tetracloroetileno também chamado de percloroetileno ou PERC e também o diclorometano.

Os solventes clorados foram denominados como líquidos densos de fase não aquosa (DNAPL - Dense Non-Aqueous Phase Liquids), devido às suas características de não possuir odor ou sabor e por terem densidade superior à da água.

Apesar de existirem técnicas de medição, os solventes clorados não eram alvos de detecção e medição até a década de 80. Somente após análises sobre o método de disposição de resíduos entendeu-se como estes produtos contaminavam o subsolo.

Em 1970, identificou-se que alguns clorofluorcarbonos (CFCs) sofriam alterações químicas na camada superior da atmosfera, levando à destruição da camada de ozônio. Em função disso, em 1987, 45 nações assinaram um acordo para restringir a produção e uso destas substâncias. Em 1992, foi votado que a partir de 1º de janeiro de 1996 não seria mais permitido o uso das substâncias que atacam a camada de ozônio, contidas na lista **ODSL** (Ozone Depleting Substance List) Classe 1.

Apesar disso, o uso de substâncias como CF113 e TCA, que eram de extrema importância para a indústria na aplicação de desengraxe de metais, continuou nos anos seguintes até que alternativas técnicas fossem desenvolvidas.

1.1.3. 2ª onda: o processo de restrição ao uso de hidrocarbonetos

Dos hidrocarbonetos o benzeno foi o primeiro solvente a ser comercializado. Em 1849 era produzido a partir do carvão e, só em 1941, teve produção a partir do petróleo. No início, a principal aplicação do benzeno era na gasolina, mas na metade da Segunda Guerra Mundial teve seu portfólio de aplicação expandido para a indústria química. Atualmente, sua principal aplicação é como matéria-prima na produção de etilbenzeno, cumeno e ciclohexano.

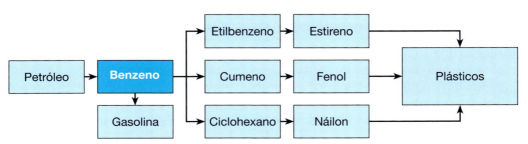

Figura 1.4. Esquema ilustrativo do benzeno e suas principais aplicações.

Em 1989, o EPA (Environmental Protection Agency) restringiu o uso de benzeno em aplicações industriais. Tolueno e xileno, co-produtos do benzeno foram estudos e estes relatórios sobre o impacto negativo que ambos podem causar à saúde dos trabalhadores, divulgados com maior freqüência na década de 90.

Na década de 90, o Protocolo de Montreal e o Clean Air Act, uma das regulamentações do EPA, tiveram aceitação internacional e promoveram o processo de redução gradual do uso de solventes que atacam a camada de ozônio. Nos Estados Unidos, o

Clean Air Act também limitou a emissão de componentes orgânicos voláteis (VOC), restringindo o uso de hidrocarbonetos, clorados, dentre outros.

As indústrias têm feito um esforço voluntário para redução do uso de alguns produtos como benzeno, tolueno, metiletilcetona (MEK), metilisobutilcetona (MIBK), clorofórmio e cloreto de metileno, para citar alguns. Os órgãos e agências de proteção ao meio ambiente estão conscientes destas iniciativas, observadas principalmente em países desenvolvidos. A maior redução tem ocorrido nos segmentos de Tintas e Vernizes e produtos de limpeza industrial.

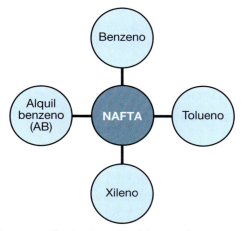

Figura 1.5. Esquema ilustrativo dos hicrocarbonetos mais usados.

1.1.4. 3ª onda: a evolução dos solventes oxigenados

A evolução do uso e do conhecimento sobre o impacto dos químicos na saúde dos indivíduos levou à introdução de legislações sobre saúde, segurança e meio ambiente, obrigando os produtores e usuários a desenvolverem alternativas. Foi neste contexto que nasceu a 3ª geração de solventes: os oxigenados. Nesta categoria, encontram-se funções químicas, como álcoois, cetonas, ésteres, glicóis, éter glicólicos, dentre outras.

Antes do surgimento de tais legislações, mais da metade do volume de tintas base solvente produzidos eram compostas de hidrocarbonetos alifáticos e aromáticos. Após o Protocolo de Montreal, muitas empresas, principalmente de países desenvolvidos, iniciaram a substituição por solventes oxigenados, quando viável tecnicamente. Hoje, consomem-se cerca de 20 milhões de toneladas de solventes industriais no mundo, destes 70% são oxigenados.

1. Panorama - Mercado de solventes industriais

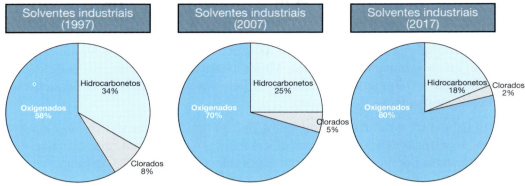

Figura 1.6. Perfil de solventes industriais:
clorados, hidrocarbonetos e oxigenados (1997-2007).

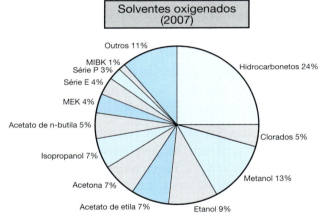

Figura 1.7. Solventes mais consumidos mundialmente
(veja o significado dos termos no item 1.3).

1.1.5. Século 21: a revolução verde

O uso de solventes petroquímicos é fundamental para vários processos químicos e aplicações do dia-a-dia, mas isso tem causado impactos ao meio ambiente. O Protocolo de Montreal identificou a necessidade de reavaliação dos processos químicos identificando e quantificando o uso de compostos orgânicos voláteis (VOCs) e o impacto desses no meio ambiente.

A demanda por solventes mais amigáveis tem apresentado forte crescimento nas últimas décadas e culminou com a criação de um novo agrupamento de produtos: os solventes verdes.

Os solventes crescem, em média, nas mesmas taxas do PIB mundial. Se os solventes clorados e hidrocarbonetos tiveram taxas de crescimento negativas, os solventes oxigenados crescem a taxas 2 vezes maiores do que o PIB e os chamados "verdes", a 4 vezes esta taxa.

O solvente perfeito ainda não existe, porém deve se encontrar o equilíbrio entre eficiência, custo e impacto ambiental. Vários biossolventes como soiato de metila, lactato de etila e D-limoneno já existem há pelo menos 15 anos e têm encontrado sucesso em vários nichos de mercado.

Mundialmente, os solventes de fonte petroquímica ainda são predominantes, mas mesmo estes têm tido suas taxas de crescimento diretamente relacionadas com o quão amigáveis podem ser considerados em relação ao homem e ao meio.

1.2. Solventes: produto multimercado

Como indicado na Figura 1.8, as funcionalidades dos solventes os habilitam a atuar em diversos mercados e aplicações, como pode ser melhor visualizado na Figura 8.

Dentre estes mercados merece destaque o de Tintas, não somente por ter sido pioneiro no uso de solventes, como por ser até hoje o seu maior consumidor, seja como tinta, verniz, tinta de impressão, removedor de tintas, *thinners*...

Contudo na América Latina, o perfil de consumo sofre outra distribuição, em função de alguns mercados não serem tão desenvolvidos. Um exemplo disso é o mercado farmacêutico. Nesta aplicação, a funcionalidade dos solventes é usada, principalmente, no processamento de ativos e a indústria farmacêutica na região ainda manipula, predominantemente, ativos importados.

Figura 1.8. Principais mercados finais dos solventes industriais (mundial).

Figura 1.9. Principais mercados finais dos solventes industriais (América Latina).

1.2.1. Mercado de tintas e vernizes

O mercado de tintas e vernizes na Europa, Estados Unidos e Japão são mercados maduros que crescem a taxas 2% ao ano e estão vinculados ao desenvolvimento da economia na região. Em regiões menos industrializadas, o crescimento do mercado é em torno de 6% ao ano.

Estima-se que o consumo mundial de tintas e vernizes em 2007 seja próximo a 7 milhões de toneladas.

O mercado de tintas e vernizes está segmentado, conforme segue abaixo:
- Tintas decorativas ou arquitetônicas;
- Tintas automotivas OEM (Original Engineer Manufacturer);
- Tintas para repintura Automotiva;
- Tintas para madeira;
- Tintas industriais: (linha branca, linha marrom...).

Até o início da década de 70, a maior parte das tintas que eram produzidas tinha tecnologia *base solvente de baixos sólidos* e *tintas base água* para o segmento arquitetônico. No final desta década, a pressão das legislações para diminuição do VOC nas operações industriais, a necessidade de conservação da energia e o aumento dos custos dos solventes favoreceram a entrada de novas tecnologias como:
- *Base água* (emulsões termocuradas, dispersões coloidais e solúveis em água);
- *Altos sólidos*;
- Sistemas bicomponentes;
- Tintas em pó e
- Cura UV.

O desenvolvimento destas tecnologias sofreu forte aceleração na década de 90 quando o Protocolo de Montreal e o Clean Air Act tiveram aceitação internacional.

Atualmente, as tecnologias predominantes são as: *base solvente* e *base água*.

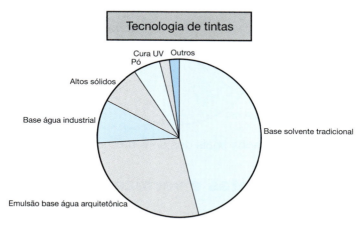

Figura 1.10. Perfil indicativo das tecnologias presentes no mercado de tintas.

A tinta *base solvente* ainda é a tecnologia mais utilizada por apresentar melhor relação custo × desempenho, acredita-se que nos próximos cinco anos as legislações de controle de poluição do ar irão favorecer o crescimento de outras tecnologias, como alto sólidos, cura UV e base água.

Nos Estados Unidos e Europa, vem ocorrendo um movimento de consolidação das empresas produtoras de tintas. Em outras regiões do mundo, os pequenos a médios fabricantes, ainda representam uma parcela expressiva, por exemplo, na Ásia 60% do mercado ainda é dos pequenos a médios, enquanto na Europa e Estados Unidos são 20% e 35% respectivamente.

1.2.2. Mercado de tintas de impressão

O mercado de tintas de impressão é segmentado em duas grandes categorias:
- impressão/publicidade;
- indústria de embalagens.

Os processos mais comuns disponíveis para impressão são: litografia, flexografia, rotogravura, *letterpress e screen*.

O fator-chave de sucesso das indústrias de tintas de impressão está baseado em dois pilares:

- qualidade técnica do produto;
- assistência técnica ao cliente.

O diferencial desse mercado é que boa parte do material já está vendida antes de ser produzida. Estima-se uma demanda em torno de 3,5 milhões de toneladas em 2007. A taxa de crescimento é de 4%, mesmo em países desenvolvidos industrialmente.

Por ser um segmento que também gera grandes emissões de VOC, vem sendo pressionado pelas legislações, contudo a troca de tecnologia nesse segmento é mais lenta, pois os custos de substituição para tecnologias base água ou cura UV são extremamente elevados.

1.2.3. Mercado de adesivos

Existem vários tipos de adesivos:

- base água;
- base solvente;
- 100% sólido (tecnologia *hot melt* e adesivos sensíveis a pressão);
- filmes;
- pó.

Os adesivos são utilizados em uma variedade de aplicações da indústria têxtil e de embalagens flexíveis até em aplicações estruturais, onde o adesivo é projetado para alto poder de adesão.

O mercado de adesivos cresce acima do PIB mundial, pois os adesivos são produtos versáteis que estão nas mais diversas aplicações. O mercado procura cada vez mais alto desempenho nas colagens, pois os substratos estão mudando, seja por questões de *design* dos produtos ou por questões ambientais.

Apesar de a indústria de adesivos não ser um dos principais geradores de VOC, ela também sofre pressão das regulamentações.

O mercado de adesivos pode ser segmentado pelo tipo da resina do adesivo ou pelo mercado usuário final.

Uma segmentação usual por tipo de resina é a seguinte:

- Polímeros naturais;
- Polímeros solúveis em água;
- Polímeros *base solvente*;
- *Hot melt*;
- Reativos;
- Dispersão/emulsão.

Estima-se que a demanda de adesivos em 2007 será de 15,5 milhões de toneladas. O segmento de adesivo *base solvente* é o terceiro maior com a demanda de 1,8 milhões de toneladas.

Com o aumento das regulamentações de saúde, segurança e meio ambiente o consumo de solventes vem diminuindo nos últimos anos, algumas aplicações substituíram os adesivos *base solvente* por tecnologia base água ou *hot melt*.

Novas reduções no consumo de solventes ficarão mais difíceis no futuro, pois atualmente utiliza-se esta tecnologia em aplicações específicas, nas quais, alto desempenho técnico é requerido. Nestes casos, as tecnologias substitutas ainda não atingiram os pré-requisitos necessários.

Embora a redução de solventes não seja um fato esperado para os próximos anos, também neste mercado existe uma clara tendência de avaliação e substituição, onde pertinente, dos solventes atuais por outros mais amigáveis.

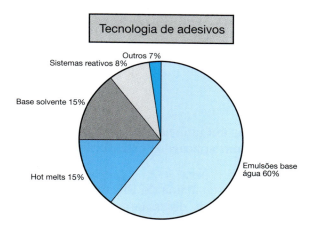

Figura 1.11. Perfil indicativo das tecnologias presentes no mercado de adesivos.

1.3. Solventes: uma peça importante na cadeia petroquímica

Os solventes fazem parte como produto principal ou como co-produto das importantes cadeias de produção da atualidade, tendo por origem a petroquímica: petróleo ou gás natural ou fontes renováveis, estes produtos sempre estão presentes.

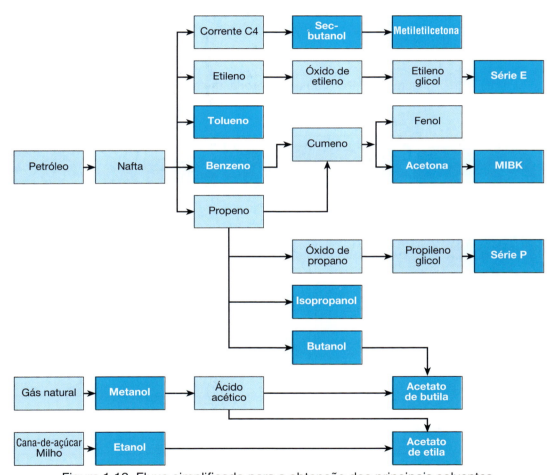

Figura 1.12. Fluxo simplificado para a obtenção dos principais solventes.

É importante destacar que algumas das principais moléculas reconhecidas no mundo dos solventes não têm nesta funcionalidade sua única ou principal aplicação. Exemplos que se encaixam neste perfil: acetona, metanol e etanol.

14 Solventes industriais

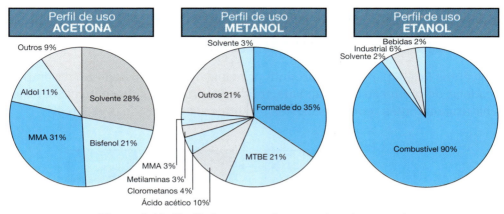

Figura 1.13. Perfil de uso acetona, metanol e etanol.
(MMA = metil metacrilato; MTBE = metil terc butil éter)

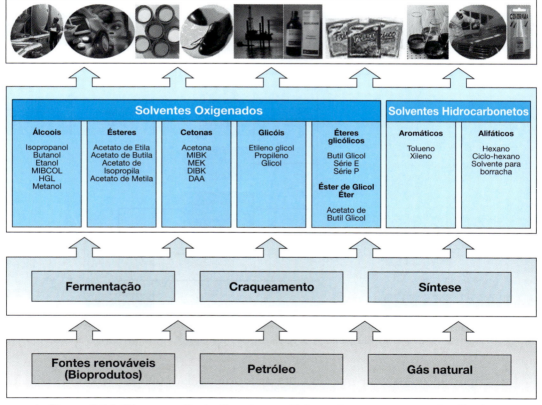

Figura 1.14. Diagrama ilustrativo das matérias-primas aos mercados finais.
(MIBCOL = metilisobutilcarbinol; HGL = hexilenoglicol; MIBK = metilisobutilcetona;
MEK = metiletilcetona; DIBK = diisobutilcetona; DAA = diacetona álcool;
IPA = isopropanol)

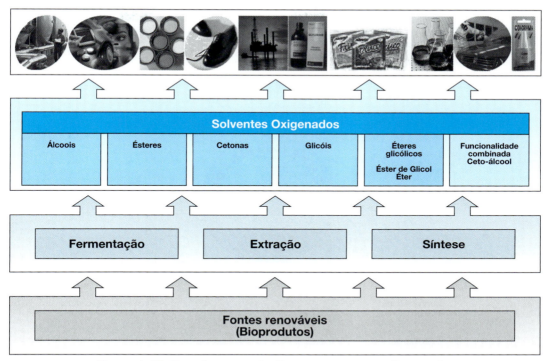

Figura 1.15. Da origem ao destino – uma perspectiva verde.

1.4. Solventes: *commodities* e especialidades

A observação de que o tamanho do mercado mundial de solventes é em torno de 20 milhões de toneladas leva à conclusão imediata de que os mesmos são, sem sombra de dúvida *commodities*, ou seja, produtos que se comercializam em grandes quantidades, cujos produtores devem atender a uma série de requisitos de excelência operacional e escala para atuar neste mercado.

Alguns solventes são comercializados em grandes volumes (mais de 500 mil toneladas/ano individualmente): tolueno, metanol, etanol, acetato de etila, acetato de n-butila, acetona, MEK e IPA (isopropanol), para citar alguns.

Outros, mais de 50, são considerados como solventes e possuem volumes de comercialização abaixo das 200 mil toneladas/ano individualmente. Como exemplo pode-se citar: diacetona álcool, hexileno glicol, produtos da série E e série P individualmente, metil isobutil carbinol (MIBC), ciclohexanol, n-butanol, n-propanol, ciclopentanona, óxido de mesitila, acetato de terc-butila, acetato de isopropila, soiato de metila, lactato de etila, N-metil pirrolidona... A maior parte destes produtos comporta-se como especialidades, pois possuem poucos produtores mundiais, a escala de produção e comercialização são menos relevantes e normalmente atendem a necessidades específicas de algumas aplicações, se aproximando mais de uma atuação em nichos.

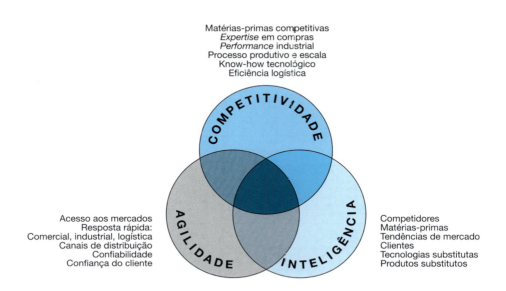

Figura 1.16. Fatores que todos os produtores de solventes devem considerar para atuar com eficiência.

1.5. Solventes: uma tecnologia antiga e atual

A depender da aplicação em questão pode-se indicar mais de 7 possíveis tecnologias substitutas.

Embora algumas aplicações usem solventes desde antes de Cristo, e reconhecidamente as tecnologias *base solvente* estejam entre as mais antigas, esta tecnologia ainda pode ser considerada moderna e atual porque evoluiu ao longo dos anos. Nasceu com os organo-clorados em 1920 e evoluiu para atender critérios da química verde, criando novas classes e conceitos de solventes: os verdes, no início do século 21.

Atendendo a maior parte dos critérios de escolha: desempenho, custo, baixo investimento inicial, baixo gasto de energia na secagem e aplicação e, cada vez mais, buscando atender aos padrões de saúde ocupacional e meio ambiente, as tecnologias à base de solventes renascem e se reinventam neste novo século.

Não existe tecnologia perfeita. Observando a história e ponderando as vantagens e desvantagens das tecnologias *base solvente*, estas ainda devem estar presentes no mercado nos próximos séculos.

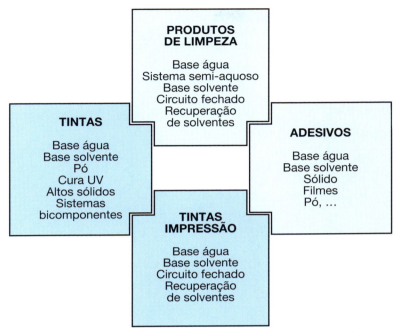

Figura 1.17. Esquema ilustrativo de algumas tecnologias substitutas.

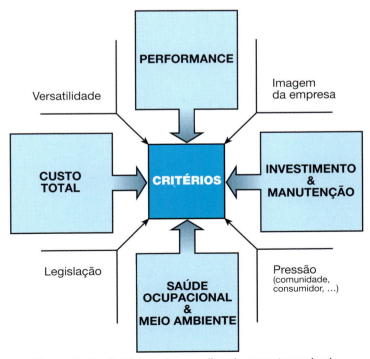

Figura 1.18. Critérios de escolha de uma tecnologia.

Referências bibliográficas

Dieter Stoye, Werner Freitag Paints, Coatings and Solvents Second, Completely Revised Edition, p. 2.

www.dnapl.group.shef.ac.uk

www.chemlink.com.au

www.webelements.com

2 Aspectos gerais

Este capítulo faz uma abordagem geral sobre o papel dos solventes nas diversas aplicações assim como uma classificação sob vários focos: constituição química, comportamento ácido-base, interação soluto-solvente e propriedades físicas.

Edson Leme Rodrigues

Solventes são empregados por todos os tipos de indústrias para processar, manufaturar e formular produtos. Nos processos químicos industriais, os solventes são empregados em várias etapas operacionais dos processos tais como separação (de gases, líquidos e/ou sólido), reações (como meio reacional, reagente e agente de arraste), lavagem e muitas outras operações. Como parte de produtos formulados, os solventes são usados em pinturas, tecidos, borrachas, adesivos e milhares de outros produtos de uso industrial e doméstico. Na indústria de produtos de limpeza, os solventes são empregados como agentes de limpeza, ou como parte dos produtos de limpeza. Esta lista não é exaustiva, e os solventes podem ser empregados em outras propostas industriais, domésticas e pesquisa.

Aliados ao amplo benefício dos solventes, os aspectos ambientais, de saúde e segurança, incluindo aspectos humanos e eco-toxicidade, segurança de processo e gerenciamento de resíduos devem ser considerados.

Portanto, as diretrizes que norteiam o desenvolvimento em solventes buscam reduzir o impacto ambiental, com especial ênfase na seleção do mais apropriado solvente e no desenvolvimento de novos solventes.

2.1. Definição

Solventes são compostos químicos normalmente no estado líquido à temperatura ambiente e pressão atmosférica, os quais são aptos a dissolver, suspender ou extrair outras substâncias sem alterá-las quimicamente.

Uma solução é constituída de pelo menos dois componentes, uma substância, denominada soluto, dissolvida em um solvente. As soluções são obtidas através da mistura de componentes sólidos, líquidos e/ou gasosos com líquidos. Quando dois componentes líquidos são misturados, arbitrariamente o componente em excesso molar é considerado solvente.

Ao discutirmos as propriedades de uma solução, nosso interesse principal é com as propriedades do soluto. Dessa forma, a escolha do solvente é baseada particularmente na propriedade do soluto que desejamos desenvolver.

As seguintes características são almejadas nos solventes:

- Aparência límpida e incolor;
- Volatilizar sem deixar resíduo;
- Boa resistência química;
- Quimicamente inerte;
- Odor leve ou agradável;
- Baixo teor de água (anidro);
- Propriedades físicas constantes ;
- Baixa toxicidade;
- Biodegradabilidade.

2.2. Classificação
2.2.1. Classificação dos solventes de acordo com a constituição química

Três grandes classes de solventes são reconhecidas: aquosos, não-aquosos e orgânicos. Embora as classificações: não-aquoso e orgânico sejam ambas não-aquosas, o termo solvente orgânico é geralmente aplicado para um grande grupo de compostos contendo carbono, os quais encontram uso industrial e como meio para síntese química. Os solventes orgânicos são geralmente classificados pelo grupo funcional, os quais estão presentes na molécula, por exemplo, álcoois, cetonas, ésteres, éteres, éter glicóis, aminas, hidrocarbonetos aromáticos, alifáticos, ciclos-alifáticos, halogenados ou nitretados e terpenos; tais grupos dão uma indicação dos tipos de interações físico-químicas que podem ocorrer entre o soluto e o solvente.

Os solventes não-aquosos englobam substâncias inorgânicas e alguns compostos contendo carbono de baixo peso molecular, tais como ácido acético, metanol e dimetilsulfóxido. Os solventes não-aquosos podem ser sólidos (por exemplo, LiI fundido), líquidos (H_2SO_4), ou gases (NH_3) a condições ambientes; a propriedade do solvente de iodeto de sódio fundido (NaI) é manifestada no estado fundido, no entanto, ácido sulfúrico (H_2SO_4) e amônia (NH_3) devem ser liquefeitos para atuarem como solventes.

2.2.2. Classificação dos solventes em termos do comportamento ácido-base

Teoria ácido-base de Brönsted-Lowry

De acordo com a teoria ácido-base de Brönsted-Lowry, ácidos e bases são doadores e receptores de prótons, respectivamente, como expresso na equação de equilíbrio (2.1):

$$\underbrace{HA^{z+1}}_{\text{Ácido}} \rightleftharpoons \underbrace{A^z}_{\substack{\text{Base}\\\text{Conjugada}}} + H^+ \qquad (2.1)$$

onde $Z = 0, \pm 1\ldots$

A maioria dos solventes possui propriedades ácidas ou básicas, a força ácida ou básica depende do meio, no qual eles estão dissolvidos.

O equilíbrio apresentado na equação 2.2 será estabelecido quando um ácido HA é dissolvido em um solvente básico SH.

$$\underbrace{HA^{z+1}}_{\text{Ácido}} + \underbrace{SH}_{\text{Solvente}} \rightleftharpoons SH_2^+ + A^z \qquad (2.2)$$

A força do ácido HA no solvente SH é dada pela constante de acidez K_a de acordo com a equação (2.3).

$$K_a = \frac{[SH_2^+]*[A^z]}{[HA^{z+1}]} \qquad (2.3)$$

Em um solvente ácido SH, o equilíbrio ácido-base representado pela equação (2.4) será estabelecido.

$$\underset{\text{Base}}{A^z} + \underset{\text{Solvente}}{SH} \rightleftharpoons +HA^{z+1} + S^- \qquad (2.4)$$

O aumento da basicidade ou acidez do solvente desloca o equilíbrio (2.2) e (2.4) para a direita, respectivamente.

Os solventes que são auto-ionizáveis possuem ambas características, ácido e base (ex. água). Estes solventes são denominados *Solventes anfipróticos* ao contrário dos *solventes apróticos*, os quais não são auto-ionizáveis (ex. hidrocarbonetos alifáticos, tetracloreto de carbono).

Esta classificação de solventes foi primeiramente proposta por Brönsted, que distinguiu quatro tipos de solventes com base em suas propriedades ácidas e base. Davies estendeu a classificação de Brönsted e distinguiu os solventes com constantes dielétricas maiores e menores do que 20, propondo 8 classes de solventes. Uma classificação mais simplificada foi apresentada por Kolthoff e está apresentada na Tabela 2.1.

Tabela 2.1. Classificação dos solventes orgânicos de acordo com o comportamento ácido-base

Classificação do solvente		Acidez relativa[a]	Basicidade relativa[a]	Exemplos
Anfipróticos	Neutro	+	+	H_2O, CH_3OH, $(CH_3)_3COH$, $HOCH_2CH_2OH$
	Protogênico	+	–	H_2SO_4, $HCOOH$, CH_3COOH
	Protofílico	–	+	NH_3, $HCONH_2$, $CH_3CONHCH_3$, $H_2N-CH_2CH_2-NH_2$
Aprótico	Dipolar protofílico	–	+	$HCON(CH_3)_2$, CH_3SOCH_3, Piridina, 1,4-dioxano, $(C_2H_5)_2O$, tetra-hidrofurano
	Dipolar protofóbico	–	–	CH_3CN, CH_3COCH_3, CH_3NO_2, $C_6H_5NO_2$, sulfolano
	Inerte	–	–	Hidrocarbonetos alifáticos, C_6H_6, $Cl-CH_2-Cl$, CCl_4

[a]: Indica ácido ou base (–) mais fracos ou (+) mais fortes do que a água.

A água é um protótipo de um solvente anfiprótico e todos os solventes com similares propriedades ácido-base são chamados de *solventes neutros*. Solventes que são ácidos mais fortes e bases mais fracas do que a água são denominados *solventes protogênicos*. Ao contrário, os solventes com maior basicidade e fraca acidez em relação à água são chamados *solventes protofílicos*.

A partir da equação (2.2), pode-se observar que a ionização de um ácido depende da basicidade do solvente. No entanto, a ionização de um ácido não depende apenas da basicidade do solvente, mas também da sua constante dielétrica e de sua habilidade de solvatação. A dependência das constantes ácida e base de um composto na basicidade e acidez, respectivamente, dos solventes conduz a uma distinção da capacidade de ionização dos solventes. Por exemplo, em metanol, o ácido hipocloroso é completamente ionizado, entretanto o ácido nítrico é apenas parcialmente ionizável.

Numerosas escalas de acidez e basicidade são elaboradas para água e outros solventes. Entretanto, não há uma simples escala de acidez e basicidade, igualmente válida e usual para todos os solventes e aplicável para ambas situações de equilíbrio e cinética.

A acidez e basicidade dos solventes podem ser medidas de diferentes formas. Ao lado dos métodos experimentais para medida das constantes de equilíbrio ácido-base, possíveis aproximações são a determinação da basicidade e acidez do solvente através da variação em alguma propriedade física (como um infravermelho ou absorção UV/Vis ou RMN) de uma molécula de um substrato padrão quando transferida de um solvente referência para outro.

Teoria ácido-base de Lewis

De acordo com Lewis, ácidos são receptores de pares de elétrons (EPA = "electron pair acceptors") e bases são doadores de pares de elétrons (EPD = "electron pair donors") relacionados através do equilíbrio apresentado na equação (2.5).

$$\underset{\substack{\text{Ácido} \\ \text{EPA} \\ \text{eletrofílico}}}{A} + \underset{\substack{\text{Base} \\ \text{EPD} \\ \text{nucleofílico}}}{:D} \rightleftharpoons \underset{\substack{\text{Ácido-base} \\ \text{complexo}}}{A-D} \quad (2.5)$$

Os solventes podem ser classificados como EPD e EPA de acordo com sua constituição química e compostos do meio reacional. No entanto, nem todos os solventes podem ser classificados nesta classe. Por exemplo, hidrocarbonetos alifáticos não possuem propriedades EPD nem EPA. Um solvente EPD solvata preferencialmente íons ou moléculas aceptoras de pares de elétrons. O reverso é verdadeiro para solventes EPA.

Uma extensão da classificação ácido e base de Lewis foi proposta por Pearson que os subdivide em dois grupos, fortes e fracos, de acordo com sua eletronegatividade e polarizabilidade. Conceito denominado HSAB.

Os ácidos "Fortes" (ex.: H^+, Li^+, Na^+, BF_3, $AlCl_3$, doadores de ligação hidrogênio HX) e as bases "Fortes" (ex.: F^-, Cl^-, HO^-, RO^-, H_2O, ROH, R_2O, NH_3) são derivados de pequenos átomos com alta eletronegatividade e geralmente baixa polarizabilidade.

Os ácidos "Fracos" (ex.: Ag^+, Hg^+, I_2, 1,3,5-trinitrobenzeno) e bases "Fracos" (ex.: H^-, I^-, R^-, RS^-, RSH, R_2S, alcenos, C_6H_6) são usualmente derivados de átomos grandes com baixa eletronegatividade e são normalmente polarizáveis.

O benefício desta divisão proporciona uma simples regra com relação à estabilidade do complexo ácido-base de Lewis: ácidos "Fortes" e "Fracos" preferem combinar-se com bases "Fortes" e "Fracos", respectivamente. Este conceito HSAB suporta a descrição de vários fenômenos químicos em um caminho qualitativo e encontra muitas aplicações na química orgânica.

A aplicação do conceito HSAB para soluções conduz à regra de que solutos fortes dissolvem em solventes fortes e solutos fracos dissolvem em solventes fracos. Esta regra suporta a regra a de Thumb "semelhante dissolve semelhante".

2.2.3. Classificação dos solventes em termos da interação soluto-solvente

Os solventes podem ser divididos em três grupos de acordo com sua específica interação com o solvente:

- Polares próticos;
- Dipolares apróticos;
- Não-polares apróticos.

A distinção entre eles está principalmente na polaridade do solvente e na sua habilidade de formar pontes de hidrogênio. A palavra prótico neste contexto refere-se a um átomo de hidrogênio ligado a um átomo eletronegativo e a palavra aprótico relaciona-se a moléculas que não contêm uma ligação –O–H, –N–H, F–H, etc.

Solventes polares próticos

Solventes polares próticos são compostos que apresentam um átomo de hidrogênio ligado a um átomo eletronegativo (F–H, –O–H, –N–H, etc.) e são aptos a formar pontes de hidrogênio. Devido a esta habilidade estes solventes são particularmente bons solvatadores de ânions. Com exceção do ácido acético e seus homólogos, a constante dielétrica é maior que 15. Pertencem a esta classe de solventes a água, amônia, álcoois, ácidos carboxílicos, e amidas primárias.

Solventes dipolares apróticos

Solventes dipolares apróticos possuem altas constantes dielétricas ($\varepsilon > 15$) e momento dipolar ($\mu > 8\cdot3 \cdot 10^{-30}$ Cm). Estes solventes não atuam como formadores de pontes de hidrogênio, pois suas ligações C–H não são polarizadas o suficiente. Entretanto, eles são geralmente bons solventes EPD e, conseqüentemente, solvatadores de cátions. Dentre os principais solventes dipolares apróticos pode-se citar a acetona, acetato de etila, acetonitrila, benzonitrila, N,N-dimetilacetamida, N,N-dimetilformamida, dimetilsulfona, dimetilsulfoxido, 1-metil-2-pirrolidona, nitrobenzeno, carbonatos cíclicos como carbonato de propileno e sulfolanos.

Solventes não-polares apróticos

Solventes não-polares apróticos são caracterizados por uma baixa constante dielétrica ($\varepsilon < 15$), um baixo momento dipolar ($\mu < 8\cdot3 \cdot 10^{-30}$ C $\cdot$ m) e a inabilidade de atuarem como formadores de pontes de hidrogênio. Tais solventes interagem levemente com o soluto, onde apenas forças de indução e de dispersão podem operar. Pertencem a este grupo de solventes hidrocarbonetos alifáticos e aromáticos e seus derivados halogenados, aminas terciárias e bissulfeto de carbono.

Esta classificação não é rígida. Há vários solventes que não podem ser classificados em nenhum destes três grupos, como por exemplo éteres, ésteres carboxílicos, aminas primárias e secundárias e amidas N-monossubstituídas com N-metilacetamida. No entanto, esta classificação é proeminente com relação à solvatação de íons.

Os solventes polares próticos são bons solvatadores de ânions e esta tendência é mais pronunciada em alta densidade de carga (relação de carga por volume) do ânion a ser solvatado e, conseqüentemente, em sua dureza de acordo com o conceito HSAB (item 2.2.2). Pode-se notar que o aumento do poder de solvatação decresce a reatividade nucleofílica do ânion.

Em sentido oposto, nos solventes dipolares apróticos, a solvatação do ânion é principalmente via forças íon-dipolo e íon-dipolo induzido. Esta solvatação será importante para ânions "solf", com baixa densidade de carga. No entanto, estes solventes são geralmente maus solvatadores de ânions. Como conseqüência deste fato, a reatividade de ânions é excepcionalmente alta nos solventes dipolares apróticos, e a constante de reação das reações de substituição nucleofílicas Sn2 pode aumentar na ordem de 10 vezes quando mudamos um solvente prótico por um solvente aprótico.

Em resumo, os solventes polares próticos são melhores solvatadores de ânions do que os solventes dipolares apróticos, e o reverso é verdadeiro para a solvatação de cátions. Esta observação é importante para a seleção de solventes para reações.

2.2.4. Classificação dos solventes usando constantes físicas

As seguintes constantes físicas podem ser usadas para caracterizar as propriedades de um solvente:

- Ponto de fusão e de ebulição;
- Pressão de vapor;
- Calor de vaporização;
- Índice de refração;
- Densidade;
- Viscosidade;
- Tensão superficial;
- Momento dipolar;
- Constante dielétrica;
- Polarizabilidade;
- Condutividade específica.

Os solventes são classificados de acordo com a faixa de ponto de ebulição em baixo, médio e alto (Tabela 2.2). O conhecimento do ponto de ebulição dos solventes é importante em processos de extração e destilação. No entanto, nos setores de tintas e adesivos o conhecimento da volatilidade do solvente é mais importante.

Tabela 2.2. Classificação dos solventes segundo o ponto de ebulição, temperatura de evaporação relativa (T.E.R.) e viscosidade

Propriedade	Baixa	Média	Alta
Ponto ebulição a 760 mmHg	< 100 °C	100 - 150 °C	> 150 °C
T.E.R.*	< 10	10 - 35	> 35
Viscosidade a 20°C	< 2 Cps	2 – 10 cP	> 10 cP

* Taxa de evaporação relativa.

Não há uma correlação geral entre a taxa de evaporação e o ponto de ebulição dos solventes. A volatilidade geralmente decresce com o aumento do ponto de ebulição se os solventes pertencem à mesma classe química. Solventes que tendem a formar pontes de hidrogênio (ex. água, álcoois, aminas) são menos voláteis do que outros solventes de igual ponto de ebulição desde que a energia tenha sido fornecida para romper as ligações de hidrogênio antes da transição para o estado vapor.

A taxa de evaporação depende das seguintes propriedades:

1) Pressão de vapor à temperatura do processamento;
2) Calor específico;
3) Entalpia de vaporização;
4) Grau de associação molecular;
5) Velocidade de fornecimento de calor;
6) Tensão superficial;
7) Massa molecular do solvente;
8) Turbulência atmosférica;
9) Umidade atmosférica.

Como estes fatores dependem uns dos outros, é difícil dar uma predição teórica para a taxa de evaporação. Na prática, o tempo de evaporação de uma dada quantidade de solvente é determinado experimentalmente sob idênticas condições externas e comparadas com o do dietil éter, ou com o do acetato de butila. No Brasil, utiliza-se o acetato de butila como referência. A taxa de evaporação relativa (T.E.R.) dos solventes empregando o acetato de butila pode ser determinada de acordo com a norma ASTM D 3539. Os solventes podem ser divididos em três grupos de acordo com sua T.E.R.: baixa, média e alta volatilidade (Tabela 1).

A densidade e o índice de refração são empregados para avaliar e, com algumas restrições, determinar a pureza do solvente. A densidade de um solvente geralmente é medida a 20°C e referenciada à densidade da água a 4°C (densidade relativa d_4^{20}). A densidade da maioria dos solventes orgânicos decresce com o aumento da temperatura. A densidade relativa de ésteres e éter glicóis homólogos decresce com o aumento do peso molecular; no entanto a densidade relativa de cetonas e álcoois aumenta (Tabela 2.3).

O índice de refração (n_D) é medido em um refratômetro com lâmpada de vapor de sódio (589.0 e 589.6 nm). O valor do índice de refração é fortemente determinado pelo esqueleto do hidrocarboneto da substância. Ésteres alifáticos, cetona e álcoois possuem índice de refração entre 1.32 e 1.42. Em séries homólogas o índice de refração aumenta com o aumento do comprimento da cadeia de carbonos, e decresce com o aumento das ramificações. Estruturas ciclo-alifáticas e aromáticas aumentam o índice de refração.

A viscosidade de séries homólogas de solventes aumenta com o aumento do peso molecular. Solventes que possuem grupos hidroxilas apresentam maior viscosidade devido à formação das pontes de hidrogênio. A viscosidade do solvente influencia fortemente a viscosidade da solução. Os solventes podem ser também classificados em três grupos de acordo com sua viscosidade: baixa, média ou alta (Tabela 2.2).

A tensão superficial dos solventes para tintas é importante para a taxa de evaporação, para a formação da superfície de revestimentos, e para a molhabilidade dos substratos e pigmentos.

Tabela 2.3. Influência do peso molecular na densidade relativa de ésteres, éter glicóis, álcoois e cetonas

Éster	d_4^{20}	Álcool	d_4^{20}
Acetato de metila	0.934	Metanol	0.791
Acetato de etila	0.901	Etanol	0.789
Acetato de propila	0.886	Propanol	0.804
Acetato de butila	0.881	Butanol	0.810
Acetato de amila	0.876	Álcool amílico	0.815
Éter glicóis	d_4^{20}	Cetonas	d_4^{20}
Metilglicol	0.966	Acetona	0.792
Etilglicol	0.931	Metiletilcetona	0.805
Propilglicol	0.911	Metilpropilcetona	0.807
Butilglicol	0.902	Amilmetilcetona	0.816

Solventes e solutos podem ser amplamente classificados em polar (hidrofílico) e não-polar (lipofílico). A polaridade pode ser medida como a constante dieléctrica ou o momento de dipolo de um composto. A polaridade de um solvente determina quais os tipos de compostos ele está apto a dissolver e com quais outros solventes ou compostos líquidos ele é miscível. Como a regra de Thumb, solventes polares dissolve melhor compostos polares e solventes não-polares dissolvem melhor compostos não-polares; "semelhante dissolve semelhante".

2.3. Interação soluto-solvente

Soluções são misturas homogêneas de duas ou mais substâncias. A mistura homogênea é uma combinação física de duas ou mais substâncias puras, as quais estão distribuídas uniformemente na mistura. Isto significa que, se tomarmos uma porção da solução (alíquota), a proporção de cada mistura pura na alíquota deverá ser a mesma na solução. Estas proporções em relação ao todo são chamadas de concentrações.

Quando uma substância (soluto) é dissolvida em um solvente ou mistura de solventes, as forças de atração entre as moléculas do soluto decrescem porque as moléculas do solvente penetram entre as moléculas do soluto e finalmente o envolvem em uma camada, isolando cada molécula do soluto. Este processo é denominado *solvatação* e resulta na distribuição do soluto em solução a um nível molecular.

A força da solvatação e o número de moléculas de solventes na camada de solvatação dependem do parâmetro de solubilidade, momento dipolar, ligação de hidrogênio, polarizabilidade e o tamanho molecular do soluto e do solvente.

Em soluções aquosas, as moléculas polares da água irão interagir com as moléculas do soluto, solvatando-o. Se as ligações que mantêm as moléculas de soluto juntas são fracas o suficiente, a ligação mais fraca dentro da molécula soluto poderá ser quebrada pela força elétrica de atração das moléculas de água pelas moléculas do soluto. Se isto ocorrer, as moléculas do soluto passarão a ser chamadas de íons solvatados. Em alguns casos o processo de ionização pode ser quase completo enquanto que em outros casos este processo ocorre de uma maneira limitada. A solução que não foi ionizada tem as moléculas soluto solvatadas dentro da solução e são chamadas de *não-eletrólitos*. Tais soluções não conduzem a corrente elétrica, devido à ausência de íons. As soluções nas quais as moléculas foram ionizadas durante o processo de solução são chamadas *eletrólitos* e estas conduzem energia elétrica, devido à presença dos íons.

2.3.1. Transferência de energia na formação das soluções

Quando as soluções são formadas as moléculas do solvente envolvem as moléculas do soluto. Este processo de solvatação envolve uma certa quantidade de energia térmica. Algumas soluções absorvem energia quando elas são formadas, assim pode-se dizer que estas soluções possuem um calor ou entalpia de solução endotérmico. A maioria das soluções aquosas envolvendo solutos sólidos ou líquidos tem um calor de solução endotérmico.

$$\text{Soluto} + \text{Solvente} + \text{Energia Térmica} \Rightarrow \text{Solução} \qquad (2.6)$$

Outras soluções envolvendo solutos gasosos em água liberam energia térmica durante o processo de formação de solução. Estas soluções são ditas ter um calor de solução exotérmico.

$$\text{Soluto}(g) + \text{Solvente} \Rightarrow \text{Solução} + \text{Energia Térmica} \qquad (2.7)$$

2.3.2. Solubilidade das soluções

A solubilidade de um particular soluto em um solvente é a máxima quantidade de soluto que se dissolverá em uma específica quantidade de solução ou solvente. Isto representa o nível de saturação da solução onde não mais soluto será dissolvido dentro da solução. Esta condição de saturação cria um equilíbrio físico dinâmico entre o soluto e o solvente e a solução.

$$\text{Soluto} + \text{Solvente} \rightleftharpoons \text{Solução} \qquad (2.8)$$

Tal equilíbrio envolve dois processos, o processo direto e o processo reverso. Quando a velocidade do processo direto é igual à velocidade do processo reverso, o sistema está em equilíbrio dinâmico.

2.3.3. Fatores que afetam a solubilidade

Alguns fatores podem afetar a solubilidade, mesmo dentro da mesma solução.

Interação soluto/solvente: A polaridade das moléculas do soluto e do solvente afeta a solubilidade. Geralmente, moléculas de soluto polares serão dissolvidas por solventes polares e, solutos não-polares por solventes não-polares. Quando a solução é formada por soluto e solvente polar, as forças de atração resultantes desta dissolução são conhecidas como forças Dipolo-Dipolo. Esta é um tipo de força intermolecular que difere das chamadas forças de Dispersão de London, onde a carga nuclear efetiva dos átomos da molécula de soluto interage com os elétrons dos átomos da molécula de solvente. Este tipo de interação ocorre em soluções obtidas por solventes não-polares.

Temperatura: A temperatura afeta a solubilidade. Se o processo de formação da solução absorve energia então a solubilidade será aumentada com o aumento da temperatura. Se o processo de solução libera energia, então a solubilidade decrescerá com o aumento de temperatura.

A uma dada temperatura a solução pode atingir seu limite de solubilidade, permanecendo em um equilíbrio dinâmico. Segundo o Princípio de Le Chatelier, quando uma perturbação é aplicada externamente ao equilíbrio, o equilíbrio é rompido temporariamente e deslocará até a perturbação cessar. Uma perturbação externa na solução pode ser a temperatura. De acordo com este Princípio, aumentando a temperatura do equilíbrio sempre favorecerá o equilíbrio do processo endotérmico. A maioria dos solutos líquidos e sólidos dissolvidos em água tem um processo de solução endotérmico, o qual deverá ser favorecido com o aumento da temperatura resultando em um aumento no limite de solubilidade. Há algumas exceções, como por exemplo, o sólido $Ce_2(SO_4)_3$ tem sua solubilidade em água reduzida com o aumento da temperatura. Por outro lado, algumas soluções têm um calor de solução exotérmico, como a maioria das soluções com solutos gasosos. Assim, a solubilidade de todas as soluções de gases em água decresce com o aumento da temperatura.

Pressão: A variação de pressão sobre a solução não afeta os limites de solubilidade de sólidos ou líquidos em água. No entanto, solutos gasosos são afetados. Se a pressão de um gás for aumentada sobre a solução gasosa, então a solubilidade será aumentada em uma proporção linear. Isto é expresso na Lei de Henry.

$$C = k \cdot P \tag{2.9}$$

onde: k = constante de Henry para o gás
       P = Pressão parcial do gás sobre a solução
       C = Concentração do gás na solução

Peso Molecular: Em compostos homólogos, quanto maior o peso molecular da molécula menor será sua solubilidade. Grandes moléculas são mais difíceis de serem envolvidas pelo solvente durante o processo de solvatação. No caso de compostos orgânicos, o aumento das ramificações aumentará a solubilidade (mesmo peso molecular), pois as ramificações reduzem o volume das moléculas e favorecem a solvatação pelo solvente.

2.3.4. Classificações das soluções

As soluções podem ser insaturadas, saturadas ou supersaturadas. *Soluções insaturadas* são aquelas que estão abaixo do limite de solubilidade do soluto no solvente. *Soluções saturadas* são aquelas que estão no limite de solubilidade. *Soluções supersaturadas* são aquelas soluções que estão acima do limite de solubilidade. Soluções supersaturadas são meta-estáveis. Em tais soluções, o excesso soluto é mantido sem cristalização. Qualquer perturbação na solução (um simples grão de cristal do soluto ou a introdução de um simples corpo na solução) provoca a cristalização do excesso de soluto restabelecendo a solução saturada.

2.4. Papel do solvente na indústria

2.4.1. Solvente nas reações químicas

Um grande número de reações químicas é realizado em solução. Os solventes possuem várias funções durante as reações químicas. Eles podem ser usados como um meio de reação para manter juntos os reagentes, e como um arrastador, para separação de compostos químicos em solução. Como meio reacional, ele pode solvatar os reagentes conduzindo a sua dissolução. Ele facilita a colisão dos reagentes favorecendo a transformação dos reagentes em produtos, ou aumenta a energia da colisão das partículas, para que a reação ocorra mais rápida. Os solventes também podem ser utilizados para outros fins. Por exemplo, em reações endotérmicas, o calor poderia ser fornecido através de um solvente inerte aquecido tendo alta capacidade calorífica, enquanto em reações exotérmicas, poderia absorver o calor. Além disso, os solventes podem proporcionar um meio para controle de temperatura. Similarmente, reações na fase gás, as quais são normalmente à alta temperatura e/ou pressão, poderiam ser realizadas em fase líquida sob significativa baixa temperatura e/ou pressão. Como arrastador, os solventes podem ser usados para influenciar indiretamente a reação pela remoção de um ou mais produtos da reação A seleção de um apropriado solvente é guiada pela teoria e experiência. Geralmente, um bom solvente deverá apresentar as seguintes características.

- Deverá ser inerte nas condições de reação;
- Deverá dissolver os reagentes;
- Deverá ter um apropriado ponto de ebulição;
- Deverá ser facilmente removido no final da reação.

2.4.2. Solvente em processos de extração

A extração por solvente pode ser definida como um processo de transporte de massa de uma fase para outra com o propósito de separar um ou mais componentes da mistura.

A extração líquido-líquido, também conhecida por extração líquida ou extração por solvente, é a separação dos constituintes de uma solução líquida, denominada alimentação, por contato íntimo com outro líquido apropriado, imiscível ou parcialmente miscível, denominado solvente, o qual deve ter a capacidade de extrair preferencialmente um ou mais componentes desejados (soluto). Originam-se deste contato duas novas correntes, o refinado, que é a solução residual da alimentação, pobre em solvente, com um ou mais de um dos solutos removidos pela extração, e o extrato, rico em solvente, contendo o soluto extraído.

No caso da extração de componentes presentes em matrizes sólidas os mecanismos envolvidos são: lixiviação, lavagem, difusão e diálise. O êxito da extração sólido-líquido depende, em grande parte, do tratamento prévio dado à matriz sólida, de modo a maximizar a área de contato entre o sólido e o solvente.

As propriedades desejáveis dos solventes utilizados para extração líquido-líquido ou sólido-líquido são:

- Baixa inflamabilidade;
- Estabilidade térmica e química;
- Inércia em relação a equipamentos (minimização de gastos de manutenção);
- Elevada pureza para uniformizar as características operacionais;
- Alto volume/baixo preço;
- Fácil recuperação;
- Alta seletividade;
- Alto poder de solução do soluto de interesse;
- Alto poder de penetração na matriz sólida;
- Fácil difusão do sólido solúvel no solvente (baixa viscosidade);

Uma variante moderna da extração líquido-líquido é a extração com fluidos supercríticos ou gases liquefeitos. Gases liquefeitos próximos ao ponto crítico ou fluidos supercríticos na vizinhança do ponto crítico apresentam características de bons solventes. Apresentam densidades mais altas, mais próximas à densidade de um líquido comum do que à de um gás normal. Apresentam viscosidades baixas, mais próximas à de um gás do que à de um líquido. De maneira geral, a extração supercrítica apresenta como vantagem a possibilidade de alterar a seletividade do solvente através da alteração da pressão ou da temperatura do sistema. Apresenta também a facilidade da eliminação do solvente através de uma simples despressurização do sistema. As principais desvantagens são: o trabalho de compressão para liquefazer o gás próximo à sua pressão crítica e o elevado custo do equipamento.

2.4.3. Solventes usados em pintura e revestimento

Em pinturas, o solvente dissolve ou dispersa diferentes componentes usados nas formulações (tais como resinas e pigmentos), conferindo à tinta uma viscosidade ou consistência adequada para uma aplicação uniforme. Uma vez a tinta aplicada, os solventes evaporam, permitindo à resina e pigmentos produzirem um filme de tinta e secarem no tempo adequado.

Na fabricação de uma tinta as principais propriedades dos solventes são:
- Peso específico;
- Inflamabilidade;
- Capacidade de solvência;
- Faixa de destilação;
- Taxa de evaporação;
- Aspectos toxicológicos.

2.4.4. Solventes usados em tintas de impressão

O solvente é o principal componente em quantidade da maioria das tintas de impressão usadas em litografia, *offset*, *letterpress*, flexografia e processos de impressão de gravuras e telas.

O poder de solvência e a volatilidade do solvente são importantes propriedades que influenciam o tipo de tinta, que pode ser utilizada para os diferentes processos de impressão.

Os solventes são empregados para controlar a viscosidade da tinta, permitindo um adequado fluxo sem prejudicar os rolos de impressão. Além disso, como tinta, os solventes promovem a otimização do tempo de secagem em função do processo de impressão.

Os solventes ou misturas de solventes usados em tinta litográfica e em tintas flexográficas e para gravuras são avaliados em termos da estabilidade da impressão, printabilidade e secagem da tinta no substrato. Além disso, as formulações de tintas de flexografias e gravuras usadas para embalagem requerem cuidados na escolha do solvente para evitar problemas de odor e retenção do mesmo.

2.4.5. Solventes usados em produtos de limpeza

Os solventes são empregados em variedade de produtos de limpeza, os quais ajudam a aumentar a sua eficiência. Eles podem atuar de diferentes maneiras:

Solubilização das impurezas

Os solventes ajudam reduzir a necessidade de qualquer tipo de abrasivo, eles atuam no amaciamento do tecido e na solubilização da sujeira.

Redução da tensão superficial

Os solventes ajudam também com tarefas de desinfetantes através da redução da tensão superficial. Esta característica, trabalhada com outros ingredientes no produto, ajuda o desinfetante a penetrar nos espaços vazios do material objeto de limpeza, sendo mais eficaz no ataque das bactérias.

Aumentar a estabilidade do produto

Outro benefício do solvente nos produtos de limpeza é proporcionar estabilidade do mesmo, aumentado, assim, a sua vida útil.

2.4.6. Solventes usados em adesivos

Solventes proporcionam propriedades para um excelente desempenho dos adesivos. De solas de sapatos a pneus automotivos, os solventes são usados em aplicações domésticas e industriais, assim como em situações de alto desempenho, tal como colagem metal-metal.

Além de os solventes serem utilizados para dissolver adesivos sólidos e preparar a superfície para o processo de colagem, a sua atuação no controle do tempo de secagem é um atributo crítico para a maioria dos adesivos. A completa remoção do solvente é essencial para atingir uma ótima eficiência de colagem.

2.4.7. Solventes usados na manufatura de fármacos

Solventes são usados em milhares de produtos farmacêuticos. Eles apresentam duas funções na manufatura dos fármacos. Os solventes podem ser empregados como meio reacional, tornando disponíveis moléculas para manufatura de medicamentos e, também, podem ser usados para extração e purificação.

Solventes têm freqüentemente um papel no início do processo de manufatura de fármacos. Cremes antibactérias e corticosteróides, freqüentemente usam solventes no início do processo para fabricar os ingredientes ativos. Alguns produtos têm sua forma final ou em cremes, loções ou líquidos; assim, os solventes também podem ser usados como meio para misturar os componentes do produto. Outro emprego dos solventes é auxiliar na consistência do produto final.

Outros itens farmacêuticos que utilizam solventes incluem os produtos para animais de estimação. Solventes são freqüentemente encontrados em pet-xampus e medicamentos orais. Pet-xampus usam solventes para dissolver um medicamento, ou para proporcionar umidade e maciez para a pele ou pêlo dos animais.

2.4.8. Solventes usados na produção de produtos agrícolas e alimentícios

Solventes são usados no preparo e isolamento de ingredientes ativos para muitos pesticidas e produtos agrícolas. A presença do solvente nos pesticidas promove baixa e uniforme secagem proporcionando adequada penetração, e alta eficiência de espalhamento reduzindo a quantidade de pesticida requerida.

Solventes têm um papel-chave no transporte de pesticidas, herbicidas, e inseticidas em função das suas respectivas aplicações. A exata seleção do solvente produz ótimo tempo de secagem (baixo o suficiente para permitir adequada penetração) e boa eficiência de espalhamento.

Solventes são usados em muitos aspectos na preparação de alimentos e embalagens. Eles podem ser usados para extrair gorduras, óleos e aromas de nozes, sementes e outras matérias-primas. Eles são também usados em formulações líquidas de aromas e essências. Tintas de impressão e adesivos para embalagens alimentícias usam apropriados solventes. Em produtos de limpeza, os solventes ajudam a limpar e higienizar áreas de preparação de alimentos.

2.4.9. Solventes usados na manufatura de produtos de higiene pessoal

Solvente é parte importante de produtos de beleza e cosméticos. Muitos produtos empregam solventes para dissolver ingredientes e permitir que eles tenham um ótimo desempenho.

Solventes usados em produtos para cabelo

Solventes presentes nos produtos para tratamento de cabelos proporcionam um meio para misturar a tintura antes de aplicá-la no cabelo. Juntamente com outros ingredientes, os solventes nos xampus e condicionadores ajudam o produto a deixar o cabelo macio e manejável. Os solventes também ajudam outros produtos a proporcionar uma variedade de usos, tais como para alisar ou encrespar.

Solventes podem ser encontrados em muitos produtos, tais como *mousse*, géis e fixador. Os álcoois são os solventes comumente encontrados nestes produtos.

Solventes usados em produtos para pele

Solventes podem auxiliar no desenvolvimento de loções, cremes, *rouges*, cremes de barbear e outros produtos que são designados a manter a elasticidade da pele, amaciar, proporcionar uma aparência saudável. Solventes são usados para transportar os agentes antibacterianos ou proporcionar uma apropriada consistência ao produto para pele. Eles também têm a função de transportar fragrâncias. Alguns produtos para limpeza da pele, tais como adstringentes, contêm solventes que ajudam a dissolver e remover traços de maquiagem. De loções faciais a géis para barbear, os solventes têm um importante papel no desempenho dos produtos.

Solventes usados em cosméticos e maquiagem

Os solventes podem ter múltiplas funções em maquiagem de olhos. Eles podem transportar o ingrediente ativo designado a resistência do crescimento bacteriano, proporcionar uma adequada consistência e ajudar a maquiagem a permanecer por mais tempo. Os solventes também podem ajudar a realçar a maquiagem.

A maioria dos perfumes é à base de álcoois. O álcool permite espalhar o perfume em diversas direções (spray). Quando o álcool evapora, ele deixa a fragrância sobre a área aplicada. Os solventes também são utilizados no estágio inicial de alguns processos de fabricação de perfumes. Fragrâncias de óleos de frutas, flores, raízes ou cascas podem ser extraídas e purificadas usando solventes. O processo geralmente usa um solvente para dissolver a o óleo (fragrância) e transportá-lo para o produto.

2.4.10. Solventes para uso automotivo

Solventes ajudam na manutenção de automóveis em várias maneiras. Solventes atuam na limpeza de bicos injetores, válvulas, câmera, cabeçote e carburadores, mantêm o motor resfriado, e são empregados na limpeza de carpetes e estofados.

Aditivos usados para gasolina contêm solventes em sua composição. Estes aditivos conservam o bico de injeção sempre limpo, mantendo o sistema de injeção eletrônica eficiente. Além disso, aumentam a vida útil do catalisador, protegem contra corrosão e garantem uma perfeita pulverização do combustível.

2.4.11. Solventes usados na produção de microchips

Os solventes possuem um importante papel na indústria microeletrônica. Circuitos integrados ou microchips empregam solventes com grau eletrônico em sua manufatura. O emprego de solventes com grau eletrônico ajuda a minimizar falhas no circuito. Grau eletrônico significa que há um baixo nível de íons metálicos no solvente. Os íons metálicos podem causar curto-circuito resultando em microchip ruim.

Os solventes de grau eletrônico são usados para dissolver um polímero fotossensível, o qual é empregado para revestir uma pastilha de silício para produzir o microcircuito. Solventes também são empregados para limpar a superfície desta placa e do circuito. Solventes comuns usados na produção de microchips são álcoois, ésteres e cetonas.

A fotolitografia é um processo usado na fabricação dos chips dos circuitos integrados. Neste processo, ocorre a deposição inicial de uma camada de SiO_2 sobre uma pastilha de silício e, na seqüência, esta pastilha é revestida por um filme muito fino (0,5 a 1,0 micrômetro, 10^{-6} metros de espessura) de um polímero orgânico fotossensível solubilizado. Faz-se então a irradiação da pastilha com luz UV, através de um estêncil, chamado de máscara (espécie de modelo, molde utilizado para moldar o circuito na forma desejada). Nesse caso, as seções irradiadas do polímero que não estão cobertas com a máscara reagem e sua solubilidade sofre alteração ficando mais solúveis do que o material original das regiões com máscara. Depois disso, faz-se a lavagem com um solvente apropriado. Este solvente terá a responsabilidade de eliminar o polímero das áreas expostas, ou seja, que não estão cobertas pela "máscara". Após este processo, a superfície de sílica é exposta, mostrando o formato do circuito. Recobrimentos e ataques com solventes químicos são realizados sucessivas vezes, para que o circuito seja produzido por completo.

2.4.12. Solventes usados em aerossóis

Os pulverizadores tipo aerossóis estão presentes em grande variedade de produtos, além disso, reduzem o desperdício e podem alcançar espaços pequenos eficazmente. Eles são usados para revestimentos, agentes de limpeza, aromatizadores de ar, artigos de cuidados pessoais, inseticidas. Uma parte-chave de muitos pulverizadores do aerossol é o solvente, que ajuda a melhorar o desempenho do produto e estende a vida útil.

A escolha do solvente ou sistema de solventes que atendam as necessidades de desempenho não é tão simples. A função preliminar dos solventes em produtos aerossóis é manter a formulação uniforme para assegurar que as proporções dos ingredientes do produto sejam as mesmas durante todo o seu uso.

As formulações do aerossol contêm três componentes principais: propulsor, solvente e ingredientes ativos. A maioria de propulsores apresenta baixo poder de solvência, assim o solvente é usado para acoplar os ingredientes ativos em uma solução com o propulsor. Um segundo solvente com uma função de manter os ingredientes ativos na solução pode também ser usado.

Uma outra função importante do solvente é ajudar a produzir um pulverizador com um tamanho de partícula que seja o mais eficaz para a aplicação. Características diferentes dos pulverizadores são necessárias para a pintura, o creme e os inseticidas. A habilidade do solvente de reduzir a pressão do vapor do propulsor afeta o tamanho de partícula do pulverizador

Em alguns casos, o solvente é essencial ao desempenho do próprio produto. Por exemplo, aerossóis para pintura. Muitas formulações de pintura de aerossóis contêm três tipos de solventes com diferentes taxas de evaporação: rápida, média e lenta. O solvente que evapora rapidamente fornece uma viscosidade inicial mais baixa para fazer a aplicação mais fácil; o solvente que evapora com taxa média impede gotejar e o solvente com evaporação mais lenta, é o último a deixar o sistema, ele finaliza o fluxo e promove um alastramento uniforme, o qual será uma função da afinidade do solvente pelo polímero.

Referências bibliográficas

Ullmann's Encyclopedia of Industrial Chemistry, Fifth Edition, Volume A 24: Silicon Compounds, Inorganic to Stains, Microscopic. Editors: Bárbara Elvers, Stephen Hawkins, William Russey, Gail Schulz, 1993.

Brönsted Acid-base behavior in Inert Organic Solvents. M. M. Davies, in J. J. Lagowski, The Chemistry of Nonaqueous Solvent Systems. Academic Press, New York, London 1970, vol. III, p.1.

Acid-Base Equilibria in Dipolar Aprotic Solvents. I. M. Kolthoff. Anal. Chem. 46, 1992 (1974), in Solvent effects in organic chemistry. Christian. Reicfortest. Weinheim, New York: Verlag Chemie, 1978.

Acidity Functions. R. H. Boyd, in J. F. Coetzee and C. D. Ritchie (editors), Soluto-Solvent Interactions. Vol. 1, M. Dekker, New York, London 1969.

Acid-Base Behaviour. E. J. King, in A. K. Covington and T. Dickinson (editors), Physical Chemistry of Organic Solvent System. Plenum Press, London, New York 1973.

Solvent effects in organic chemistry. Christian Reicfortest Weinheim, New York: Verlag Chemie, 1978.

R. G. Pearson, J. Americ. Chem. Soc. 85, 3533 (1963); Science 151, 172 (1966); J. Chem. Educ. 45, 581, 643 (1968); J. Org. Chem. 32, 2899 (1967)] e [R. G. Pearson, (editors): Fortes and Fracos Acids and Bases. Dowden, Hutchinson, and Ross, Stroudsburg/Pa. 1973, in Solvent effects in organic chemistry. Christian. Reicfortest. Weinheim, New York: Verlag Chemie, 1978.

A Modern Approach to Solvent Selection. Rafiqul Gani, Concepción Jiménez-González, Antón ten Kate, Meter A. Crafts, John H. Atherton, Joan L. Cordiner. Chemical Engineering, march, 2006.

Mass-transfer Operations Autor: Treybal, Robert E. Editora: McGraw-Hill International Editions - Chemical engineering series, 1980.

Gas Extraction: An Introduction to Fundamentals of Supercritical Fluids and the Application to Separation Processes. Autor: Brunner, G. Editora: Springer, Hamburgo Alemanha, 1994.

Tintas: Métodos de controle de pinturas e superfícies. Carlos Alberto T. V. Fazano. Hemus Editora Ltda, 1982.

3 Principais classes de solventes

Os solventes podem ser classificados conforme a função química presente nas suas moléculas. Sob este aspecto, serão abordados neste capítulo temas como reatividade, incompatibilidade com o meio e rotas de produção para os principais solventes.

Danilo Zim

3.1. Solventes alifáticos

3.1.1. Definição

Hidrocarbonetos são moléculas formadas exclusivamente por átomos de carbono e hidrogênio. Dependendo da estrutura da cadeia de átomos de carbono, é possível classificar os hidrocarbonetos em aromáticos ou alifáticos.

Hidrocarbonetos aromáticos possuem uma estrutura especial, o anel benzênico, na qual seis átomos de carbono estão unidos entre si formando um ciclo que alterna ligações simples e duplas ressonantes.

Hidrocarbonetos alifáticos são aqueles que não possuem anel aromático. Estes ainda podem ser classificados em cíclicos ou acíclicos (também classificados como hidrocarbonetos de cadeia fechada ou aberta), lineares ou ramificados e saturados ou insaturados.

Hidrocarbonetos lineares apresentam uma única cadeia de átomos de carbono organizada, de maneira que cada átomo de carbono está ligado a, no máximo, dois outros átomos de carbono. Hidrocarbonetos ramificados apresentam em um ou mais pontos da cadeia carbônica um átomo de carbono ligado a três ou quatro outros átomos de carbono.

CH_4

metano etano propeno n-butano butadieno n-hexano

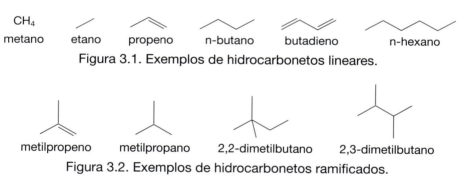

Figura 3.1. Exemplos de hidrocarbonetos lineares.

metilpropeno metilpropano 2,2-dimetilbutano 2,3-dimetilbutano

Figura 3.2. Exemplos de hidrocarbonetos ramificados.

Hidrocarbonetos cíclicos ou de cadeia fechada apresentam uma cadeia carbônica, na qual os átomos de carbono estão ligados entre si formando um ciclo. Hidrocarbonetos acíclicos ou de cadeia aberta não apresentam qualquer ciclo na estrutura.

ciclohexano 3-metilciclopenteno limoneno adamantano

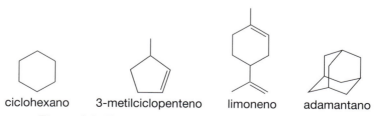

Figura 3.3. Exemplos de hidrocarbonetos cíclicos.

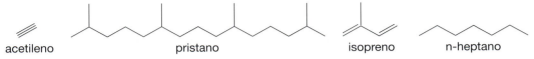

Figura 3.4. Exemplos de hidrocarbonetos acíclicos.

Hidrocarbonetos saturados, também chamados de alcanos, possuem na sua estrutura apenas ligações simples entre os átomos. Os hidrocarbonetos insaturados possuem pelo menos uma ligação dupla ou tripla entre seus átomos de carbono. Os hidrocarbonetos que apresentam ligação dupla são chamados alcenos ou olefinas, enquanto os hidrocarbonetos que apresentam ligação tripla são chamados de alcinos.

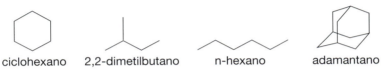

Figura 3.5. Exemplos de hidrocarbonetos saturados.

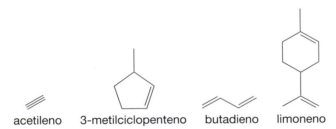

Figura 3.6. Exemplos de hidrocarbonetos insaturados.

A estrutura da cadeia de átomos de carbono não define apenas a classificação, à qual a molécula pertence, ela define também as propriedades físicas bem como a reatividade da molécula.

3.1.2. Características e reatividade

Devido à baixa diferença de eletronegatividade entre o carbono e o hidrogênio, os dois únicos constituintes dos hidrocarbonetos, não há ligações fortemente polares nesta classe de moléculas. Sendo assim, as forças intermoleculares que atuam sobre estes compostos são do tipo dipolo induzido — dipolo induzido. Todos os hidrocarbonetos são compostos bastante apolares e como tais é possível observar algumas propriedades características.

Os hidrocarbonetos alifáticos são praticamente imiscíveis em água. A mistura entre hidrocarbonetos e água tende, portanto a formar duas fases distintas, das quais a fase superior é orgânica e a fase inferior é aquosa, já que os hidrocarbonetos são menos densos do que a água. Hidrocarbonetos são solúveis entre si em qualquer proporção e tendem a solubilizar outros compostos apolares (como graxas e ceras).

Hidrocarbonetos de baixo peso molecular (até quatro átomos de carbono) são gases à temperatura e pressão ambiente enquanto hidrocarbonetos lineares com mais de 5 átomos de carbono tendem a ser líquidos ou sólidos. Na figura a seguir são mostrados os pontos de fusão e ebulição para os quatorze primeiros alcanos lineares.

A reatividade dos hidrocarbonetos é função, basicamente, da presença ou não de insaturação na molécula.

Hidrocarbonetos saturados, ou seja, os alcanos são praticamente inertes sob temperatura e pressão ambientes. Não sofrem ação de base ou ácido, mesmo no caso de bases ou ácidos fortes. Também não sofrem hidrólise, polimerização ou decomposição nestas condições. São resistentes a oxidantes fortes, mesmo tratando-se de peróxido de hidrogênio ou ácido nítrico, e não sofrem redução ainda que na presença de hidretos metálicos. Reações de halogenação e craqueamento somente são possíveis à alta temperatura. Os únicos alcanos que apresentam reatividade diferenciada são os alcanos cíclicos com elevada tensão no anel, tal como o ciclopropano que tende a se comportar de maneira similar aos alcenos.

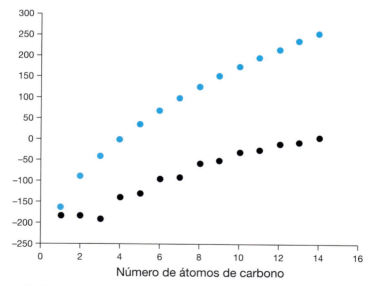

Figura 3.7. Ponto de fusão (preto) e ponto de ebulição (azul) para os primeiros quatorze alcanos lineares.

Talvez a única reação que represente uma exceção à baixa reatividade dos alcanos seja a combustão. Alcanos, especialmente de baixo peso molecular, são altamente inflamáveis. Os combustíveis fósseis, tais como gás natural, gasolina, querosene e diesel são constituídos basicamente por alcanos. A reação de combustão de alcanos libera grande quantidade de energia e esta é a principal aplicação deste tipo de composto.

$$\triangle + 5\,O_2 \longrightarrow 3\,CO_2 + 4\,H_2O$$

Figura 3.8. Reação de combustão completa do propano, o principal constituinte do GLP.

Hidrocarbonetos insaturados, alcenos e alcinos, por sua vez, não apresentam a mesma estabilidade dos alcanos. A presença de ligação π (insaturação) torna este tipo de composto susceptível principalmente a reações de adição. Adição de halogênios e ácido halogenídrico à dupla ligação pode ocorrer mesmo à temperatura ambiente. Alcenos são sensíveis a agentes redutores e oxidantes.

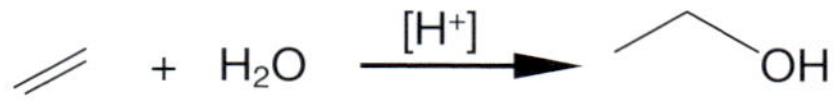

Figura 3.9. Reação de adição de água a eteno catalisada por ácido forte gerando etanol.

A presença de ácido forte pode catalisar reações de adição eletrofílica com reagentes como água, álcoois e ácidos carboxílicos. A presença de ácido forte pode catalisar também reações de polimerização. De fato, a principal aplicação dos alcenos é a síntese de polímeros como, por exemplo, polietileno e polipropileno.

Figura 3.10. Síntese do polipropileno a partir do propeno.

3.1.3. Principais rotas de produção

A principal fonte de hidrocarbonetos é o petróleo. Os alcanos, entre eles o n-hexano, são obtidos diretamente por destilação do óleo bruto enquanto alcenos e alcinos são obtidos na sua maioria a partir de alcanos através de reações de craqueamento, reforma e isomerização. Hidrocarbonetos superiores (de cadeia longa) são transformados em hidrocarbonetos de menor massa molar através de reações de craqueamento. Hidrocarbonetos insaturados são produzidos a partir de alcanos em reações de reforma catalítica e o subproduto dessa reação é hidrogênio. Reações de isomerização não alteram a massa molar da molécula ou sua fórmula molecular, apenas a estrutura é alterada como, por exemplo, pela modificação da posição de uma insaturação.

Figura 3.11. Reação de hidrocraqueamento. Produção de n-butano a partir de n-octano.

Figura 3.12. Reação de reforma. Produção de 2-buteno a partir de butano.

Figura 3.13. Reação de isomerização. Produção de 1-buteno a partir de 2-buteno.

Outra fonte, menos importante, de hidrocarbonetos é a síntese via reação de Fischer-Tropsch. Existem atualmente muito poucas unidades industriais que utilizam esta tecnologia. Em termos simples, o processo consiste na síntese de hidrocarbonetos a partir de monóxido de carbono e hidrogênio. O monóxido de carbono para esta síntese é proveniente de fontes abundantes, como carvão ou gás natural.

Alguns poucos hidrocarbonetos ainda podem ser obtidos de fontes alternativas. O pristano é um dos constituintes do óleo de fígado de tubarão. O limoneno é um constituinte abundante do óleo da casca de algumas frutas cítricas. O heptano é um componente presente na resina obtida do pinheiro de Jeffrey. Alguns alcenos bicíclicos conhecidos como terpenos (basicamente α e β pineno) são obtidos da destilação da resina de algumas espécies de pinheiro. A mistura de terpenos é conhecida como óleo de pinho ou terebintina.

Figura 3.14. α-pineno e β-pineno.

3.2. Solventes aromáticos

3.2.1. Definição

Os hidrocarbonetos aromáticos, tal como os alifáticos, são formados exclusivamente por carbono e hidrogênio, mas no caso dos aromáticos há a presença de uma estrutura especial, o anel aromático também chamado de anel benzênico.

Na verdade, nesta estrutura plana os elétrons que compõem as ligações π estão deslocalizados sobre as seis ligações σ do anel, conferindo estabilidade extra à molécula. Esta característica também é conhecida como ressonância. A distância entre os seis átomos de carbono que formam o anel é a mesma e o valor é intermediário entre a distância equivalente a uma ligação simples e uma ligação dupla, evidenciando que, de fato, não se trata de ligações simples e duplas distintas. Por esta razão, o anel benzênico também é representado por um hexágono com um círculo concêntrico representando as três ligações π deslocalizadas.

Figura 3.15. Representações do anel benzênico.

3.2.2. Características e reatividade

Tal como os demais hidrocarbonetos, os aromáticos também são formados exclusivamente por carbono e hidrogênio. Não há ligações fortemente polares, o que confere aos hidrocarbonetos aromáticos propriedades físicas semelhantes aos demais hidrocarbonetos.

Os hidrocarbonetos aromáticos também são praticamente imiscíveis em água. A mistura entre hidrocarbonetos aromáticos e água tende, portanto, a formar duas fases distintas, das quais a fase superior é orgânica e a fase inferior é aquosa. Os hidrocarbonetos aromáticos tendem a ser solúveis entre si bem como com os demais hidrocarbonetos em qualquer proporção e tendem a solubilizar outros compostos apolares. Obviamente, todos os compostos que apresentam anel benzênico possuem, pelo menos, seis átomos de carbono e, portanto, são líquidos ou sólidos à temperatura e pressão ambiente.

Em termos de reatividade, os hidrocarbonetos aromáticos situam-se entre os alcanos e os alcenos. Os compostos aromáticos, apesar de apresentarem ligação dupla tal como os alcenos, não apresentam a mesma reatividade. Os hidrocarbonetos aromáticos, que não apresentam outra função na molécula, são mais resistentes à redução e oxidação do que os alcenos. Eles não sofrem reações de adição tão facilmente como os alcenos e a reação de polimerização praticamente não ocorre para este tipo de molécula. Também são resistentes a bases, inclusive às bases fortes.

A reação mais comum para este tipo de composto é a substituição eletrofílica na qual um dos átomos de hidrogênio do anel aromático é substituído gerando uma função química. Sendo assim, moléculas que apresentam anel aromático são relativamente sensíveis à presença de ácido forte. Esta reação ocorre mais comumente na presença de ácidos inorgânicos concentrados, tais como ácido sulfúrico e ácido nítrico.

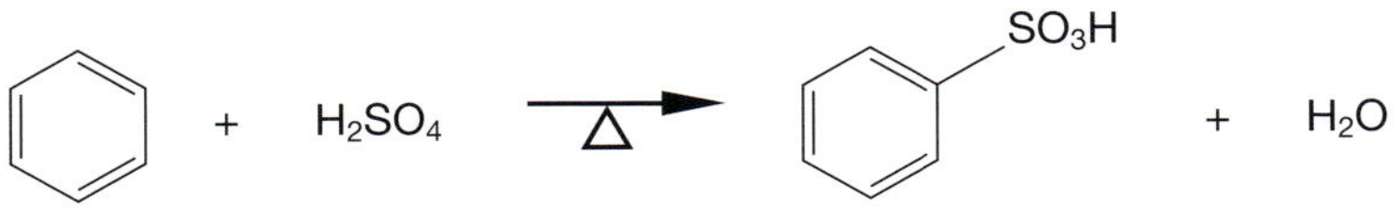

Figura 3.16. Substituição eletrofílica do benzeno na presença de ácido sulfúrico gerando ácido benzenossulfônico.

Outras reações como acilação ou adição de halogênio, ainda que bastante conhecidas, via de regra requerem condições especiais, tais como presença de catalisador ácido de Lewis e meio anidro.

Obviamente, existem outros compostos que apresentam, além do anel aromático, outras funções químicas. Nestes casos, a reatividade da molécula deve ser avaliada também em razão das outras funções químicas presentes.

3.2.3. Principais rotas de produção

A grande fonte de hidrocarbonetos aromáticos, tal como ocorre com os hidrocarbonetos alifáticos, também é o petróleo. A rota sintética mais comum passa pela reforma catalítica, por exemplo, do n-heptano ou do metilciclohexano gerando tolueno e hidrogênio como subprodutos. A partir do tolueno é possível produzir benzeno através da reação de hidrodealquilação que consome hidrogênio e gera metano como subproduto. Também é possível produzir uma mistura de benzeno e xilenos (mistura de isômeros) através da desproporcionação do tolueno. O benzeno ainda pode ser produzido diretamente via reforma catalítica, por exemplo, a partir do n-hexano ou do ciclohexano. Estas reações são típicas da indústria petroquímica e ocorrem em geral a temperaturas acima de 500°C, na presença de catalisadores específicos.

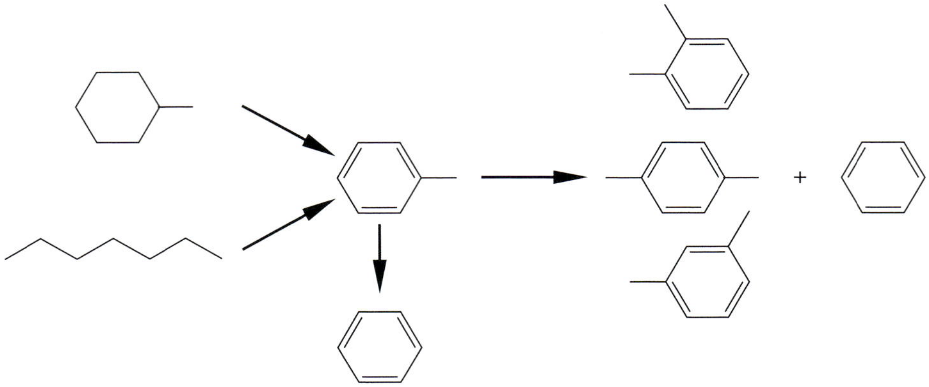

Figura 3.17. Rota de produção de tolueno a partir de metilciclohexano ou heptano, seguida de geração de benzeno e xilenos a partir do tolueno.

3.3. Solventes oxigenados
3.3.1. Definição

Compostos oxigenados podem ser considerados como todos aqueles que são formados por carbono e hidrogênio, mas contêm na sua estrutura pelo menos um átomo de oxigênio. Esta classificação bastante geral engloba uma grande série de funções químicas que diferem entre si pela maneira na qual o átomo de oxigênio está ligado ao restante da estrutura da molécula. Moléculas que apresentam outros elementos além de carbono hidrogênio e oxigênio serão consideradas em outra oportunidade. Em termos de estrutura da cadeia carbônica, pode-se adotar a mesma classificação utilizada para os alcanos, ou seja, um composto pode ser alifático ou aromático, e sendo alifático pode ser ramificado ou linear, cíclico ou acíclico e saturado ou insaturado.

A presença de um átomo com elevada eletronegatividade (oxigênio) torna a molécula mais susceptível a interações do tipo dipolo-dipolo induzido e dipolo-dipolo inclusive ponte de hidrogênio; efeito que não ocorre nos hidrocarbonetos. As propriedades químicas, tais como reatividade da molécula, serão determinadas basicamente pela função, à qual a molécula pertence. Por outro lado, as características físico-químicas, tais como miscibilidade e polaridade, serão determinadas além da função química, à qual a molécula pertence, pela razão entre o número de funcionalidades presentes e o tamanho da cadeia carbônica. Em termos gerais, moléculas de elevada massa molar, mas que apresentam poucos átomos de oxigênio têm características físico-químicas mais próximas aos hidrocarbonetos.

3.3.2. Características e reatividade

O modo pelo qual o átomo de oxigênio se liga à cadeia carbônica determina a função à qual a molécula pertence e, portanto, quais serão as características químicas desta molécula. Um átomo de oxigênio pode fazer, tipicamente, duas ligações. Sendo assim, um átomo de oxigênio pode ligar-se simultaneamente a dois átomos de carbono, a um único átomo de carbono através de uma ligação dupla ou ainda a um átomo de carbono e um outro átomo qualquer que pode ser, por exemplo, hidrogênio.

3.3.2.1. Álcoois, éteres e acetais

Álcoois são compostos que apresentam uma hidroxila ligada a uma cadeia carbônica alifática, ou seja, há um oxigênio presente na molécula ligado simultaneamente a um átomo de hidrogênio e a um átomo de carbono alifático. Os álcoois são classificados em primários, secundários e terciários dependendo do carbono, ao qual a hidroxila está ligada. Álcoois com duas hidroxilas ligadas à cadeia alifática são chamados de dióis e mais comumente de glicóis.

A polaridade da ligação O-H faz com que as forças intermoleculares do tipo dipolo-dipolo sejam tão intensas que ocorre a formação de pontes de hidrogênio. Sendo assim, todos os álcoois são líquidos ou sólidos; mesmo o metanol que tem massa molar 32 é líquido à temperatura e pressão ambientes.

Os álcoois de massa molar mais baixa, como metanol e etanol, são miscíveis em água em qualquer proporção. Monoálcoois (que possuem apenas uma hidroxila) de massa molar elevada tendem a não ser completamente solúveis em água, já que suas propriedades físico-químicas tendem a se assemelhar mais a compostos apolares.

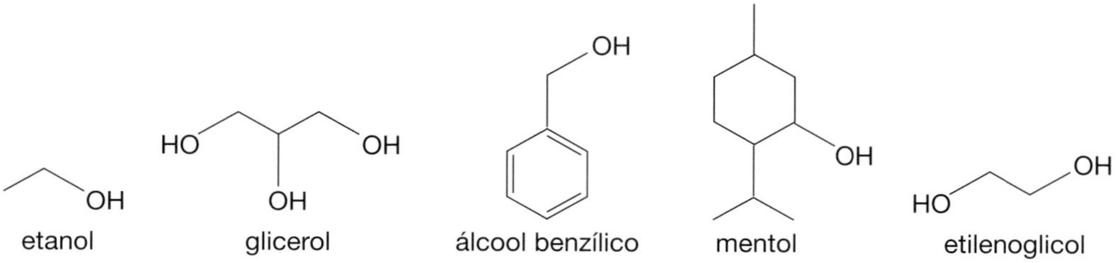

Figura 3.18. Exemplos de álcoois.

Álcoois são resistentes à presença de bases e agentes redutores. Somente agentes redutores extremamente fortes, tais como hidretos de metais alcalinos, reagem com álcoois liberando hidrogênio. Por outro lado, álcoois são relativamente sensíveis à presença de agentes oxidantes fortes e ácidos fortes. Álcoois podem ser oxidados a aldeídos, ácidos carboxílicos ou cetonas, por exemplo, na presença de permanganato de potássio. A presença de ácidos fortes pode catalisar a desidratação dos álcoois gerando alcenos ou éteres, dependendo da condição e da estrutura do álcool em questão. Álcoois primários, tais como metanol e etanol, são mais resistentes à desidratação do que álcoois secundários (isopropanol) e terciários (terc-butanol). Álcoois não reagem com água em condições de temperatura e pressão ambiente.

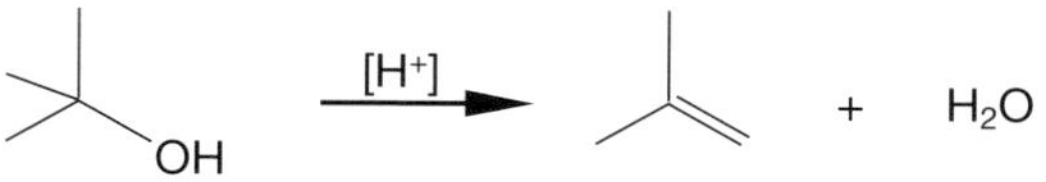

Figura 3.19. Desidratação do terc-butanol gerando metilpropeno.

Os éteres apresentam um átomo de oxigênio ligado a dois diferentes átomos de carbono. Como não há ligação, O–H éteres tendem a ser moléculas bastante apolares. A miscibilidade dos éteres em água, mesmo para éteres de cadeia curta, é baixa e o ponto de fusão dos éteres é notadamente mais baixo quando comparado a álcoois de mesma massa molar.

Os éteres são significativamente inertes quando comparados aos álcoois. Os éteres não reagem com água, e não são sensíveis a ácidos e bases fortes. Também são resistentes a oxidantes e redutores. Na verdade, dentre compostos oxigenados, os éteres são os mais similares aos alcanos. Também de maneira análoga aos alcanos, apenas éteres cíclicos com elevada tensão no anel, como o óxido de etileno, são reativos.

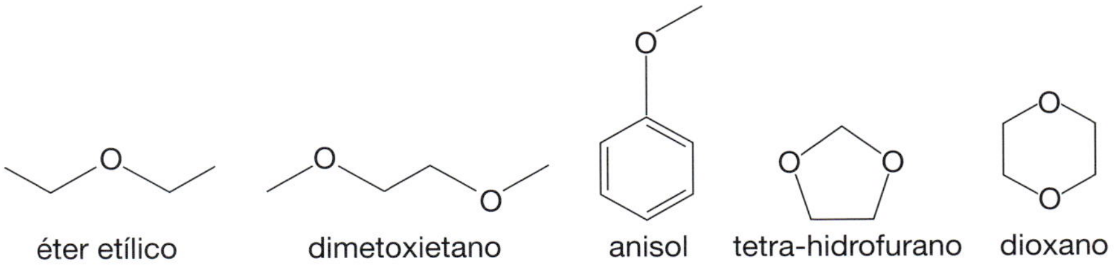

Figura 3.20. Exemplos de éteres.

Acetais são moléculas que possuem dois átomos de oxigênio ligados simultaneamente por uma ligação simples ao mesmo átomo de carbono. Cada átomo de oxigênio pode ainda estar ligado a um outro átomo de carbono ou a um hidrogênio, neste caso a molécula pode se chamar hemicetal.

Os acetais, assim como os éteres, não têm capacidade de formar pontes de hidrogênio, sendo assim a miscibilidade destes compostos em água tende a ser mais baixa do que os álcoois de mesma massa molar. Acetais são líquidos à temperatura e pressão ambiente e podem ser sólidos se a massa molar for bastante elevada.

Em termos de reatividade, acetais são resistentes a agentes redutores e oxidantes, também são resistentes a bases, mesmo em se tratando de bases fortes. A reação mais conhecida para os acetais é a hidrólise em meio ácido. Os acetais podem reagir com a água se houver ácido presente, mesmo em quantidades catalíticas. A reação gera álcool e aldeído ou cetona.

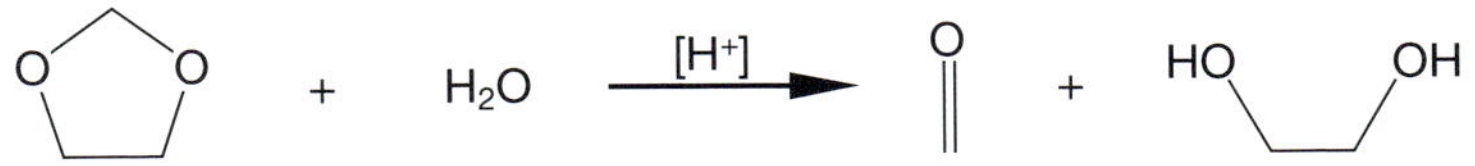

Figura 3.21. Hidrólise de 1,3-dioxolano em meio ácido gerando formaldeido e etilenoglicol.

3.3.2.2. Principais rotas de produção

Os principais álcoois utilizados como solvente são metanol, etanol e isopropanol. Em escala menor, também são utilizados n-butanol, iso-butanol, ciclo-hexanol e hexilenoglicol, entre outros.

O metanol é produzido a partir do gás de síntese. O metano sofre reforma a vapor gerando monóxido de carbono e hidrogênio e estes dois compostos reagem entre si em condições adequadas formando metanol.

O processo de hidratação de olefinas é utilizado na síntese de álcoois como isopropanol (hidratação do propeno) e 2-butanol (hidratação do 2-buteno). Já o 1-butanol é obtido a partir da hidroformilação (carbonilação) do propeno seguida de hidrogenação em uma única etapa. O etanol, excepcionalmente, é produzido majoritariamente a partir de processos fermentativos de fontes renováveis, notadamente amido de milho e sacarose de cana-de-açúcar. O processo de obtenção do etanol via hidratação do eteno perdeu espaço para os processos a partir de biomassa, que é atualmente a principal rota de produção.

$$CO + 2H_2 \longrightarrow MeOH$$

Figura 3.22. Síntese do metanol a partir de CO e H_2.

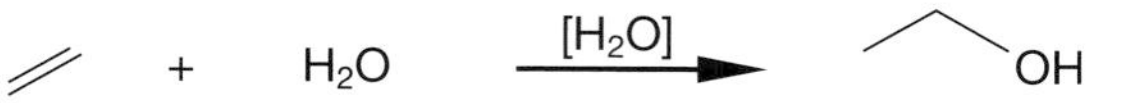

Figura 3.23. Síntese do etanol a partir da hidratação do eteno.

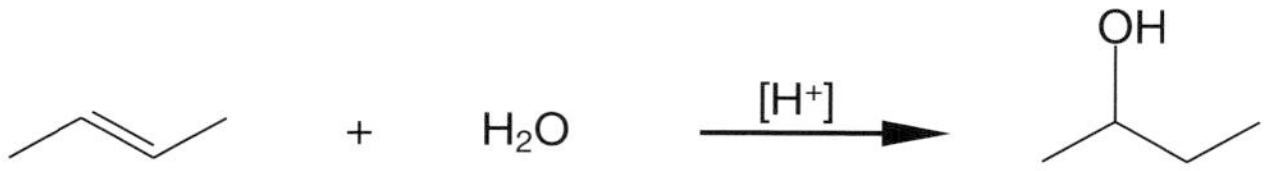

Figura 3.24. Síntese do 2-butanol (sec-butanol) a partir da hidratação do 2-buteno.

Figura 3.25. Síntese do n-butanol a partir do propeno.

Dentre os glicóis o grande consumo está baseado no etilenoglicol (MEG) e dietilenoglicol (DEG) que possui além das hidroxilas uma função éter. O etilenoglicol é produzido via hidratação do óxido de etileno e este é produzido através da oxidação seletiva do eteno. Já o dietilenoglicol é obtido pela reação entre o etilenoglicol e uma molécula de óxido de etileno. Esta reação pode ser realizada propositadamente, mas ocorre também como uma reação consecutiva em série durante a produção do etilenoglicol.

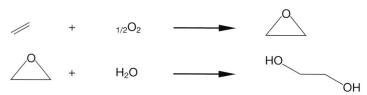

Figura 3.26. Síntese do óxido de etileno seguida de hidratação e síntese do etilenoglicol.

[Figura 3.27 - estrutura química]

Figura 3.27. Síntese do dietilenoglicol a partir do etilenoglicol e óxido de etileno.

No que tange aos éteres, já foi importante a produção de éter etílico, entretanto ele vem sendo substituído como solvente. Atualmente, o tetra-hidrofurano ou THF (um éter cíclico) e o dioxano ocupam certo espaço no mercado de solventes. O éter etílico é obtido como subproduto da hidratação do eteno para produção de etanol. Também é possível obtê-lo pela desidratação do etanol sobre alumina em condições controladas. O THF é obtido da hidrogenação do furano e o dioxano é obtido pela desidratação do dietilenoglicol em meio ácido.

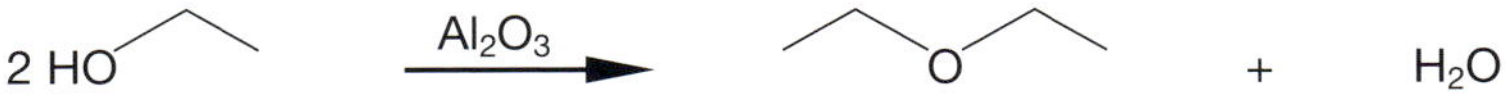

Figura 3.28. Desidratação do etanol e produção de éter etílico.

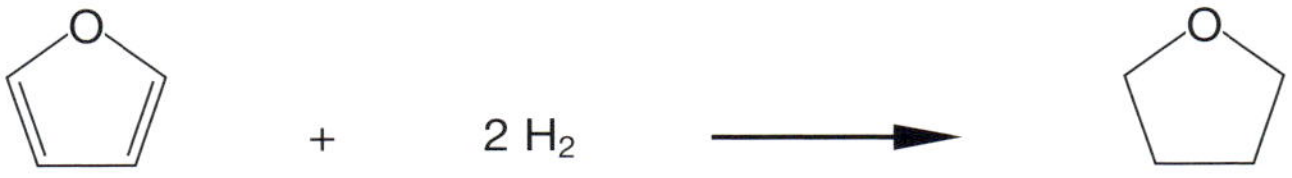

Figura 3.29. Hidrogenação do furano e produção de tetra-hidrofurano.

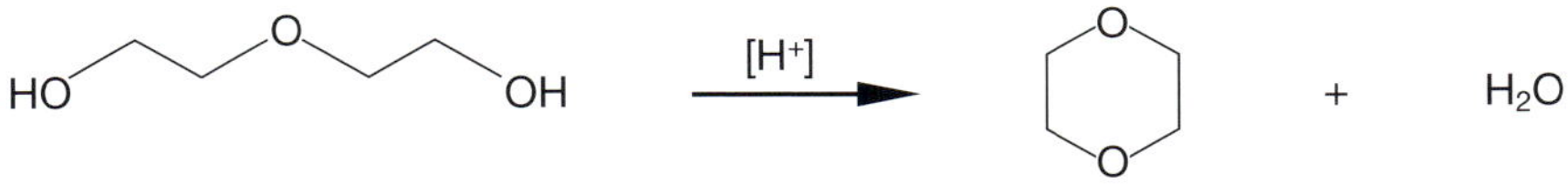

Figura 3.30. Desidratação do dietilenoglicol e produção de dioxano.

3.3.2.3. Compostos carbonílicos

Moléculas que apresentam pelo menos um átomo de oxigênio ligado a um átomo de carbono através de ligação dupla são chamadas de compostos carbonílicos. A estrutura C=O é chamada de carbonila. Existem diversas funções químicas que apresentam carbonila, dentre estas funções podemos citar algumas mais comuns, tais como, cetonas, aldeídos, ésteres, ácidos carboxílicos e anidridos.

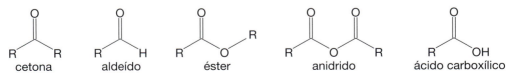

Figura 3.31. Exemplos de compostos carbonílicos.

Alguns compostos carbonílicos são bastante sensíveis ao meio e, portanto, seu uso como solvente é impraticável. Anidridos por exemplo sofrem hidrólise em presença de água gerando ácidos carboxílicos. A reação é exotérmica e ocorre até mesmo pela absorção da umidade do ar. De fato, anidridos precisam ser estocados em vaso hermeticamente fechado para evitar-se hidrólise. Os ácidos carboxílicos, por sua vez, também apresentam elevada reatividade especialmente em relação a bases. Além disso, ácidos carboxílicos de cadeia curta têm odor bastante pronunciado.

Aldeídos também constituem uma classe de compostos não utilizada como solvente, devido à sua alta reatividade. Aldeídos são sensíveis a agentes oxidantes e redutores bem como a ácidos e bases. Aldeídos também podem sofrer reações de polimerização ao longo do tempo de estocagem alterando suas características originais.

Dentre os compostos carbonílicos largamente utilizados como solventes destacam-se os ésteres e as cetonas. A mais simples das cetonas é a propanona conhecida como acetona. A acetona é líquida à temperatura e pressão ambiente, contrariamente ao hidrocarboneto de mesma massa molar (butano) que é gás. Isto ocorre devido à polaridade da molécula que permite a existência de interações do tipo dipolo-dipolo. A acetona é miscível em água em qualquer proporção. Para monocetonas, que possuem apenas uma carbonila, a solubilidade em água diminui com o aumento do número de átomos de carbono.

As cetonas são compostos relativamente sensíveis a agentes redutores, mas são bastante resistentes a agentes oxidantes inclusive permanganato de potássio. Cetonas praticamente não reagem com água. A formação de um hemiacetal entre cetonas e água é reversível e o equilíbrio está deslocado no sentido dos reagentes. As cetonas são sensíveis à presença de ácido ou base, mesmo em quantidades catalíticas, por sofrerem reação de acoplamento aldólico. A reação é reversível, mas a desidratação que pode seguir o acoplamento aldólico gera enonas e, neste caso, o equilíbrio é deslocado no sentido dos produtos.

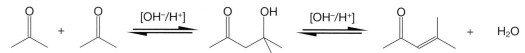

Figura 3.32. Exemplo de acoplamento aldólico seguido de desidratação. Formação de diacetona álcool a partir de acetona seguida de desidratação com formação de óxido de mesitila.

Os ésteres são outra classe de compostos largamente empregada como solvente. Nenhum éster simples é completamente miscível em água à temperatura ambiente, nem mesmo o metanoato de metila (formiato de metila) que corresponde ao éster de mais baixa massa molar. O formiato de metila, apesar de apresentar baixo ponto de ebulição, é líquido à temperatura e pressão ambiente. Todos os ésteres são, portanto, líquidos ou sólidos. A imiscibilidade dos ésteres com água fica cada vez mais acentuada, à medida que cresce a cadeia carbônica associada.

Ésteres são bastante resistentes à presença de agentes redutores e oxidantes, mas são relativamente sensíveis à presença de água. Os ésteres sofrem hidrólise gerando ácido carboxílico e álcool, já que a reação de formação do éster a partir destes componentes é reversível. A hidrólise é catalisada principalmente por ácidos fortes. Ésteres também são sensíveis a bases fortes por sofrerem saponificação.

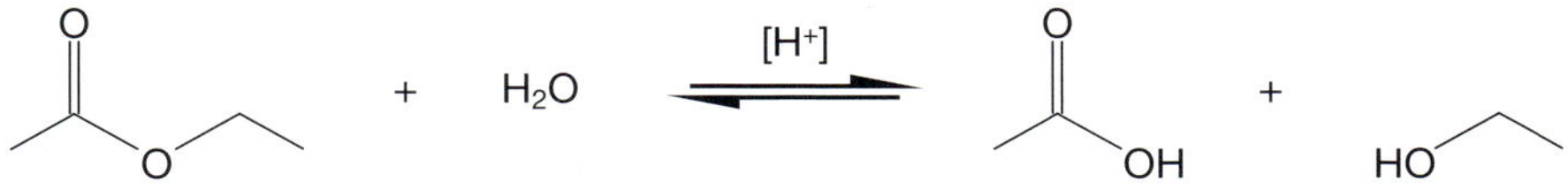

Figura 3.33. Hidrólise do acetato de etila catalisada por ácido gerando ácido acético e etanol. A reação é reversível e a composição da mistura tende a atingir o equilíbrio termodinâmico.

3.3.2.4. Principais rotas de produção

Dentre as principais cetonas utilizadas como solvente estão a acetona, metilisobutilcetona (MIBK), metiletilcetona (MEK) e em menor escala diacetona álcool (que possui também função álcool), óxido de mesitila (enona) e diisobutilcetona.

A fonte principal de matéria-prima para produção das cetonas é o petróleo. A acetona é gerada basicamente como co-produto na fabricação do fenol. A síntese industrial do fenol inicia na produção do cumeno a partir do benzeno e propeno. O cumeno é oxidado a hidroperóxido de cumeno que é clivado em meio ácido gerando fenol e acetona. A acetona, por sua vez, é a matéria-prima para produção de diacetona álcool via condensação aldólica. A desidratação da diacetona álcool gera óxido de mesitila e a hidrogenação seletiva deste gera metilisobutilcetona. A metiletilcetona é produzida majoritariamente a partir da desidrogenação do 2-butanol e este é produzido a partir da hidratação do 2-buteno. Um esquema destas reações está representado a seguir.

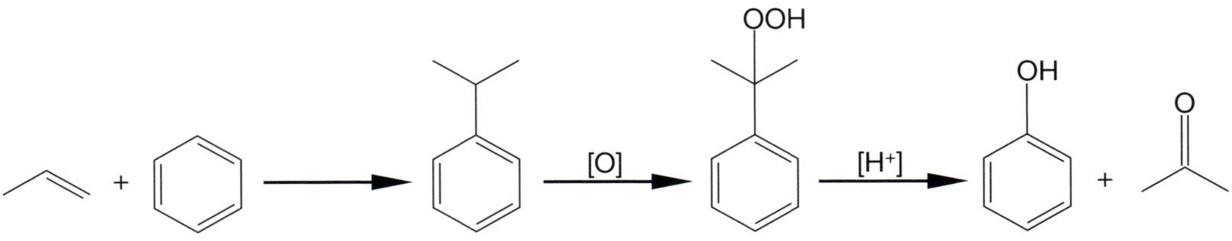

Figura 3.34. Esquema reacional da produção de acetona e fenol a partir de propeno e benzeno.

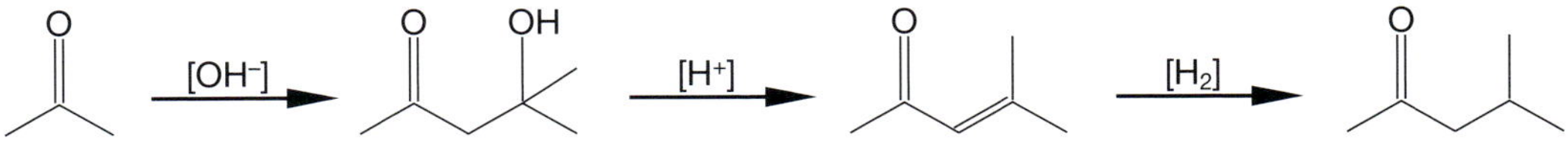

Figura 3.35. Esquema reacional da produção de diacetona álcool, óxido de mesitila e metilisobutilcetona a partir de acetona.

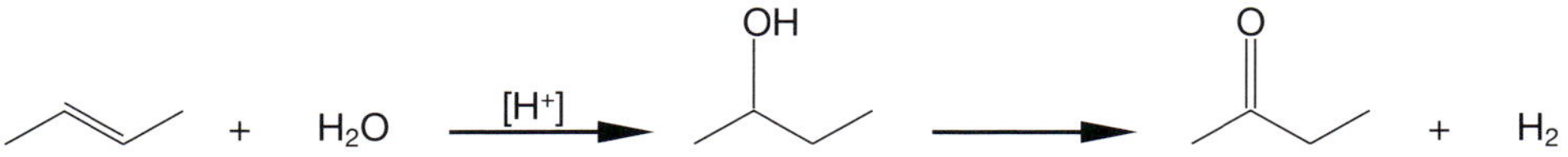

Figura 3.35. Esquema reacional da produção de metiletilcetona a partir de 2-buteno.

A utilização dos ésteres como solvente baseia-se majoritariamente no uso de acetatos. Os acetatos são obtidos a partir da esterificação de diferentes álcoois com ácido acético. A reação é reversível e há eliminação de água. O ácido acético para produção de acetatos é produzido majoritariamente a partir da carbonilação do metanol. A reação é catalisada por complexos de ródio ou irídio e ocorre na presença de iodometano. No Brasil, devido à vasta produção de etanol a partir da cana-de-açúcar, o ácido acético é produzido também pela oxidação deste. Os principais acetatos utilizados são acetato de etila e acetato de n-butila.

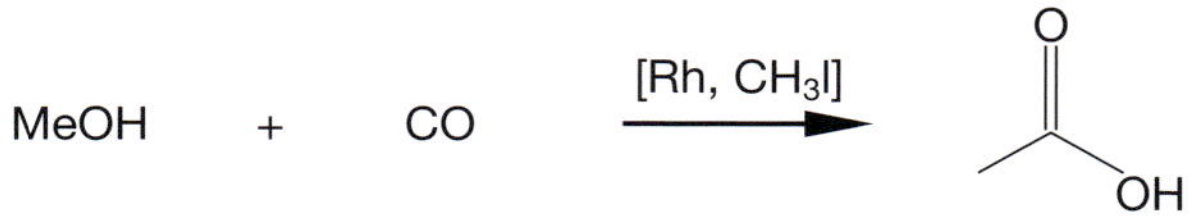

Figura 3.36. Carbonilação do metanol e produção do ácido acético.

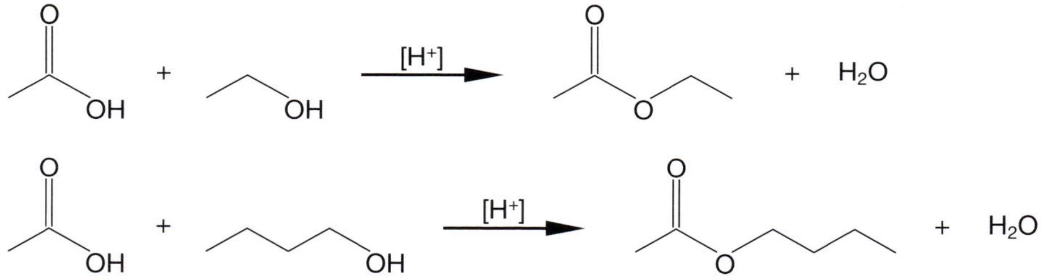

Figura 3.37. Produção acetato de etila e acetato de butila a partir de ácido acético.

3.4. Solventes halogenados

Compostos organo-halogenados são constituídos por carbono, hidrogênio e possuem na sua estrutura pelo menos um átomo de halogênio ligado à cadeia carbônica. Apesar de possuírem elementos bastante eletronegativos não há ligação entre hidrogênio e halogênio neste tipo de composto e, portanto, não há formação de pontes de hidrogênio. As interações moleculares são do tipo dipolo-dipolo com exceções para moléculas completamente simétricas como o tetracloreto de carbono.

Organo-halogenados de baixa massa molar são gases. É o caso, por exemplo, de alguns conhecidos CFC's (clorofluorcarbonos). Organo-halogenados de massa mais elevada são líquidos geralmente muito pouco miscíveis em água. A mistura entre organo-halogenados líquidos e água tende a formar duas fases distintas, das quais a fase inferior é orgânica e a fase superior é aquosa, já que os organo-halogenados são mais densos do que a água.

A reatividade dos organo-halogenados é função, basicamente, do halogênio ligado à cadeia carbônica. Organoiodados e organobromados são bastante reativos e são usados muito freqüentemente como intermediários em síntese orgânica. Sendo assim, o uso destes compostos como solvente é muito raro.

Organofluorados, ao contrário, são extremamente inertes. Sob ponto de vista da reatividade química, em condições normais de temperatura e pressão, os organofluorados comportam-se de maneira semelhante aos alcanos.

Organoclorados também são relativamente inertes. São relativamente resistentes a agentes oxidantes e ácidos, mas são bastante sensíveis a agentes redutores e principalmente bases.

Uma propriedade diferenciada dos organo-halogenados totalmente substituídos (sem hidrogênio presente na molécula), tal como tetracloreto de carbono ou tetracloroetileno, é a resistência à combustão. Na verdade, alguns compostos como bromotrifluorometano e bromoclorodifluorometano atuam como gás extintor de chama.

3.4.1. Principais rotas de produção

Os principais solventes organo-halogenados consumidos atualmente são organoclorados, mais especificamente, diclorometano, tetracloroetileno e tricloroetileno. A produção de diclorometano baseia-se na halogenação do metano com cloro em fase gás. A reação ocorre em condições drásticas de temperatura (acima de 400°C) na presença de catalisador e são produzidos paralelamente tetracloreto de carbono, triclorometano (clorofórmio) e clorometano. Como subproduto da reação é produzido ácido clorídrico.

Tetracloroetileno e tricloroetileno são produzidos a partir da halogenação do dicloroetano (também em condições drásticas) e este a partir da halogenação do eteno.

$$CH_4 + Cl_2 \longrightarrow HCl + CCl_4 \quad CHCl_3 \quad CH_2Cl_2 \quad CH_3Cl$$

Figura 3.38. Produção de mistura de tetracloreto de carbono, triclorometano (clorofórmio), diclorometano e clorometano pela halogenação do metano com cloro em fase gasosa.

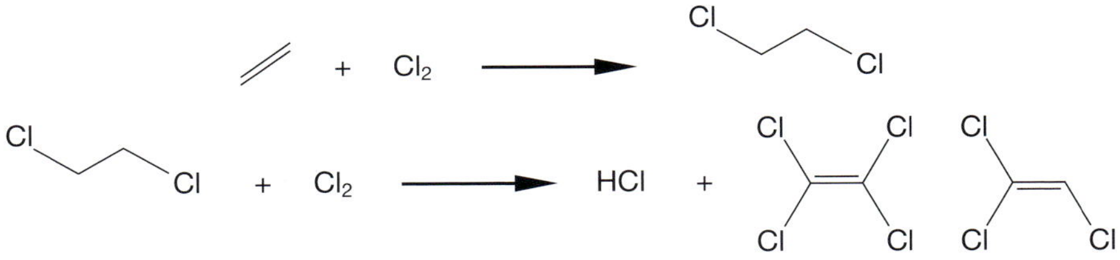

Figura 3.39. Produção de dicloroetano pela halogenação do eteno seguida de produção de tetracloroetileno e tricloroetileno pela halogenação do dicloroetano.

3.5. Solventes nitrogenados e sulfurados

Compostos nitrogenados são aqueles que possuem nitrogênio na estrutura enquanto compostos sulfurados possuem enxofre. O uso deste tipo de composto como solvente, em comparação aos hidrocarbonetos e compostos oxigenados, é bem mais restrito. Por esta razão serão descritos aqui apenas compostos que podem ter algum uso significativo como solvente.

Compostos nitrogenados utilizados como solventes podem ser aminas, amidas, nitrilas ou nitrocompostos. As aminas têm pelo menos um átomo de nitrogênio ligado a um átomo de carbono saturado. No caso das amidas, o nitrogênio está ligado a uma carbonila. As nitrilas possuem pelo menos um átomo de nitrogênio ligado exclusivamente a um átomo de carbono por ligação tripla. Os nitroalcanos possuem um átomo de nitrogênio ligado a um átomo de carbono e, simultaneamente, a dois átomos de oxigênio.

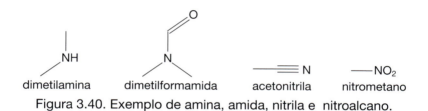

Figura 3.40. Exemplo de amina, amida, nitrila e nitroalcano.

Dentre os compostos sulfurados utilizados como solventes pode-se fazer menção aos sulfóxidos, especificamente dimetilsulfóxido e às sulfonas, especificamente sulfolano. Sulfóxidos são moléculas que têm um átomo de enxofre ligado a dois átomos de carbono distintos e a um átomo de oxigênio por uma ligação dupla. As sulfonas têm a mesma estrutura dos sulfóxidos com um oxigênio extra ligado duplamente ao enxofre.

Figura 3.41. Exemplo de sulfona e sulfóxido.

Compostos nitrogenados e sulfurados em geral apresentam relativa reatividade, isto significa que seu uso como solvente é restrito a algumas aplicações específicas que requerem propriedades especiais. Notadamente, dimetilsulfóxido, sulfolano, dimetilformamida e dimetilacetamida são solventes polares apróticos.

Aminas, por exemplo, são resistentes à presença de base e agentes redutores, mas são sensíveis à presença de ácido, agentes oxidantes e água. Aminas primárias são sensíveis à exposição ao ar por sofrerem carbonatação pelo CO_2. Nitrilas são sensíveis à presença de ácidos, bases, agentes redutores e oxidantes. Nitrilas também sofrem hidrólise catalisada por ácidos ou bases. Nitroalcanos são sensíveis à presença de base e são relativamente sensíveis a ácidos, agentes redutores e oxidantes. Nitroalcanos também podem sofrer hidrólise. Amidas são sensíveis a ácidos e bases e relativamente sensíveis a agentes redutores. Amidas são susceptíveis à hidrólise em meio ácido ou básico.

Sulfóxidos são relativamente resistentes a agentes oxidantes e redutores. São relativamente sensíveis à presença de base. Sulfonas são resistentes a agentes oxidantes, mas relativamente sensíveis a agentes redutores. São sensíveis à presença de base forte.

3.5.1. Principais rotas de produção

O uso de aminas como solvente está bastante restrito a dimetilamina e metilamina. Ambas são produzidas a partir da reação do metanol com amônia em condições específicas. A reação gera uma mistura que é posteriormente separada. Esta mesma estratégia é utilizada na produção de nitrocompostos. São produzidos nitrometano, nitroetano, 1-nitropropano e 2-nitropropano, em paralelo no mesmo reator a partir da reação entre ácido nítrico e propano. A mistura é separada para comercialização.

Dimetilformamida e dimetilacetamida são as amidas de maior uso como solvente. A dimetilformamida é produzida a partir da reação entre dimetilamina e monóxido de carbono. A dimetilacetamida é produzida a partir da dimetilamina e ácido acético.

A nitrila mais utilizada como solvente é a acetonitrila. A acetonitrila é obtida majoritariamente como subproduto da produção de acrilonitrila (matéria-prima para polímeros) através da reação entre propeno, amônia e oxigênio.

Dimetilsulfóxido, o sulfóxido mais utilizado como solvente, é obtido da oxidação do dimetilsulfeto e este é obtido da reação entre metanol e ácido sulfídrico. A sulfona mais utilizada como solvente é o sulfolano que é obtido a partir da reação entre butadieno e dióxido de enxofre seguida de redução.

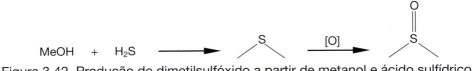

Figura 3.42. Produção de dimetilsulfóxido a partir de metanol e ácido sulfídrico.

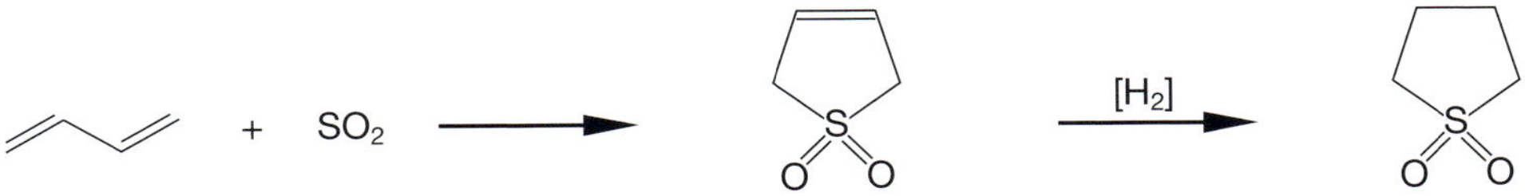

Figura 3.43. Produção de sulfolano a partir de butadieno e dióxido de enxofre.

Tabela de incompatibilidades

A seguir, uma tabela genérica ilustra as principais incompatibilidades, do ponto de vista da reatividade, para algumas classes de solventes já citados. Esta tabela não constitui um guia definitivo de reatividade química. Na prática, cada caso deve ser avaliado individualmente, já que fatores estéricos e eletrônicos particulares a cada molécula são determinantes das propriedades da substância em questão. Além disso, não foram consideradas reações e interações entre grupos funcionais que alteram significativamente o resultado da formulação final.

Tabela 3.1. Imconpatibilidades

Função Química	água	ácidos	bases	oxidantes	redutores
hidrocarbonetos saturados					
hidrocarbonetos insaturados					
hidrocarbonetos aromáticos					
álcoois					
éteres					
acetais					
cetonas					
ésteres					
organoclorados					
organofluorados					
aminas					
amidas					
nitroalcanos					
nitrilas					
sulfóxidos					
sulfonas					

Legenda:
- Reação química ocorre em condições severas ou muito lentamente
- Há possibilidade de ocorrer reação química
- Muito provavelmente ocorrerá reação química

Referências bibliográficas

Grayson, M. Eds.; Kirk-Othmer Encyclopedia of Chemical Technology. 3rd ed., John Wiley and Sons, New York, 1983.

Wolfgang, G. Eds.; Ullmann's Encyclopedia of Industrial Chemistry, 4th ed., Wiley-VCH, Weinheim, 1985.

March, J.; Smith, M. Advanced Organic Chemistry: reactions, mechanisms and structure, 5th ed., John Wiley and Sons, New York, 2001.

Carey, F.; Sundberg, R. J. Advanced Organic Chemistry, 4th ed., Kluwer Academic/Plenum Publishers, New York, 2000.

Morrison, R. T.; Boyde, R. N. Química Orgânica, 5 ed., Fundação Calouste Gulbenkian, Lisboa, 1996.

Solomons, T. W. G. Fundamentals of Organic Chemistry, 6th ed., Jonh Wiley and Sons, New York, 1996.

Weast, R. C. Eds.; CRC Handbook of Chemistry and Physics, 61th ed., CRC Press, Boca Raton, 1980.

4 Green Solvents

*(Green Chemistry – a sustainable solution
Rainer Hofer)*

O objetivo deste capitulo é definir os princípios para classificação dos solventes no conceito "verde", considerando-se principalmente o desempenho na aplicação, a toxicidade e os impactos ambientais.

Sérgio Martins

4.1. Introdução

O século 20 caracterizou-se por apresentar um crescimento fenomenal da economia global e uma melhoria contínua do padrão de vida dos países industrializados. Todavia, a partir da metade do último século:

- O consumo de água triplicou;
- A demanda de madeira como material de construção duplicou, principalmente nos Estados Unidos da América (EUA);
- A demanda da madeira como polpa para matéria-prima para papel aumentou seis vezes;
- A pesca e consumo de peixes dos mares aumentaram cinco vezes.

A história mostra vários exemplos de exploração do meio ambiente, que realizada de maneira não sustentável, acarretou impactos ambientais importantes. Por exemplo, a agricultura intensiva do Império Romano, aliada à forte demanda de energia da sociedade romana da época, devido aos populares banhos de vapor, para o forjamento de metais e armas, e à demanda por madeira para aquecimento das casas ou construção de embarcações, estão associadas como a origem de um dos primeiros desastres ecológicos conhecidos, que foi o desmatamento da região dos Apeninos na Itália e depois das redondezas do Mar Mediterrâneo, resultando em enormes erosões, com perda de húmus pelo solo e secas temporárias de alguns rios.

Outros exemplos vêm aparecendo na natureza e que somente nos últimos anos vêm despertando atenção e apreensão por parte dos governantes e da sociedade em geral. Dentre os exemplos mais comuns que são sentidos pela sociedade, pode-se destacar:

- O aquecimento global, que vem provocando a destruição de geleiras;
- O aumento da neblina principalmente em grandes concentrações urbanas;
- A destruição da camada de ozônio da estratosfera;
- A desertificação de florestas, como por exemplo, em alguns países da África.

Em outras palavras, o crescimento das economias e o aumento do padrão de vida das pessoas têm seu preço:

- As fontes naturais de exploração estão alcançando seu limite;
- Está aumentando a contaminação do meio ambiente.

Isso demonstra que há necessidade de utilização de políticas de desenvolvimentos sustentáveis visando objetivos de melhorias ambientais, econômicas e para a sociedade. Essa conscientização abrange governantes, indústria e sociedade em geral.

Do ponto de vista de negócio, o desenvolvimento sustentável está geralmente separado em três áreas independentes:

- Econômica: gerenciamento eficiente dos recursos;
- Ambiental: intolerância de emissão prejudicial à ecosfera e manutenção das bases para a vida;
- Social: o ser humano é o centro de todas as preocupações

A indústria química, em particular, exerce um papel importante na melhoria de qualidade de vida das pessoas com o desenvolvimento contínuo de novos produtos. Sua contribuição para o desenvolvimento sustentável está associada à inovação contínua de novos produtos que atendam as necessidades dos clientes e ao fato de que os processos de manufatura reduzam os riscos à saúde e ao meio ambiente. Os principais conceitos que ela utiliza para atingir essa sustentabilidade são:

- Uma orientação consistente para produtos, tecnologias e soluções que forneçam grande perspectiva para o futuro;
- Desenvolvimento de novas tecnologias ambientais integradas no processo produtivo;
- Estreita cooperação com clientes;
- Adaptação às condições de competição global;
- Rápida colocação no mercado dos novos produtos concebidos com conceito de sustentabilidade;
- Melhoria contínua do desenvolvimento de processos;
- Esforço contínuo em pesquisa e desenvolvimento de novas fontes de matérias-primas, visando principalmente aquelas de fontes renováveis.

Verifica-se que hoje há uma necessidade crescente para que os processos químicos das indústrias sejam ambientalmente aceitáveis. Esta tendência está tornando-se conhecida como Química Verde (Green Chemistry) ou Tecnologia Sustentável. Assim para seu emprego existe uma necessidade de mudança de paradigma dos conceitos tradicionais de eficiência de processo.

Hoje, na indústria química, os solventes são utilizados em grandes quantidades. Por exemplo, nas indústrias de química fina e farmacêutica, grandes quantidades de solvente são utilizadas por massa de produto final. Nestes casos, o solvente define a parte principal do desempenho ambiental do processo e impacta no custo, segurança e saúde ocupacional.

Um solvente pode ser definido como "qualquer substância que dissolva outra, resultando em uma solução homogênea". Quando um solvente é selecionado para uma determinada aplicação, o critério de escolha é baseado em suas propriedades físico-químicas:

- Solubilidade;
- Polaridade;
- Viscosidade;
- Volatilidade.

Atualmente, além dos critérios físico-químicos, os critérios relacionados a aspectos toxicológicos e ao meio ambiente vêm sendo incluídos nessa lista:

- Toxicidade inerente;
- Inflamabilidade;
- Explosividade;
- Decomposição de ozônio na estratosfera;
- Produção de ozônio na atmosfera;
- Potencial para o aquecimento global.

O uso de solventes que são mais benignos à saúde e ao meio ambiente é parte do movimento da Green Chemistry. O conceito de Solvente Verde (Green Solvent) expressa o objetivo de minimizar o impacto ambiental e na saúde humana, mantendo o desempenho exigido durante sua utilização nas diversas aplicações atuais.

Como não existe uma definição universal do que é um Solvente Verde, o objetivo deste capítulo é apresentar os principais conceitos que precisam estar integrados nos critérios de escolha de solventes e/ou sistemas solventes com características mais "verdes" para substituição dos atuais nas diversas aplicações existentes ou no desenvolvimento de novos produtos.

4.2. Solventes verdes (Green Solvents)

Os critérios globais intrínsecos no conceito de um Solvente Verde estão baseados em quatro pilares:

- Bom desempenho na aplicação;
- Minimização da toxicidade à saúde humana;
- Minimização da toxicidade ao meio ambiente;
- Minimização dos impactos ambientais.

Assim sendo, do ponto de vista dos Solventes Verdes, além do desempenho, é preciso também se considerar a toxicidade e o impacto ambiental como elementos-chave no processo de escolha, visando àqueles que apresentem o menor impacto à saúde humana e ao meio ambiente.

Na avaliação da possibilidade de substituição de um solvente ou sistema solvente que estejam sendo utilizados atualmente numa determinada aplicação ou processo químico, os seguintes questionamentos devem ser realizados quando o objetivo é conferir ao sistema uma característica "mais verde":

- A possibilidade de *redesign* da natureza química do solvente *via* síntese;
- Identificação de solventes alternativos pertencentes a outras classes de compostos, que atendam a finalidade da aplicação, substituindo os tradicionais utilizados naquela formulação ou processamento químico;
- A possibilidade de redução ou eliminação do uso do solvente para a aplicação em questão.

Quando o objetivo é o desenvolvimento de um novo produto, a Química Verde (Green Chemistry) apresenta conceitos fundamentais que devem estar integrados no planejamento para a concepção desta nova espécie. A seguir são apresentados, os 12 conceitos principais de Química Verde.

4.2.1. Química Verde *(Green Chemistry)*

Do ponto de vista dos solventes, a química verde pode ser olhada como uma variedade de técnicas para desenhar novos solventes, sistemas solventes e novos caminhos de utilizá-los para reduzir ou eliminar perigos intrínsecos associados a eles.

Em alguns casos, novas substâncias estão sendo desenhadas e desenvolvidas para uso como solvente, enquanto em outros casos, substâncias já conhecidas em outras aplicações estão sendo avaliadas como solventes.

Vários autores têm descrito alguns dos atributos da Química Verde. No livro *Green Chemistry: Theory and Practices*, são listados doze princípios da Química Verde:

1. Prevenção: é melhor prevenir os efluentes que tratá-los ou limpá-los depois que eles foram criados;
2. Economia atômica: métodos sintéticos deveriam ser desenhados para maximizar a incorporação de todos os materiais usados no processo ao produto final, visando à diminuição de subprodutos;
3. Reações químicas menos perigosas: quando possível, os métodos sintéticos deveriam ser desenhados para usar e gerar substâncias que possuam baixas ou nenhuma toxicidade para a saúde humana e para o ambiente;
4. Produtos mais seguros: os produtos químicos sintetizados deveriam ser desenhados visando à melhor performance na sua função, com a menor toxicidade possível;

5. Solventes e auxiliares mais seguros: o uso de substâncias auxiliares, como solventes, agentes de separação, etc., não deveria ser necessário nas rotas sintéticas desenvolvidas, ou quando de sua necessidade, não deveriam representar um risco;

6. Processos com maior eficiência energética. A demanda energética dos processos químicos deve ser levada em conta, por causa dos impactos ambientais e econômicos, e deve ser minimizada. Se possível, os processos de síntese devem ser conduzidos à temperatura e pressão ambiente;

7. Uso de matérias-primas renováveis: uma matéria-prima deveria ser renovável quando técnica e economicamente viável;

8. Redução de derivativos — o uso de derivativos como: grupos de bloqueio, de proteção, de desproteção, processos químicos/físicos de modificação temporária, deveria ser minimizado ou evitado se possível, pois estas etapas requerem reagentes adicionais e podem gerar efluentes.

9. Catálise: catalisadores devem ser os mais seletivos possíveis, para garantir reações estequiométricas;

10. Autodegradação: os produtos químicos deveriam ser desenhados para que, no final de sua aplicação, quando eles não possuírem mais função, se autodegradassem em produtos inócuos e que não persistissem no meio ambiente;

11. Análise em tempo real para prevenção de poluição: metodologias analíticas necessitariam ser desenvolvidas para acompanhamento em tempo real do processo, monitorando-o e controlando-o, impedindo dessa forma a formação de substâncias perigosas;

12. Química mais segura para prevenção de acidentes: substâncias e a forma de uma substância usada no processo químico deveriam ser escolhidas para minimizar o potencial para acidentes químicos, incluindo liberações de substâncias perigosas, explosões e fogo.

4.2.2. Conceitos fundamentais

Entre as características que um solvente ou sistema solvente deveriam apresentar para serem considerados "verdes" está o bom desempenho na aplicação que ele está sendo utilizado.

Nesse sentido, o capítulo 8 apresenta uma série de aplicações e quais os solventes ou classes de solventes mais adequados para cada uma delas. Fica óbvio então, que qualquer solvente ou sistema solvente para serem avaliados como verdes ou não, deverão apresentar, antes de mais nada, um desempenho adequado na aplicação em que ele está sendo utilizado.

Os conceitos referentes à toxicidade à saúde humana e ao meio ambiente serão abordados no Capítulo 10.

4.2.3. Impacto ambiental

A utilização de determinadas substâncias pode causar mudanças no meio ambiente, e os efeitos já vêm sendo notados. Um exemplo destes efeitos é a chuva ácida. Como é amplamente conhecido, muitos dos co-produtos dos processos de combustão, como óxidos de nitrogênio e enxofre, são "lavados" na atmosfera, causando precipitação pluviométrica na forma ácida, que é a responsável pela mortandade de espécies aquáticas animais e vegetais.

A seguir, são apresentados dois outros efeitos que estão impactando o meio ambiente na Terra:

- Destruição da camada de ozônio na estratosfera;
- Formação de ozônio *via* reações fotoquímicas na troposfera.

4.2.3.1. Destruição da camada de ozônio

Em setembro de 1987, os EUA juntamente com outros 26 países, assinaram um tratado para limitar num primeiro momento, e subseqüentemente, através da realização de revisões, eliminar a produção de todas as substâncias que causam a destruição da camada de ozônio.

Este tratado foi resultado da verificação de vários pesquisadores do aumento da radiação solar que atinge a superfície da Terra em função da destruição da camada protetora de ozônio na estratosfera, atribuída a compostos halogenados, e em especial, aos Clorofluorocarbonos (CFCs). Este tratado ficou conhecido como Protocolo de Montreal para Substâncias que destroem a Camada de Ozônio.

Estes compostos eram bastante utilizados em várias aplicações, principalmente associadas a operações de transferência de calor como:

- Refrigerantes para refrigeradores e freezers
- Resfriadores para ar condicionado
- Espumas sintéticas
- Propelentes para aerossóis
- Solventes de limpeza

Como verificado na Figura 1, a atmosfera da Terra consiste de quatro camadas listadas respectivamente da mais próxima até a mais distante da superfície da Terra:

- Troposfera
- Estratosfera
- Mesosfera
- Termosfera

As regiões entre cada uma dessas camadas ficam com a temperatura constante, o que favorece a redução da mistura entre elas. Todavia, como a temperatura na troposfera, onde nosso clima ocorre, normalmente diminui com o aumento da distância da superfície da Terra, existe um grande grau de turbulência.

Esta turbulência e instabilidade levam ao movimento das correntes de ar, que podem conter substâncias que destroem a camada de ozônio. O ozônio encontrado na troposfera é o componente principal da neblina, fazendo parte do ar que respiramos. Esta camada de ozônio próxima a superfície da Terra pode ser prejudicial ao pulmão, árvores e outras plantas, e por isso, existe grande esforço para sua redução. Este ozônio é formado pela reação de certos compostos orgânicos voláteis (VOCs) com óxidos nitrosos catalisados pela luz solar (fotoquímica). Uma explicação detalhada de VOC é realizada no próximo item.

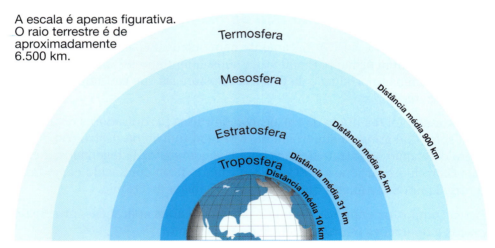

Figura 4.1. Camadas em que é dividida a atmosfera da Terra.

A próxima camada é a estratosfera, sendo muito mais estável que a troposfera, e possui pequena influência no clima. A estratosfera apresenta, todavia, altas concentrações de ozônio, sendo referida na literatura como camada de ozônio, que absorve muita radiação ultravioleta, incluindo a ultravioleta-B, que é um tipo de radiação solar que está ligada ao câncer de pele, doenças dos olhos, problemas no sistema imunológico e impacto em vários ecossistemas marinhos e terrestres.

As duas próximas camadas apresentam baixas concentrações de ozônio e outros componentes atmosféricos, e devido a este fator, elas possuem baixa eficácia na filtração da radiação ultravioleta.

As moléculas de ozônio são criadas e destruídas continuamente em nossa atmosfera, mantendo um balanceamento constante entre oxigênio (O_2) e ozônio (O_3).

Abaixo é apresentado rapidamente o mecanismo da ação da radiação ultravioleta neste equilíbrio entre oxigênio e ozônio. A produção natural de ozônio na estratosfera segue o seguinte mecanismo:

$$O_2 + \text{radiação UV} \rightarrow 2\ O^\bullet \tag{1}$$

A radiação ultravioleta do sol provoca a quebra homolítica da molécula de oxigênio (O_2) existente no ar em dois átomos de oxigênio $O^\bullet$. Em seguida:

$$O^\bullet + O_2 \rightarrow O_3 \tag{2}$$

Os átomos livres de oxigênio reagem com moléculas de oxigênio (O_2) para formar o ozônio (O_3).

A destruição natural do ozônio na estratosfera segue o seguinte mecanismo:

$$O_3 + \text{radiação UV} \rightarrow O_2 + O^\bullet \tag{3}$$

O ozônio absorve luz ultravioleta na região de 290 – 320 nanômetros, o que provoca sua quebra em uma molécula de oxigênio e um átomo de oxigênio. Esta etapa é responsável pela filtração dos raios ultravioleta emitidos pelo Sol.

$$O^\bullet + O_3 \rightarrow 2\ O_2 \tag{4}$$

Os átomos de oxigênio livres reagem com uma molécula de ozônio regenerando duas novas moléculas de oxigênio.

Já a destruição da camada de ozônio causada por substâncias sintetizadas pelo homem segue o seguinte mecanismo:

$$CFCl_3 + \text{radiação UV} \rightarrow CFCl_2^\bullet + Cl^\bullet \tag{5}$$

A radiação ultravioleta do sol quebra a molécula de CFC ($CFCl_3$), liberando um átomo de cloro que é extremamente reativo.

$$Cl^\bullet + O_3 \rightarrow OCl + O_2 \tag{6}$$

Os átomos de cloro reagem com uma molécula de ozônio para formar monóxido de cloro e oxigênio molecular.

$$O^\bullet + OCl \rightarrow O_2 + Cl^\bullet \tag{7}$$

Quando um átomo de oxigênio reage com a molécula de monóxido de cloro, há a formação de uma molécula de oxigênio e a liberação de um átomo de cloro para destruir mais ozônio. Como pode ser verificado no mecanismo de destruição do ozônio pelo CFC, não há regeneração do ozônio destruído, sendo esta etapa responsável pela formação dos chamados buracos na camada de ozônio, que apresentam como conseqüência principal a diminuição da filtração da radiação solar, como dos raios ultravioleta-B.

Outro ponto importante é que estas substâncias não apenas destroem uma molécula de ozônio, mas levam a uma reação em cadeia.

4.2.3.2. Formação de neblina fotoquímica

O ozônio presente próximo ao nível da terra é o principal componente da neblina urbana, representado pelo embaçamento amarelado que pode ser visto em muitas áreas urbanas, principalmente no verão. Ele é formado pela reação fotoquímica de compostos orgânicos voláteis (VOCs) com óxidos nitrosos (NOx) na atmosfera.

Este problema é agravado em grandes concentrações urbanas, que emitem grandes quantidades de hidrocarbonetos para a atmosfera pelos automóveis, por exemplo, criando um clima para a formação desta neblina, com dias ensolarados e temperaturas quentes.

Há várias fontes significativas de emissão de VOC:

- Fontes naturais ou biogênicas, como árvores e vegetação. Essa fonte contribui para quase 80% da neblina total formada;
- Emissões de veículos;
- Refino de petróleo;
- Fontes de combustão.

Testes em câmeras de neblina mostraram que alguns solventes são mais reativos que outros, contribuindo mais ou menos para a formação do ozônio.

Com o tempo criaram-se defesas jurídicas em favor da camada de ozônio e boa qualidade do ar.

A) Legislação dos Estados Unidos

A1) Clean Air ACT (CAA)

A deterioração contínua da qualidade do ar e as preocupações com seu ritmo de aumento levaram o governo federal a iniciar a promulgação de decretos na legislação. Em 1970, o congresso decretou o Clean Air Act (CAA), que resultou na criação da Agência de Proteção Ambiental (EPA), para trabalhar nos estados dentro de padrões de qualidade requeridos para o ar atmosférico.

Em 1977, o Congresso Americano adicionou algumas revisões fundamentais ao CAA, que restringiu a emissão de compostos orgânicos voláteis (VOCs) de muitas indústrias, particularmente de tintas. O VOC foi definido como qualquer composto que participa de reações fotoquímicas na atmosfera. Dentre estes compostos, a grande maioria dos solventes está inclusas com exceção de alguns que são considerados isentos de VOCs.

A EPA publicou uma série de guias de técnicas de controle (CTGs) que estabeleceu tecnologias disponíveis e razoáveis de controle (RACTs) para muitas indústrias que usavam grandes quantidades de solvente. Os RACTs estabeleceram níveis de emissão para as tecnologias mais utilizadas, focando na modificação de processos ou de materiais. Os padrões dos RACTs têm obtido sucesso na indústria para desenvolvimento de tintas, adesivos e outras tecnologias que reduzam a emissão de solventes, e no desenvolvimento contínuo de tecnologias que melhorem a captura e destruição de solventes.

A2) Título I — Regulamentação VOC

A EPA desenvolveu novos padrões de RACT para ajudar as guias reguladoras a encontrar os níveis de ozônio requeridos, incluindo, por exemplo, a obrigatoriedade do uso de gasolina reformulada em certas áreas metropolitanas, levando por outro lado ao aumento da utilização de Metil t-Butil Éter. Os padrões de RACT foram também desenvolvidos para outras fontes principais de VOC, incluindo utilizadores de solventes, como as tintas.

Vários estados, como o da Califórnia, começaram o desenvolvimento de padrões mais restritos de VOC, especialmente para tintas e vernizes. Estes padrões começaram a ser exigidos em 2002, e tornaram-se mais restritivos em 2006.

Vem sendo solicitado à EPA considerar petições para reclassificar compostos orgânicos como não-VOCs. Desde 1977, cinquenta e três compostos foram reclassificados como não-VOC, incluindo acetona, acetato de metila, cloreto de metileno, metil siloxanos voláteis e paraclorotrifluorobenzeno (PCBTF). A maioria deles não são bons solventes devido ao seu odor, custo, toxicidade, pressão de vapor elevada e/ou inflamabilidade.

A3) Título III — Poluentes perigosos do ar (HAP – Hazardous Air Pollutants)

O CAA original regulava alguns poucos produtos tóxicos presentes na atmosfera, mas em 1990 certas emendas na lei aumentaram significativamente seu escopo para cobrir 189 compostos ou classes de compostos. Alguns solventes comuns foram incluídos, como benzeno, mistura de cresóis, dimetilformamida, etileno glicol, éteres derivados de etileno glicol, n-hexano, isoforona, metanol, tolueno, mistura de xileno, etc.

Nem todos os HAPs são altamente tóxicos, sendo que alguns deles foram incluídos porque eles são os maiores contribuintes para a formação da neblina.

A função da EPA foi desenvolver regulamentações aplicadas às principais fontes de emissão de HAP. Uma fonte principal é definida como aquela instituição que tem capacidade de emitir numa base anual, 10 ou mais toneladas de um HAP individual ou 25 toneladas de vários HAPs combinados. Essas regulamentações são geralmente chamadas de MACT, que significa o Controle Tecnológico Máximo Alcançável.

A EPA promulgou padrões nacionais de emissão de HAPs (NESHAPs, referidos como as regras MACT), e em alguns casos, regras nacionais de VOC incluindo técnicas de controle, para um grande número de indústrias inclusas na seção 183(e) do CAA de 1990. Na metade de 2006, o status das implementações das regulamentações por indústria é apresentada na tabela abaixo:

Tabela 4.1. Implementação por indústria das Regulamentações NESHAP (regras MACT) e VOC (seção 183(e) do CAA)

Indústria	NESHAPs (regras MACT)	VOC (Seção 183(e))
Manufatura e pintura de automóveis e caminhões de carga leve	Implementado	Implementado
Manufatura de barcos	Implementado	Implementado
Tingimento, impressão e pintura de tecidos	Implementado	Não implementado ainda
Produtos de construção de madeira	Implementado	Implementado
Aparelhos grandes	Implementado	Implementado
Metal Can	Implementado	Não implementado ainda
Metal Coil	Implementado	Não implementado ainda
Móveis Metálicos	Implementado	Implementado
Produtos e partes metálicas	Implementado	Implementado
Papel e outros (filme e folhas)	Implementado	implementado
Produtos e partes plásticas	Implementado	Implementado
Plásticos reforçados (compósitos)	Implementado	Não implementado ainda
Pinturas aeroespaciais	Implementado	Implementado
Reparos automotivos	Não implementado ainda	Implementado
Construção de navios	Implementado	Implementado
Tintas para móveis em madeira	Implementado	Implementado

A maioria das aplicações está focalizada na aplicação de tintas, apesar de que outras operações, onde solventes e outras substâncias voláteis possam ser utilizadas, também estão cobertas. Por exemplo, formulações de adesivos e selantes, além da quantidade de HAPs permitida em certas resinas.

As regras MACT não proíbem o uso de solventes HAP, mas controlam a quantidade de HAP que pode ser emitida no ar. Por este motivo, é possível para os utilizadores a instalação de equipamentos que controlem as quantidades emitidas, permanecendo dentro da regulamentação. Onde este tipo de controle não é factível, do ponto de vista técnico ou econômico, a regras tipicamente estabelecem um limite da quantidade de solventes HAPs que uma determinada formulação pode conter.

A EPA reconhece que, em alguns casos, o uso de solventes HAPs pode ajudar na redução de emissão de VOCs. Por exemplo, na pintura em fábricas de construção de embarcações, foi constatado que um formulador necessitou utilizar solventes HAPs para reduzir a quantidade de VOC da formulação. Assim sendo, o EPA tratou este assunto definindo limites idênticos de VOC e HAP para este caso. Esta medida tem o objetivo de encorajar o uso de solventes mais eficientes.

A EPA tem a autoridade para adicionar ou remover compostos químicos da lista do CAA HAP. Qualquer pessoa ou companhia pode solicitar a remoção de uma substância da lista de HAPs. Nos últimos anos, alguns solventes têm sido reclassificados como não-HAPs, como por exemplo, o etilenoglicol monobutil éter. Esta reclassificação significa que estes solventes não estão sujeitos aos requerimentos MACT, mas são ainda considerados VOCs e regulados pelo Título I do CAA.

A4) Outras legislações dos Estados Unidos

Muitas classes de compostos orgânicos voláteis (VOCs) são emitidas na atmosfera, sendo que cada um deles apresenta reatividades diferentes para a formação de ozônio, relacionadas principalmente:

- Aos diferentes mecanismos de reação entre eles e os NOx, em função de cada classe de composto químico;
- À diferentes cinéticas de reação que cada composto químico apresenta.

Essas características particulares de cada composto químico que compõe o VOC determinam quantidades significativamente diferentes de ozônio formado, em função da reatividade de cada um deles.

Assim sendo, uma forma eficiente de diminuir a formação do ozônio é através de uma estratégia de controle de emissão de VOC baseada na reatividade que cada composto apresenta na sua formação, diminuindo a emissão de compostos que apresentem grande reatividade. Considera-se que esta é uma maneira mais eficiente do que considerar que todos os VOCs contribuem igualmente para a formação do ozônio na camada troposférica.

Essa estratégia de controle baseada na reatividade já foi implementada por organismos no estado da Califórnia nos EUA, como as regulamentações da California Clean Fuel/Low Emission Vehicle (CF/LV) e da Califórnia Air Resources Board (CARB), que desenvolveu uma opção para tintas, admitindo que estas contenham uma quantidade maior de VOCs, contanto que a reatividade fotoquímica global dos produtos não excedesse uma reatividade específica relativa. Em junho de 2002, CARB adotou o conceito da Reatividade Incremental Máxima (MIR) para tintas aerossol e em junho de 2005, a EPA aprovou a regra como parte do Plano de Implementação Estadual. O conceito do MIR está sendo considerado pela EPA e CARB para uso em futuras regulamentações para outros tipos de *coatings*.

Os principais aspectos que determinam a reatividade de um VOC são:

- A velocidade de reação para formação do ozônio;
- Quantidade de moléculas de NO que são oxidadas por molécula de VOC;
- Quantidade de radicais formados por molécula de VOC, que poderiam participar da rota de formação de ozônio de outros VOCs;
- Efeito na taxa de remoção de NOx da atmosfera, pois a formação de ozônio diminui quando a concentração de NOx diminui;
- Reatividade dos principais produtos de oxidação do VOC.

Uma medida útil do efeito de um VOC na formação do ozônio é sua reatividade incremental que pode ser medida através da equação seguinte:

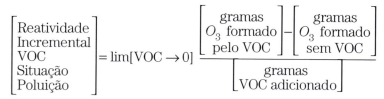

Esta reatividade pode ser medida experimentalmente em câmaras de neblinas específicas que simulam as condições atmosféricas ou calculada através de modelos de mecanismos de reação específicos.

Os principais aspectos que determinam a reatividade incremental são:

- Disponibilidade de NOx
  - é o fator mais importante, pois os VOCs têm grande importância na formação de O_3 quando a quantidade de NOx é alta. Quando NOx está ausente, não há formação de O_3.

- Natureza de outros VOCs presentes
  - VOCs que sejam fontes de formação de radicais diminuem a importância de outras fontes.

4. Green solvents

- Quantidade de luz solar e temperatura
  - afetam a taxa de reação (cinética).

A escala de Reatividade Incremental Máxima (MIR) representa uma média das Reatividades Incrementais em situações onde os níveis de NOx disponíveis são ajustados para um rendimento máximo de formação de ozônio. As MIRs para solventes comuns são apresentadas na tabela abaixo:

Tabela 4.2. Reatividade adicional máxima (MIR) de vários solventes

Solvente	MIR (grama de ozônio formado/ grama de VOC)
m-Xileno	10,61
o-Xileno	7,49
Xilenos	7,37
p-Xileno	4,25
1,2,4-Trimetil benzeno	7,18
Metil isobutil cetona	4,31
Tolueno	3,97
Acetato de Vinila	3,26
Acetato de metil propila	3,07
Metil amil cetona	2,80
Etil benzeno	2,79
Metil isoamil cetona	2,10
Acetato propileno glicol metil éter	1,71
Etanol	1,69
Acetato 2-etoxietil	1,50
Metil etil cetona	1,49
Acetato de isoamila	1,18
Acetato de n-butila	0,89
Texanol TM	0,89
Acetato de propila	0,87
Diacetona álcool	0,68
Acetato de isobutila	0,67
Acetato de etila	0,64
Acetona	0,40
Acetato de t-butila	0,20
4-clorotrifluorobenzeno (PCBTF)	0,11
Acetato de metila	0,07
Cloreto de metileno	0,07
Percloroetileno	0,04
Metano	0,01
1,1,1-Tricloroetano	0,00

Um exemplo de utilização dos valores da MIR para redução da formação do ozônio troposférico foi a regulamentação adotada pela CARB para revestimentos base aerossóis. Os limites de emissão para as categorias classificadas como genéricas entraram em vigor no início de 2002, enquanto os das categorias classificadas como específicas em 2003. Com a finalidade de estabelecimentos de limites equivalentes, foi realizado o cálculo da redução da formação de ozônio pela redução da massa de VOC, e com base nisso foram propostos os limites de reatividade de tal forma que asseguram os mesmos benefícios na qualidade do ar. Estas mudanças permitiram aos formuladores de tintas e revestimentos a elaboração de formulações mais eficientes no que diz respeito à formação de ozônio pelos VOCs.

A seção 94522(a)(3) da regulamentação de revestimentos base aerossóis da ARB contém os limites de emissão baseados na reatividade dos componentes. A reatividade total de uma formulação de solventes é dada pela somatória da MIR de cada componente multiplicada pela sua fração mássica na formulação. A tabela abaixo apresenta os limites de reatividade para os vários segmentos de mercado abrangidos pela regulamentação.

Tabela 4.3. Reatividades-limite para segmentos de mercado específicos

	Segmentos	Reatividade Média Limite (g O_3/g produto)
Genéricos	Vernizes	1,54
	Revestimentos Fluorescentes	1,77
	Revestimentos Metálicos	1,93
	Tintas	1,40
	Primers	1,11
Especializados	Selantes	1,80
	Primers para Aeronaves e Embarcações	1,98
	Revestimentos resistentes à corrosão	1,78
	Revestimentos para vidros	1,42
	Revestimentos viários	1,18
	Revestimentos resistentes a altas temperaturas	1,83
	Vernizes para embarcações	0,87
	Revestimentos Fotográficos	0,99
	Primers para acabamento de aeronaves	1,05
	Vernizes para aeronaves	0,59
	Revestimentos para Couro, Tecidos, Policarbonatos	1,54
	Revestimentos para madeira	1,38
	Revestimentos para restauração de madeira	1,49

Pela Tabela 4.3 verifica-se que a soma da média ponderada das MIRs para cada constituinte nos vernizes para automóveis não pode exceder 1,54.

B) Legislação européia

Na Europa, a poluição do ar tem sido um problema político desde o final da década de 1970. A maioria dos países começou a regular as tintas e outras indústrias que usam solventes nas décadas de 1980 e 1990. No Reino Unido, os limites de emissão de VOC estão estabelecidos, assim como os objetivos de VOC para os próximos anos.

Como resultado desta e outras medidas, vem se observando uma redução na emissão de VOCs precursores de ozônio e óxidos nitrosos (NOx) na União Européia (UE). Entre 1990 e 2000, as emissões de VOC nos estados-membros da UE foram reduzidas em torno de 30%. Esta redução tem acarretado a redução dos níveis de pico de ozônio na Europa.

B1) Diretiva IPPC

A Diretiva Integrada de Prevenção e Controle de 1996 especificou regras para a permissão de operação de 50.000 instalações industriais européias que juntas são responsáveis por uma carga poluidora considerável, incluindo:

- Gases responsáveis pelo efeito estufa;
- Substâncias acidificantes;
- Efluentes aquosos;
- Resíduos.

As novas instalações e as existentes estão sujeitas às "mudanças substanciais", exigidas para atingir os requerimentos da Diretiva IPPC de 30 de outubro de 1999.

O IPPC foi criado para controlar todos os aspectos do desempenho ambiental das empresas, como por exemplo:

- Efluentes gasosos;
- Contaminação de rios e lençóis freáticos;
- Contaminação de solos;
- Geração de resíduos;
- Otimização do uso de matérias-primas;
- Eficiência energética;
- Emissão de ruídos;
- Prevenção de acidentes;
- Manutenção das indústrias.

Para receber uma permissão de funcionamento, uma empresa precisa adotar as melhores técnicas disponíveis (BAT) conforme determinação dos especialistas dos estados-membros, indústria e organizações ambientais da UE. Existe alguma flexibilidade na avaliação das empresas, sendo levadas em conta as características técnicas da instalação, sua localização geográfica e as condições ambientais locais.

B2) Diretiva de emissão de solventes (SED) – VOC

A VOC SED de 1999 regulamentou certas atividades e instalações com o objetivo de reduzir a emissão de VOC em 67% em 2007 comparada com a emissão de 1990. Essa diretiva é extensiva a vários setores industriais e processos utilizando solventes, incluindo pintura, farmacêutico, processamento de borracha, impressão, limpeza, etc.

As principais diretrizes da SED são:

- Limitação da emissão de solventes, mas não limita sua utilização;
- Especifica os níveis de VOC que podem ser emitidos pelas indústrias;
- Admite que as próprias instalações determinem a técnica de redução de emissão de seus processos.

Os limites de emissão variam de acordo com:

- O tipo de operação realizada pela empresa;
- O tamanho da empresa;
- O tipo de solvente utilizado.

Na UE não existe isenção de VOC para solventes individuais, como ocorre nos EUA. Na verdade, qualquer solvente com pressão de vapor igual ou superior a 0,01 kPa a 20°C é considerado um VOC.

B3) Diretiva Nacional de Emissão Máxima

A Diretiva de Emissão Nacional Máxima (NEC) de 2001 (2001/81/EC) estabelece limites superiores que cada estado-membro pode emitir em 2010 dos seguintes compostos:

- VOCs;
- SO_2;
- NOx;
- Amônia.

Os estados-membros são obrigados a divulgar sua emissão nacional anual e as projeções para 2010 para a Comissão Européia e Agência Ambiental Européia, e precisam apresentar programas que demonstrem a viabilidade de atingir os limites determinados pela NEC.

B4) Third Daughter Directive em Ozônio

Essa diretiva determina objetivos de longo prazo, equivalentes à Organização Mundial de Saúde, com valores máximos de concentração de ozônio no ambiente para ser atingido até 2010.

Em 2010, uma concentração de ozônio superior a 60 ppb não poderá ser excedida mais que 25 dias por ano. Caso um estado-membro não cumpra esse objetivo, é necessária a apresentação de planos de redução e programas junto à comissão, que serão, por sua vez, apresentados à sociedade.

A seguir, são apresentados os mecanismos de formação do ozônio na troposfera, com e sem a participação dos VOCs.

C) Rota de produção e destruição "natural" do ozônio na troposfera

Na troposfera, perto da superfície da Terra, o ozônio é formado através da reação homolítica catalisada fotoquimicamente pela luz solar. Todavia, na troposfera, o dióxido de nitrogênio (NO_2) é a fonte primária da produção de átomos de oxigênio, que são os responsáveis pela sua formação.

i) Etapa de produção de ozônio

A luz solar provoca uma reação homolítica do NO_2 em óxido nítrico (NO) e um átomo de oxigênio.

$$NO_2 + \text{luz solar} \rightarrow NO + O^{\bullet} \tag{8}$$

O átomo de oxigênio reage com a molécula de oxigênio para produzir o ozônio.

$$O^{\bullet} + O_2 \rightarrow O_3 \tag{9}$$

ii) Etapa de destruição de ozônio

O ozônio formado na etapa anterior reage rapidamente com o óxido nítrico (NO) gerando novamente o NO_2 e o O_2.

$$NO + O_3 \rightarrow NO_2 + O_2 \tag{10}$$

Verifica-se pelo processo descrito acima, que não há aumento líquido da concentração da ozônio.

C1) Rota de produção de ozônio na troposfera

Todavia, em 1950, alguns químicos descobriram dois constituintes químicos adicionais da troposfera que também contribuem para a formação de ozônio: NOx e VOCs

Assim sendo, a formação do ozônio na troposfera requer a presença de NOx e VOCs. Uma maneira muito simplificada de demonstrar esta reação, é conforme apresentado abaixo.

$$\text{NOx} + \text{VOC} + \text{luz do sol} \rightarrow O_3 + \text{outros co-produtos} \qquad (11)$$

A equação acima apresenta de forma simplificada a ocorrência de várias reações químicas em série e em paralelo, levando a um aumento líquido da concentração de ozônio. Elas envolvem:

- Oxidação de VOCs;
- Óxido-redução de NOx;
- Catálise por grupos hidroxílicos (reação-chave para várias etapas);
- Uma série de outras reações.

O resultado destas reações é a formação de:

- Ozônio;
- NO_2 – que levará à formação de mais ozônio;
- A regeneração de grupos hidroxilas, que por sua vez, catalisarão mais a formação de ozônio.

C2) Rota de produção de ozônio a partir de VOCs e NOx na troposfera — exemplo do metano

A formação de ozônio provocado pelo metano é um exemplo do padrão geral que a maioria das reações químicas segue. Todavia, a maioria do ozônio formado na troposfera envolve outros hidrocarbonetos, além do metano (*non-methane hydrocarbons*). A química da formação do ozônio com as outras classes de compostos orgânicos segue o padrão geral da reação do metano, conforme apresentado abaixo, mas de uma forma muito mais complexa.

i) Rota 1 – Destruição e produção de O_3 a partir do NOx e VOC

Esta rota é constituída de cinco etapas, até a formação do ozônio.

a) Etapa 1

A luz do sol divide o ozônio em oxigênio molecular e um átomo de oxigênio ($O^\bullet$).

$$O_3 + \text{luz do sol} \rightarrow O_2 + O^\bullet \tag{12}$$

O átomo de oxigênio excitado eletronicamente reage com vapor de água para gerar radicais hidroxílicos. O oxigênio e a água são abundantes na troposfera, e eles atuam no processo de formação do ozônio.

$$O^\bullet + H_2O \rightarrow OH^- + OH^- \tag{13}$$

b) Etapa 2

Os radicais hidroxila ($OH^\bullet$) reagem rapidamente com outros compostos químicos, e inicia outra seqüência de reações. Uma dessas reações é com metano (CH_4), gerando água e um radical metila ($CH_3^\bullet$).

$$CH_4 + OH^\bullet \rightarrow CH_3^\bullet + H_2O \tag{14}$$

c) Etapa 3

Os radicais metílicos reagem com oxigênio para produzir radicais peroximetilas ($CH_3O_2^\bullet$).

$$CH_3^\bullet + O_2 \rightarrow CH_3O_2^\bullet \tag{15}$$

d) Etapa 4

Os radicais peroximetilas reagem com óxido nítrico (NO), provenientes por exemplo da combustão de combustíveis fósseis, para produzir um radical metilóxi ($CH_3O^\bullet$) e dióxido de nitrogênio (NO_2).

$$CH_3O_2^\bullet + NO \rightarrow CH_3O^\bullet + NO_2 \tag{16}$$

e) Etapa 5

A luz do sol divide o dióxido de nitrogênio em óxido nítrico e oxigênio atômico, que reage com oxigênio molecular formando o ozônio, conforme apresentado nas equações (8) e (9).

$$NO_2 + \text{luz solar} \rightarrow NO + O^\bullet \tag{8}$$

O átomo de oxigênio reage com a molécula de oxigênio para produzir o ozônio:

$$O^\bullet + O_2 \rightarrow O_3 \tag{9}$$

Além dessa rota de formação é possível a ocorrência de mais duas rotas.

ii) Rota 2 – Produção de O_3 "líquido" pelos VOCs e NOx

Os radicais metilóxi formados na "etapa 4" também podem participar de outras reações, que também resultarão em uma maior formação de dióxido de nitrogênio, e por conseqüência, em maior formação de ozônio. Essa segunda rota consiste da reação dos radicais metilóxi com oxigênio para produzir formaldeído e um radical hiperóxi ($HO_2^\bullet$).

$$CH_3O^\bullet + O_2 \rightarrow CH_2O + HO_2^\bullet \qquad (17)$$

O radical hiperóxi reage com óxido nítrico formando um radical hidroxila e dióxido de nitrogênio.

$$HO_2^\bullet + NO \rightarrow OH^\bullet + NO_2 \qquad (18)$$

Novamente ocorre a etapa de formação do ozônio à partir da degradação do dióxido de nitrogênio pela luz solar, conforme apresentado nas reações (8) e (9).

$$NO_2 + \text{luz solar} \rightarrow NO + O^\bullet \qquad (8)$$

$$O^\bullet + O_2 \rightarrow O_3 \qquad (9)$$

iii) Rota 3 – Produção de O_3 "líquido" pelos VOCs e NOx

Uma terceira rota de formação de ozônio é a partir do próprio formaldeído formado na reação (17), que leva novamente ao aumento da concentração de dióxido de nitrogênio, e por conseqüência, de ozônio. Essa seqüência reacional consiste da degradação do formaldeído pela luz solar formando um radical formil e um hidrogênio atômico.

$$CH_2O + \text{luz do sol} \rightarrow HCO^\bullet + H^\bullet \qquad (19)$$

Essas duas espécies são extremamente reativas, e portanto, com um tempo de vida muito curto, reagindo quase que instantaneamente com o oxigênio molecular formando radicais hiperóxi.

$$HCO^\bullet + O_2 \rightarrow CO + HO_2^\bullet \qquad (20)$$

$$H^\bullet + O_2 \rightarrow HO_2^\bullet \qquad (21)$$

Os radicais hiperóxi reagem com óxido nítrico para formar radicais hidroxilas e dióxido de nitrogênio, o qual leva novamente à formação do ozônio pela ação da luz solar.

$$HO_2^\bullet + NO \rightarrow OH^\bullet + NO_2 \qquad (22)$$

$$NO_2 + \text{luz solar} \rightarrow NO + O^\bullet \qquad (8)$$

$$O^\bullet + O_2 \rightarrow O_3 \qquad (9)$$

4.3. Critérios para avaliação de solventes verdes

Baseado nos conceitos apresentados acima, um solvente para ser considerado "verde" deveria atender plenamente a finalidade de sua utilização, e afetar o mínimo possível o meio ambiente e o homem, além de não contribuir para a poluição.

Nos critérios que serão apresentados a seguir, é importante que o solvente ou o sistema solvente que estão sendo avaliados sejam o mais eficientes em cada um deles, considerando-se as tecnologias disponíveis.

Os principais critérios que deveriam ser considerados na avaliação de solventes ou sistemas solventes são:

i. Desempenho na aplicação;
ii. Toxicidade para os homens;
iii. Carcinogênese e toxinas reprodutivas;
iv. Irritação de pele e olhos;
v. Toxicidade para o meio ambiente;
vi. Biodegradabilidade;
vii. Produção de neblina via reação fotoquímica;
viii. Destruição da camada de ozônio;
ix. Fontes renováveis das matérias-primas: impacto no aquecimento global;
x. Descarte.

Os tópicos relacionados à toxicidade para os homens, carcinogênese, irritação de pele e olhos, toxicidade para o meio ambiente e biodegradabilidade serão abordados com detalhes no Capítulo 10 deste livro.

4.3.1. Desempenho na aplicação

A discussão detalhada deste tópico será realizada no Capítulo 8. Contudo, é importante se observar que o conhecimento profundo da aplicação será exigido no caso em que existe a possibilidade de substituição de solventes ou sistemas solventes que estejam mal posicionados em alguns dos critérios, por formulações alternativas. A seguir, um exemplo de substituição.

Solventes para limpeza são usados em muitos setores industriais: eletrônica, metal, têxtil, etc. Historicamente, os solventes clorados foram os preferidos para estas aplicações, pelo fato de serem não-inflamáveis, que é um importante requisito em processos de limpeza em altas temperaturas, como no desengraxe por vapor. Entre eles, o tricloroetano (TCA) foi o mais utilizado, além do CFC-113 (1,1,2-tricloro-1,2,2-trifluoroetano), tricloetileno (TCE), percloroetileno (PERC) e o cloreto de metileno. Todavia, com o Protocolo de Montreal e o CAA, a maioria destes solventes sofreu restrições levando os processos a substituí-los por alternativas mais amigáveis ao meio ambiente. Como resultado surgiram várias alternativas na forma de hidroclorofluorocarbonos (HCFCs), hidrofluorocarbonos (HFCs), solventes oxigenados e fluidos supercríticos.

Outro exemplo que vem ganhando espaço no mercado é a substituição de tolueno em formulações de adesivos, por solventes que apresentem menor toxicidade para o homem, sendo constituídos por solventes oxigenados e alifáticos. Existe uma lei no Chile que impede a presença de Tolueno em formulação de adesivos de contato que são vendidos no varejo. As empresas utilizam uma mistura de solventes oxigenados e alifáticos para o substituírem.

4.3.2. Neblina fotoquímica e produção de oxidante

O solvente não pode contribuir significativamente para a produção de neblina resultante da produção fotoquímica de ozônio na troposfera. A utilização do conceito de reatividade fotoquímica seria importante para a definição de sistemas solventes com o menor impacto possível à formação de ozônio.

4.3.3. Destruição da camada de ozônio

O sistema solvente não pode conter produtos que destruam a camada de ozônio. Uma substância destruidora da camada de ozônio é qualquer composto que possua um potencial superior a 0,01 (CFC 11 = 1,0).

Como foi apresentado no item 2.2.3.1, que trata da destruição da camada de ozônio, os CFCs são estáveis na troposfera e podem alcançar a estratosfera. Na estratosfera, eles sofrem clivagem catalisada pela radiação UV, rendendo radicais de monóxido de cloro, que interferem no ciclo de catalítico de formação e destruição de ozônio, causando a diminuição de concentração de ozônio. Devido a esse potencial, os CFCs vêm sendo substituídos por Hidrofluorocarbonos (HFCs) e Hidroclorofluorocarbonos (HCFCs)

4.3.4. Fontes renováveis das matérias-primas: impacto no aquecimento global

Para propósitos de avaliação de um sistema "verde", é importante se considerar a origem da matéria-prima dos solventes utilizados. Nestes termos, a origem das matérias-primas podem ser classificadas em:
- Renováveis
- Não-renováveis

O CO_2 é um gás que contribui para o aquecimento global, e sempre que ocorre a queima de qualquer substância orgânica, ele é liberado para atmosfera. Entretanto, o CO_2 também é uma fonte de carbono utilizado pelas plantas.

Fontes renováveis são aquelas que utilizam o CO_2 da atmosfera para a produção da matéria-prima para fabricação do solvente. Quando o solvente se degradar ou for queimado, haverá geração novamente de CO_2, e o resultado líquido deste ciclo é que não houve geração adicional de CO_2 na atmosfera. Esse é o caso de matérias primas provenientes de plantas, por exemplo, como o etanol proveniente da cana-de-açúcar.

Fontes não-renováveis são aquelas que, apesar de utilizarem CO_2 de forma direta ou indireta para a produção da matéria-prima, a escala de tempo para esse consumo é extremamente elevada, podendo chegar a milhares de anos. Nestes casos, é considerado que praticamente não há consumo de CO_2, e quando a substância se degrada, existe sua geração, e o resultado líquido é o aumento de sua concentração na atmosfera, contribuindo, conseqüentemente, para o aumento do aquecimento global. Nestes casos, destacam-se as matérias-primas provenientes do petróleo.

No caso da avaliação de sistemas solventes, do ponto de vista "verde", deveria se optar por aqueles que apresentem o maior número de solventes provenientes de fontes renováveis.

4.3.5. Descarte

As principais formas de descarte dos solventes são a incineração e o tratamento biológico. É de grande importância a avaliação das propriedades dos solventes para seu descarte. Em termos de incineração, algumas propriedades importantes são:

- Calor de combustão que influencia a energia para a incineração;
- Emissão na incineração, especialmente HCl, dioxinas e NOx;
- Solubilidade em água.

Um exemplo de uma propriedade impactar em outra, é supor um solvente proveniente de fonte renovável, mas com baixo calor de combustão. Neste caso, haverá necessidade de uma energia maior para incinerá-lo, e como normalmente a fonte de energia é um combustível fóssil, o balanço de CO_2 pode ficar desfavorável e ocorrer um aumento líquido de sua geração.

No caso do tratamento biológico, as principais propriedades são:

- Tratabilidade na bacia de aeração;
- Emissão para o ar do solvente por "stripping";
- Solubilidade em água.

4.4. Exemplos de classes de solventes verdes

O objetivo principal deste capítulo é implantar a consciência da necessidade de questionamento de sistemas solventes utilizados atualmente, e se existem alternativas que possam, com melhoria de classificação em um ou mais critérios, levar a sistemas com características mais "verdes".

Seguem abaixo alguns exemplos de classes de compostos que demonstram a utilização dos critérios apresentados, visando um sistema mais verde:

- Substituição de solventes ou sistemas solventes perigosos por outros com melhores propriedades em termos de segurança, saúde ocupacional e meio ambiente. Exemplo: utilização de solventes com maior biodegradabilidade e redução no potencial de destruição da camada de ozônio.

- Utilização de sistemas base água, ou seja, sistemas que utilizem água como solvente. Contudo, é importante se destacar que, mesmo nestes sistemas, há a necessidade de adição de um solvente orgânico para obtenção das propriedades necessárias de desempenho.

- Substituição de solventes orgânicos por outros fluidos, como por exemplo, fluído supercrítico. Um exemplo é a utilização de CO_2 no processamento de polímeros, evitando o uso de clorofluorocarbonos (CFC's) que diminui a camada de ozônio na estratosfera.

- Utilização de líquidos iônicos que apresentam baixa pressão de vapor, que por conseqüência, leva à diminuição da emissão atmosférica. Os líquidos iônicos são compostos organometálicos na forma líquida à temperatura ambiente. As pesquisas desta classe de solventes estão voltadas para se determinar a toxicidade ao homem e ao meio ambiente desta classe de compostos. Um exemplo é o 1-etil-3-metil imidazolina cloreto de alumínio (III) que é líquido a temperaturas superiores a – 90°C. Este é um solvente não volátil capaz de solvatar um grande número de reações orgânicas como oligomerizações, polimerizações, alquilações e acilações.

- A eliminação completa de um solvente eliminaria qualquer risco de contaminação pelo devido a ele. Por exemplo, a indústria de pintura possui sistemas sem solvente, como as tintas em pó. Todavia, é preciso ter cuidado com esta abordagem, pois a remoção do solvente nesta etapa está associada à necessidade de tecnologias mais rigorosas de separação dos efluentes gerados pela nova tecnologia.

4.4.1. Exemplo de classificação de um solvente como solvente verde (*Green Solvent*)

Segundo o GHS, os perigos apresentados por uma dada substância química estão relacionados com a capacidade de suas propriedades intrínsecas em provocar danos à saúde e ao meio ambiente, como por exemplo, interferir nos processos biológicos normais, na sua capacidade de provocar queimaduras, se inflamar ou provocar danos ao meio ambiente. O conceito de risco ou probabilidade de ocorrência do efeito danoso é apresentado quando a exposição é considerada em conjunto com os perigos da substância. A abordagem básica para análise de risco é caracterizada pela fórmula:

$$Risco = Perigo \times Exposição$$

Com isso, se minimizados os perigos ou a exposição, o risco ou a probabilidade de ocorrência do efeito danoso serão minimizados.

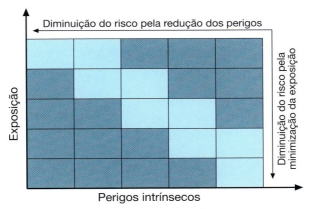

Figura 4.2. Perígos intrínsecos.

A proposta de classificação de um solvente como Solvente Verde apresentada aqui está baseada em critérios comparáveis em uma dada aplicação (finalidade), de modo que se o solvente alternativo quando comparado com o atualmente usado apresentar ganhos globais pela minimização dos impacto sobre a saúde e/ou meio ambiente, esse solvente alternativo poderia ser classificado como Solvente Verde.

Na prática, como é muito difícil encontrar solventes substitutos de performance técnica equivalente e que também apresentem perigos menores em todos os parâmetros de avaliação, considerar os ganhos globais de minimização dos impactos sobre a saúde e/ou meio ambiente possibilita a criação de um círculo virtuoso de melhoria contínua na redução dos perigos para uma dada aplicação.

Se a avaliação comparativa for conduzida para um mesmo produto final, no qual há a possibilidade de utilização de dois sistemas solventes diferentes, ou seja, o fator de exposição à saúde e/ou meio ambiente é constante podendo ser negligenciado, essa avaliação poderá ser realizada comparando-se os perigos intrínsecos de cada sistema solvente com base nos parâmetros descritos nas Tabelas a seguir.

- **Perigos físicos**: o solvente B apresenta pontos de fulgor e de ebulição mais elevados que o solvente A. Contudo, ambos são classificados como inflamáveis e não há vantagens quanto à minimização de perigos na substituição de um por outro.

- **Perigos ao meio ambiente**: (nota 1) — a pressão de vapor do solvente A é aproximadamente 5 vezes maior que a do solvente B. Contudo a sua reatividade fotoquímica desta última é aproximadamente 10 vezes menor. Se ambos solventes forem usados em quantidades equivalentes na formulação, mesmo tendo pressão de vapor maior (ser mais volátil) que o solvente B, o solvente A pode representar ganho importante para o meio ambiente em função da sua menor reatividade fotoquímica.

Comparativamente, pode-se concluir que para uma dada formulação, na qual os solventes A e B então sendo usados em proporções equivalentes, o solvente A apresenta ganhos globais de redução de perigos à saúde e ao meio ambiente.

Tabela 4.4. Parâmetros dos perigos intrínsecos

	Parâmetro	Por quê?
Perigos Físicos	Ponto de fulgor	Os pontos de fulgor e de ebulição são necessários para classificação da inflamabilidade de substâncias e misturas.
	Ponto de ebulição	
	Pressão de vapor	Em várias regulamentações, a pressão de vapor é usada como critério de classificação para VOCs (*Volatile Organic Compounds*).
Perigos à Saúde	Toxicidade aguda	Efeitos sistêmicos de curto ou longo prazo em função da exposição do produto pelas vias inalatória ou dérmica.
	Irritação	Efeitos locais de curto ou longo prazo em função da exposição a liquidos e vapores.
	CMR	Em várias regulamentações há restrições ou proibição de uso de substâncias classificadas como CMR (carcinogênicas, mutagênicas ou tóxicas para a reprodução ou reprotóxicas).
	TOST	No GHS, os efeitos nocivos ou tóxicos sobre o Sistema Nervoso Central (transitórios ou irreversíveis) são classificados como TOST (*Specific Target Organ Systemic Toxicity*).
Perigos ao Meio Ambiente	Toxicidade aquática	Impacto potencial sobre organismos aquáticos (peixes, algas e crustáceos)
	Degradabilidade	Identificação do potencial de degradabilidade (biótica ou abiótica) da substância ou mistura no ambiente.
	Bioacumulação	Potencial de acumulação no ambiente.
	Reatividade fotoquímica	Geralmente, o teor de VOC total é limitado à base de porcentagem em massa, não se levando em consideração as diferenças de reatividade entre os VOCs. Essa abordagem para controle da emissão de VOCs ainda continua efetiva em muitas regulamentações, contudo, os princípios científicos da reatividade fotoquímica têm mostrado serem mais efetivos no controle das emissões de VOCs por possibilidade do estabelecimento de metas para redução prioritária de VOCs que possuam maior impacto potencial na formação de ozônio. A expectativa é que no futuro as legislações sejam modificadas substituindo critérios baseados em massa por critérios baseados na reatividade fotoquímica.

Exemplo:

	Parâmetro	Solvente A	Solvente B
Perigos Físicos	Ponto de fulgor	-22°C	4,4°C
	Ponto de ebulição	55,6°C	114,1°C
	Pressão de vapor	188 mm Hg (20°C)	38 mm Hg (20°C)
Perigos à Saúde	Toxicidade aguda (inalatória)	50.100 mg/m^3	10.640 mg/m^3
	Irritação (respiratória)	Negativo	Negativo
	CMR	Negativo	Negativo
	TOST	Positivo – danos transitórios	Positivo – danos permanentes
Perigos ao Meio Ambiente	Toxicidade aquática	CE50 (daphnia): 6.400 mg/L	CE50 (daphnia): 39,2 mg/L
	Degradabilidade	Facilmente biodegradável	Facilmente biodegradável
	Bioacumulação	Não-bioacumulável	Não-bioacumulável
	Reatividade fotoquímica (MIR)	0,40	3,97

Aplicando-se os critérios de classificação do GHS para os dados acima, temos:

	Parâmetro	Solvente A	Solvente B
Perigos Físicos	Ponto de fulgor	Inflamável Categoria 1	Inflamável Categoria 2
	Ponto de ebulição		
	Pressão de vapor	Nota 1	Nota 1
Perigos à Saúde	Toxicidade aguda (inalatória)	Categoria 5	Categoria 4
	Irritação (respiratória)	Não-classificado	Não-classificado
	CMR	Não-classificado	Não-classificado
	TOST	TOST – categoria 2	TOST – categoria 1
Perigos ao Meio Ambiente	Toxicidade aquática	Não-classificado	Toxicidade Aguda 3
	Degradabilidade		
	Bioacumulação		
	Reatividade fotoquímica (MIR)	Nota 1	Nota 1

Referências bibliográficas

Air Quality: Revision to definition of volatile organic compounds – exclusion of acetone; junho 1995. Disponível em: www.epa.gov/EPA-AIR/1995/june/day-16/pr-752.html.

Anastas, P. T.; Warner, J. C.; Green chemistry: theory and practice, New York: Oxford University Press, 2000.

Archer, W. L.; Industrial solvents handbook, New York: Marcel Dekker, 1996.

Capello, C; Fischer, U; Hungerbühler, K; What is a green solvent? A comprehensive framework for the environmental assessment of solvents, Green Chemistry, 2007, 9, 927-934.

Clark, J. H.; Green chemistry: challenges and opportunities, Green Chemistry, 1999, 1, 2.

Clark, J. H.; Green chemistry: today (and tomorrow), Green Chemistry, 2006, 8, 17-21.

Curzons, A. D.; Constable, D. C.; Cunninghan, V. L.; Solvent selection guide: a guide to the integration of environmental, health and safety criteria into the selection of solvents. Clean Products and processes, 1999, 82-90.

Höfer, R.; Bigorra, J; Green chemistry – a sustainable solution for industrial specialties applications, Green Chemistry, 2007, 9, 203-212.

Linak, E; Global solvent report: the green impact, Specialty chemicals - Sri Consulting, 2006.

Nelson, W. M.; Green solvents for chemistry: perspectives and practice, New York: Oxford University Press, 2003.

Pianofort, K; Low and Zero VOC coatings, maio 2007. Disponível em: www.coatingsworld.com.

Sherldon, R. A.; Green solvents for sustainable organic synthesis: state of the art, Green Chemistry, 2005, 7, 267-278.

Shermann, J; Chin, B; Huibers, P. D. T.; Garcias-Valls, Ricard; Hatton, T. A.; Solvent Replacement for Green Processing; EHP, 1997.

Stratospheric Ozone Depletion: a focus on EPA'S research, Washington, EPA, março 1995.

Tess, R. W.; Solvents Theory and Practiice, Washington: American Chemical Society, 1971.

5 Propriedades físico-químicas dos solventes

Este capítulo apresenta os aspectos físico-químicos das variações e formas de energia, sua relação com as ligações covalentes e a polaridade das ligações, bem como as interações moleculares existentes, que influenciam o ponto de fusão e de ebulição, viscosidade, tensão superficial, constante dielétrica e outras propriedades.

Alessandro Rizzato
Léo Santos

No início deste livro foi apresentado um panorama geral do mercado de solventes industriais e como a Rhodia se enquadra neste contexto. Em seguida, foram discutidos os aspectos gerais e as definições das principais classes de solventes, suas características e reatividade, bem como as recentes descobertas sobre os solventes verdes.

Neste capítulo, discutiremos os aspectos físico-químicos relacionados às variações e formas de energia, sua relação com as ligações covalentes e a polaridade das ligações, bem como as interações moleculares existentes, antes de abordarmos especificamente propriedades dos solventes, como ponto de fusão e de ebulição, viscosidade, tensão superficial, constante dielétrica e outras. A nossa idéia é resgatar brevemente alguns conceitos importantes para compreensão dos aspectos físico-químicos dos sistemas solventes.

Tomamos como ponto de partida de qualquer trabalho experimental a observação do estado em que as substâncias envolvidas no trabalho se encontram; ou seja, estado sólido, líquido ou gasoso. Essas informações são facilmente encontradas em diversas fontes de literatura e são responsáveis diretamente pelo desempenho otimizado de formulações influenciando na formação de filmes, na dispersão de cargas ou na solubilização de determinados solutos.

5.1. Energias envolvidas

Encontramos nas páginas anteriores definições importantes a respeito das características e reatividade das principais classes de solventes, porém pouco se discutiu sobre as variações de energia envolvidas nesses sistemas.

A energia, propriamente dita, é definida como a capacidade de realizar trabalho. Encontramos dois tipos fundamentais de energia: a energia cinética e a energia potencial. Energia cinética é a energia que um objeto possui ao se movimentar, e é igual à metade da sua massa multiplicada pelo quadrado da sua velocidade, isto é, $1/2\, m \cdot v^2$. A energia potencial é a energia armazenada por um objeto que está em repouso ou na eminência de iniciar um movimento. Ela existe apenas quando há forças de atração e de repulsão entre dois objetos. A energia potencial de um sistema constituído por dois objetos unidos por uma mola aumenta quando a mola é esticada ou comprimida. Ao se esticar a mola cria-se uma força de atração, enquanto ao ser comprimida surge a força de repulsão. Se esticarmos ou comprimirmos a mola, a energia potencial armazenada é convertida em energia cinética quando liberamos a mola.

A energia química é uma maneira de denominar a energia potencial. Ela existe porque há forças atrativas e repulsivas entre átomos ou moléculas. A força de repulsão existe quando há interação entre dois núcleos, bem como entre dois elétrons. Por outro lado, quando há interação entre um núcleo e um elétron a força existente é a de atração. É praticamente impossível descrever a quantidade absoluta de energia potencial existente em uma substância. Por esse motivo, pensamos usualmente em termos da energia potencial relativa, assim como podemos dizer que um sistema possui mais ou menos energia potencial que o outro.

Outro termo comumente utilizado pelos químicos é a **estabilidade** ou a **estabilidade relativa**. A estabilidade química de um sistema é inversamente proporcional à sua energia potencial relativa. Quanto maior a energia potencial de um sistema, menos estável ele é.

5.2. Energia potencial e ligação covalente

A energia potencial, ou nesse caso, a energia química, pode ser liberada na forma de calor quando átomos e moléculas reagem. Como o calor é associado ao movimento molecular, a liberação de calor é o resultado da transformação da energia potencial em energia cinética.

Do ponto de vista das ligações covalentes, o estado de maior energia potencial se manifesta quando os átomos estão livres, ou seja, quando eles não estão ligados. Isto é verdade, pois a formação de uma ligação química sempre é acompanhada de uma diminuição de energia potencial dos átomos isolados.

Uma maneira conveniente de representar a energia potencial das moléculas é considerando a sua entalpia relativa, H. A diferença entre a entalpia relativa dos reagentes e dos produtos é chamada de entalpia de reação, que é representada por $\Delta H°$. O sobrescrito ° indica que a medição foi realizada sob condições padrão (25°C e 1 atm).

Por convenção, o sinal de $\Delta H°$ para reações exotérmicas (aquelas que liberam calor) é negativo, enquanto as reações endotérmicas (aquelas que absorvem calor) apresentam $\Delta H°$ positivo. O calor de reação, $\Delta H°$, mede a variação de entalpia dos átomos dos reagentes quando são convertidos em produtos. No caso de uma reação exotérmica, a entalpia dos átomos dos produtos é menor que a entalpia dos átomos dos reagentes, enquanto no caso de uma reação endotérmica acontece o contrário.

5.3. Polaridade das ligações

A maioria das moléculas utilizadas como solventes é formadas por átomos e estes formam as ligações covalentes, em virtude de os elementos químicos que as formam apresentarem uma propriedade chamada de polaridade. Dois átomos unidos por uma ligação covalente compartilham elétrons entre si, os núcleos desses átomos encontram-se entrelaçados pela mesma nuvem eletrônica. Quando esses átomos são iguais e a molécula for simétrica, a nuvem eletrônica se encontra distribuída uniformemente na ligação.

Entretanto, na maioria dos casos, os dois núcleos não compartilham igualmente os elétrons, dessa maneira, a nuvem eletrônica é mais densa na vizinhança de um determinado átomo em relação ao outro. Por esta razão, uma das extremidades da ligação apresenta-se eletricamente negativa e a outra, eletricamente positiva, ou seja, existem um pólo negativo e outro positivo. Nessas condições, diz-se que a ligação possui polaridade ou que a ligação é polar. Pode-se indicar a polaridade pela utilização de símbolos δ^+ e δ^-, os quais representam cargas parciais positivas ou negativas. Na Figura 5.1, está representada a molécula de água com a indicação das respectivas polaridades.

Figura 5.1. Representação esquemática da polaridade existente na molécula de água.

Conseqüentemente, é de se esperar que uma ligação possua polaridade quando una átomos com diferentes tendências para atrair elétrons, ou seja, átomos que possuam diferentes eletronegatividades. A polaridade da ligação será tanto maior quanto maior for a diferença de eletronegatividade dos dois átomos.

Os elementos de maior eletronegatividade são os que estão situados na lateral superior direita da tabela periódica dos elementos, exceto os gases nobres que constituem o grupo 18. Dentre os elementos mais freqüentes nas moléculas de solventes o flúor é o mais eletronegativo, seguido do oxigênio, nitrogênio, cloro, bromo e finalmente o carbono. O hidrogênio não difere de maneira considerável do carbono em eletronegatividade.

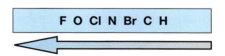

A polaridade das ligações está intimamente ligada com as propriedades físicas e químicas, exercendo influência sobre o ponto de fusão e ebulição, bem como sobre a solubilidade, constante dielétrica, tensão superficial entre outras.

5.4. Polaridade das moléculas

No caso de moléculas, também existe uma polaridade em função dos diferentes átomos que constituem as suas ligações covalentes. Consideramos centros de cargas os átomos constituintes de uma ligação covalente, cuja diferença de eletronegatividade seja significativa. Assim, uma molécula será polar se o centro de cargas negativas não coincidir com o centro de cargas positivas. Uma molécula nessas condições constitui um dipolo: duas cargas iguais e de sinais opostos, separadas uma da outra no espaço. O momento de dipolo, p_e, é definido pelo produto da carga na extremidade negativa, Q, pela distância l entre os centros de carga.

$$p_e = Q \cdot l \tag{1}$$

A unidade do momento de dipolo no Sistema Internacional é o Coulomb-metro, $C \cdot m$, porém uma unidade ainda muito utilizada é o debye que corresponde a $3{,}33 \cdot 10^{-30} C \cdot m$.

5.5. Forças intermoleculares

Existem duas forças intermoleculares que são responsáveis por manterem as moléculas neutras agregadas uma às outras: as interações entre dipolos e as forças de van der Waals.

A interação dipolo observada em moléculas polares resulta da atração mútua entre a extremidade positiva de uma molécula e a extremidade negativa de outra molécula. No cloreto de hidrogênio, por exemplo, o hidrogênio relativamente positivo de uma molécula é atraído pelo cloro relativamente negativo de outra molécula. Em conseqüência da interação dipolo-dipolo, as moléculas polares estão mais fortemente agregadas umas às outras do que as moléculas apolares, considerando massas moleculares similares. Esta diferença entre as intensidades das forças intermoleculares se reflete nas propriedades físicas das respectivas substâncias.

Um tipo relativamente forte de interação dipolo-dipolo é a ligação de hidrogênio, em que um átomo de hidrogênio serve de ponte entre dois átomos eletronegativos, firmando-se a um deles por uma ligação covalente e ao outro por forças puramente eletrostáticas. Quando um átomo de hidrogênio se liga a um átomo altamente eletronegativo, a nuvem eletrônica se desloca consideravelmente para o átomo mais eletronegativo, deixando o núcleo de hidrogênio descoberto. A carga positiva do núcleo de hidrogênio é fortemente atraída pela carga negativa do átomo eletronegativo de uma segunda molécula. Esta atração tem uma energia de cerca de 21 $KJ \cdot mol^{-1}$, sendo portanto muito mais fraca que a ligação covalente, que é de cerca de 210 a 420 $KJ \cdot mol^{-1}$, mas muito mais forte do que as outras interações dipolo-dipolo. Para que o efeito das ligações de hidrogênio seja importante, ambos os átomos eletronegativos devem pertencer ao grupo do flúor, oxigênio e nitrogênio.

A outra força intermolecular que pode existir em moléculas apolares é a interação de van der Waals. De maneira similar ao que ocorre com as interações dipolo-dipolo, a distribuição média de cargas numa molécula que sofre interações do tipo van der Waals é simétrica e o momento de dipolo resultante é nulo. Todavia, os elétrons se movem, e assim, é muito provável que em determinado instante à distribuição de cargas se deforme com relação à distribuição média simétrica. Nesse instante se produz um pequeno dipolo elétrico, cuja existência momentânea afeta a distribuição eletrônica em outra molécula do composto que se encontra nas vizinhanças. O pólo negativo do dipolo tende a repelir os elétrons, enquanto o pólo positivo tende a atraí-los, portanto, o dipolo da primeira molécula induz um dipolo de orientação oposta na segunda. Embora os dipolos momentâneos e os induzidos variem constantemente o resultado final é a existência de certa atração mútua entre as duas moléculas. Essas interações de van der Waals têm raio de ação muito curto e atuam unicamente entre as regiões muito próximas umas da outras, ou seja, atuam apenas entre as superfícies das moléculas. Assim, a relação entre a intensidade das interações de van der Waals e a área superficial das moléculas nos auxilia na compreensão da dependência existente entre as propriedades físicas do composto e o tamanho e forma da molécula.

A seguir, abordaremos os aspectos termodinâmicos fundamentais que definem os estados físicos das substâncias, bem como sua relação com propriedades físico-químicas importantes, tais como o ponto de ebulição e de fusão, a constante dielétrica, a densidade, a viscosidade, entre outras.

5.6. Estabilidade de fases

Uma fase de uma substância é definida como a forma da matéria, cuja composição química e estado físico são uniformes em todos os pontos de um determinado sistema. Existem três formas bem definidas de fases da matéria: a fase sólida, a líquida e a gasosa. Uma transição de fase é a conversão espontânea de uma fase em outra. Elas acontecem em temperaturas e pressões bem definidas e exclusivas para cada substância. Por exemplo, a 1 atm de pressão e temperatura inferior a 0°C, o gelo é a fase estável da água. Numa dada pressão fixa, a temperatura de transição é aquela, onde duas fases estão em equilíbrio.

5.7. Limite de uma fase

Um diagrama de fases de uma substância pura mostra as regiões de pressão e temperatura em que as fases desta substância se encontram estáveis termodinamicamente (Figura 5.2). As linhas que separam as diferentes regiões do diagrama, conhecidas como limite de fase, mostram os valores de pressão e temperatura, onde duas fases podem coexistir simultaneamente em equilíbrio. As linhas dividem o diagrama em três regiões distintas denominadas sólido, líquido e gasoso. Se tomarmos um ponto representativo do sistema, situado dentro da região de ocorrência da fase sólida, podemos afirmar que a substância se encontra no estado sólido. Se o ponto estiver situado na região de ocorrência da fase líquida, a substância se encontrará no estado líquido. No caso de situar-se justamente no limite entre duas fases, ou seja, na linha de separação das regiões das fases, dizemos que a substância em questão apresenta duas fases coexistindo em equilíbrio.

Considerando a forma líquida de um solvente puro em um recipiente fechado, a pressão do vapor em equilíbrio com o líquido é denominada de pressão de vapor de um solvente (Figura 5.3). A pressão de vapor é característica de cada substância e o seu comportamento pode ser previsto pela curva de limite de fase no diagrama de fases representado na Figura 5.2. À medida que a temperatura aumenta as moléculas, ganham energia suficiente para romper as interações existentes entre ela e seus

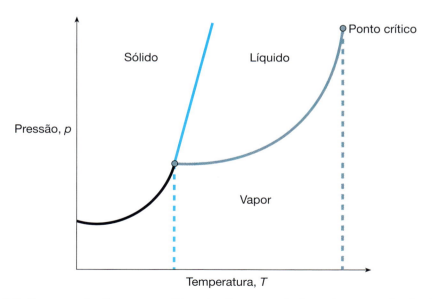

Figura 5.2. Representação esquemática do diagrama de fase de uma substância pura ilustrando as regiões de existência das fases sólida, líquida e gasosa, em função da temperatura e pressão.

vizinhos. Se a substância se encontra no estado líquido, ela sofre uma transformação de fase passando para o estado gasoso, no qual as interações molécula-molécula são fortemente minimizadas.

Figura 5.3. Representação esquemática da pressão de vapor de um líquido ou de um sólido mantidos em recipiente fechado.

5.8. Ponto crítico e ponto de ebulição

Quando um solvente no estado líquido é aquecido em vaso aberto, o líquido se vaporiza a partir da sua superfície. Na temperatura onde a pressão de vapor é igual à pressão externa, ou atmosférica, a vaporização pode ocorrer a partir do seio da solução e, deste modo, o vapor expande livremente para as vizinhanças. A condição de vaporização livre de todo líquido presente em um vaso aberto é chamada de ebulição. A temperatura, na qual a pressão de vapor do líquido é igual à pressão externa, é denominada temperatura de ebulição. No caso da pressão externa ser de 1 atm, a temperatura de ebulição é definida como ponto de ebulição.

Por outro lado, se um líquido é aquecido em vaso fechado (Figura 5.4), a ebulição não ocorre. Em seu lugar, surge pressão que aumenta continuamente com a temperatura do sistema. Simultaneamente, a densidade do líquido diminui, o que leva ao desaparecimento do limite entre as fases líquida e gasosa. A temperatura, cujo limite entre as fases desaparece, é denominada temperatura crítica (T_c). De maneira semelhante, quando a pressão de vapor se encontra na temperatura crítica é definida como pressão crítica (p_c). Acima desse ponto, só existe uma única fase denominada fluido supercrítico.

O ponto de ebulição de um líquido é a temperatura, na qual a sua pressão de vapor é igual à pressão atmosférica. Por esta razão, o ponto de ebulição é dependente da pressão exercida sobre o meio em questão. Geralmente é determinado a 1 atm. Uma substância que entra em ebulição a 150°C a 1 atm irá ebulir a uma temperatura sensivelmente mais baixa, se reduzirmos a pressão.

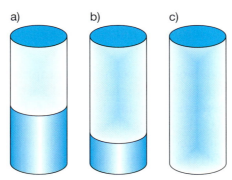

Figura 5.4. (a) Líquido em equilíbrio com o vapor; (b) quando um líquido é aquecido em um vaso fechado, a densidade do vapor aumenta e a do líquido diminui ligeiramente, atingindo um estágio (c) tal que as densidades das duas fases são iguais e a interface entre os fluidos desaparece.

A transformação de uma molécula (ou íons) do estado líquido para o estado gasoso leva a uma separação considerável dos mesmos. É por esse motivo que muitos compostos orgânicos freqüentemente se decompõem antes de entrar em ebulição. A energia térmica necessária para separar completamente os íons é tão grande que primeiramente ocorrem reações químicas como a decomposição, antes que a substância seja volatilizada.

Compostos apolares, onde as forças intermoleculares são mais fracas, entram em ebulição em baixas temperaturas, mesmo à pressão ambiente. Entretanto, isto nem sempre é verdade, pois o peso molecular e o tamanho da molécula têm grande influência. Moléculas muito pesadas necessitam de grande energia térmica para adquirir velocidade suficiente para escapar da superfície do líquido. Além disso, como a área de superfície destas moléculas é bastante grande, a atração intermolecular do tipo van der Waals também será muito forte, conduzindo a um valor de ponto de ebulição elevado.

A seguir, discutiremos aspectos mais específicos dos parâmetros que influenciam a temperatura de ebulição de algumas classes de compostos orgânicos. O ponto de ebulição dos alcanos lineares, por exemplo, aumenta regularmente com o aumento do peso molecular. À temperatura ambiente (25°C) e 1 atm de pressão, os primeiros 4 membros da série homóloga dos alcanos são gases. Aqueles cuja cadeia carbônica possui de 5 a 17 átomos de carbono, se encontram no estado líquido, e os de mais de 18 carbonos são sólidos.

Por outro lado, a presença de ramificações na cadeia carbônica dos alcanos na maioria dos casos diminui o ponto de ebulição. Parte da explicação para estes efeitos está relacionada com as interações de van der Waals, mas também não podemos esquecer que as ramificações tornam as moléculas mais compactas, reduzindo a área de superfície. Desse modo, a força das interações intermoleculares de van der Waals é mais fraca, levando à redução da temperatura de ebulição desses compostos.

No caso dos álcoois podemos compreender as propriedades físicas de uma maneira mais simples, se reconhecermos o fato de que estruturalmente um álcool é formado por uma porção semelhante a um alcano e outra semelhante à água. O grupo semelhante ao alcano (C_nH_{2n}) é lipofílico (apresenta afinidade pelas moléculas apolares), enquanto o grupo hidroxila (—OH) é hidrofílico (apresenta afinidade pela água). É o grupo —OH que confere as propriedades físicas dos álcoois, enquanto o grupo alquila modifica essas propriedades segundo o tamanho da sua cadeia carbônica. O grupo —OH é altamente polar e, acima de tudo, capaz de formar ligações hidrogênio com outras moléculas do mesmo álcool, com outras moléculas neutras e ânions.

O ponto de ebulição dos éteres é comparável com o dos hidrocarbonetos de mesmo peso molecular. Por exemplo, o ponto de ebulição do éter dietílico é 34,6°C e o do pentano é 36°C (Peso Molecular igual 74 e 72, respectivamente). Por outro lado, os álcoois apresentam ponto de ebulição superior ao dos éteres e hidrocarbonetos. Ocorrem atrações do tipo dipolo-dipolo tão fortes entre os átomos de hidrogênio e átomos muito eletronegativos (O, N ou F) e com qualquer par de elétrons não-ligados a algum outro átomo eletronegativo. A ligação hidrogênio (energia de dissociação da ligação entre 4 e 36 kJ · mol^{-1}) é mais fraca que uma ligação covalente, mas muito mais forte que uma interação dipolo-dipolo que ocorre nas cetonas. Geralmente se atribui às ligações hidrogênio o fato de que o álcool etílico apresenta ponto de ebulição muito maior (78,5°C) que o éter dimetílico (–24,9°C), que possui o mesmo peso molecular. As moléculas do álcool etílico possuem átomos de hidrogênio ligados covalentemente a átomos de oxigênio, que fazem ligações hidrogênio bastante fortes com átomos de hidrogênio de uma molécula vizinha. Nas moléculas de éter dimetílico, não existem átomos de hidrogênio ligados a átomos muito eletronegativos, não podendo formar ligações hidrogênio, mas apenas forças intermoleculares fracas do tipo dipolo-dipolo.

Os compostos carbonílicos — aldeídos e cetonas — como o próprio nome diz, apresentam um grupo carbonila em sua cadeia, que lhes confere polaridade por causa do átomo de oxigênio ser mais eletronegativo que o de carbono. Devido ao grupo polar, estas moléculas apresentam ponto de ebulição superior ao dos hidrocarbonetos de mesmo peso molecular. Entretanto, como os aldeídos e cetonas não apresentam ligações hidrogênio fortes entre as moléculas, eles possuem ponto de ebulição inferior ao dos álcoois de mesmo peso molecular.

O iodeto de metila (p.e. = 42°C) é o único monohalometano que é líquido a 1 atm e 25°C. O brometo (p.e. = 38°C) assim como o iodeto (p.e. = 72°C) de etila são líquidos, mas o cloreto de etila (p.e. = 42°C) é um gás. Exceto nos casos citados acima, os solventes halogenados — cloretos, brometos e iodetos de alquila — geralmente são líquidos à pressão e temperatura ambiente, e tendem a apresentar ponto de ebulição próximo dos alcanos de peso molecular similar. Todavia, os polifluoroalcanos tendem a apresentar pontos de ebulição não muito convencionais. O hexafluoroetano possui peso molecular de 138 e entra em ebulição a –79°C, enquanto o decano cujo peso molecular é de 144 e entra em ebulição a 174°C.

5.9. Ponto de fusão e ponto triplo

Num sólido cristalino, as partículas, íons ou moléculas que constituem as unidades estruturais dispõem-se de maneira absolutamente regular e simétrica. Esta ordenação corresponde à repetição periódica de uma cela geométrica unitária. A fusão representa a passagem deste estado altamente ordenado, caracterizado pela existência de uma rede cristalina, para um estado onde a disposição das moléculas se apresenta de forma menos ordenada, ou seja, o estado líquido. Produz-se a fusão, quando se atinge a temperatura, na qual a energia térmica das moléculas se sobrepõe à ação das forças intracristalinas que as mantêm em posição.

As unidades estruturais nos cristais dos compostos iônicos são os íons. O cloreto de sódio, por exemplo, é formado por íons sódio positivos, e por íons cloreto negativos, dispostos alternadamente de modo absolutamente regular. Ao redor de cada íon positivo desta substância encontram-se seis íons negativos eqüidistantes dele. De maneira análoga, ao redor de todos os íons negativos encontram-se seis íons positivos. A estrutura rígida, extremamente resistente, do cristal explica-se pela elevada intensidade das forças eletrostáticas que mantêm os íons em suas posições. Para vencer estas intensas forças interiônicas é necessário elevar consideravelmente a temperatura. O ponto de fusão do cloreto de sódio é de 801°C.

Nos cristais dos compostos em que os átomos se encontram ligados uns aos outros por ligações covalentes, ou compostos não-iônicos, como é o caso dos solventes, as unidades estruturais são as moléculas. As forças que devem ser superadas para atingir a fusão desses cristais são as que mantêm as moléculas agregadas umas às outras. Estas forças intermoleculares apresentam-se, em geral, bem mais fracas do que as forças interiônicas.

Para efetuarmos a fusão do cloreto de sódio temos que fornecer energia suficiente para a destruição das ligações iônicas entre os íons Na^+ e Cl^-. Porém, para efetuarmos a fusão do etanol, por exemplo, não necessitamos utilizar energia suficiente para destruir as ligações covalentes das moléculas, necessitamos apenas fornecer energia suficiente para separar as moléculas umas das outras. Em extremo contrário ao cloreto de sódio, o etanol funde a –115°C.

Verificamos acima que as forças que mantêm as moléculas unidas (interações de van der Waals) são fracas e de curto alcance, atuando apenas entre as partes das moléculas vizinhas que se encontram em contato, ou seja, entre a superfície das moléculas. Deve-se, portanto, esperar que, dentro de uma família de compostos, quanto maior for a molécula, e conseqüentemente sua área superficial, maior serão as forças que irão atuar sobre elas levando a um aumento no ponto de fusão. Todavia, devemos considerar, além do tamanho das moléculas, a maneira como elas se ajustam na rede cristalina.

Do ponto de vista da termodinâmica, a temperatura de fusão é aquela que permite a coexistência simultânea da fase líquida e da fase sólida de uma substância pura sob determinada pressão. Devido ao fato de uma substância fundir exatamente na mesma temperatura em que ela congela, tanto a temperatura de fusão, quanto a temperatura de congelamento são as mesmas. A temperatura de congelamento, quando a pressão do sistema é de 1 atmosfera, é chamada de ponto normal de congelamento que também pode ser chamado de ponto de fusão normal.

Existe um conjunto determinado de condições, nas quais as fases sólida, líquida e gasosa coexistem simultaneamente em equilíbrio. Este conjunto de condições é definido como ponto triplo. Geometricamente falando, o ponto triplo se localiza na interseção das três linhas que definem o limite de existência das fases do diagrama de fases. Só existe um ponto, cuja temperatura e pressão levam à formação do ponto triplo, e essa propriedade é uma característica intrínseca de cada substância. O ponto triplo da água é 273,16 K e 611 Pa e as três fases da água (gelo, água líquida e vapor de água) coexistem no equilíbrio, em nenhuma outra condição de temperatura e pressão isso é possível. É interessante salientar que o ponto triplo define a pressão mais baixa, na qual a fase líquida pode existir.

De maneira geral, podemos dizer que o diagrama de fases de uma substância, e aqui podemos estender as observações aos solventes, nos permite determinar com precisão a temperatura e pressão que ocorrem nas transições de fase. Como estas propriedades são características intrínsecas de cada substância, concluímos que está intimamente ligada à intensidade da polaridade das ligações, assim como das interações intermoleculares.

5.10. Constante dielétrica

Quando duas cargas q_1 e q_2 estão separadas por uma distância r no vácuo, a energia potencial dessas interações é

$$V = \frac{q_1 \cdot q_2}{4 \cdot \pi \cdot \varepsilon_0 \cdot r} \quad (2)$$

Quando estas mesmas duas cargas são imersas em um meio líquido ou gasoso, sua energia potencial é reduzida a

$$V = \frac{q_1 \cdot q_2}{4 \cdot \pi \cdot \varepsilon \cdot r} \quad (3)$$

onde ε é a permissividade do meio. A permissividade é normalmente expressa em termos dimensionais de permissividade relativa, ε_r, ou constante dielétrica do meio.

$$\varepsilon_r = \frac{\varepsilon}{\varepsilon_0} \quad (4)$$

A constante dielétrica de uma substância é grande se as moléculas são polares ou altamente polarizáveis. A relação quantitativa entre a constante dielétrica e as propriedades elétricas das moléculas é obtida considerando-se a polarização do meio; é expressa pela equação de Debye:

$$\frac{\varepsilon_r - 1}{\varepsilon_r + 2} = \frac{\rho \cdot P_m}{M} \quad (5)$$

Onde ρ é a densidade da amostras, M a massa molar das moléculas e P_m a polarização:

$$P_m = \frac{N_A}{3 \cdot \varepsilon_0}(\alpha + \frac{\mu^2}{3 \cdot k \cdot T}) \quad (6)$$

O termo $\mu^2/3 \cdot k \cdot T$ deriva da agitação térmica dos momentos de dipolos elétricos na presença de um campo aplicado.

Podemos então definir a constante dielétrica (ε) como a razão entre a capacitância de um condensador preenchido com um líquido padrão e a capacitância do mesmo condensador no vácuo. Como é uma constante relativa ela é adimensional, sendo medida a 20°C ou a 25°C. A constante dielétrica dos solventes apolares diminui linearmente com o aumento da temperatura, por causa principalmente da diminuição da densidade. No caso dos solventes polares ela é não-linear, em razão da diminuição da densidade e aumento do movimento térmico das moléculas. Na prática, o conhecimento da constante dielétrica está intimamente relacionado com a capacidade de um solvente ou mistura de solventes de dissolver ou diluir um determinado sólido ou um outro líquido.

Para vencer as forças eletrostáticas que sustentam a rede iônica dos sólidos iônicos ou as interações intermoleculares dos compostos moleculares de ligações covalentes, é necessária uma quantidade de energia considerável. Apenas a água ou outros solventes polares são capazes de dissolver/diluir as moléculas polares. Existem por conseqüência atrações entre as regiões positivas e negativas de uma molécula polar com as extremidades positivas ou negativas do solvente. Estas atrações são denominadas de ligações íon-dipolo. As ligações íon-dipolo, embora individualmente sejam relativamente fracas, em conjunto, fornecem energia suficiente para vencer as forças interiônicas existentes nos sólidos cristalinos e nos compostos moleculares.

Nas soluções, cada íon ou molécula do soluto encontram-se rodeados por diversas moléculas do solvente; dizemos por esse motivo que os íons ou as moléculas estão solvatados. No caso particular de o solvente ser a água dizemos que o íon ou a molécula estão hidratados. De maneira geral consideramos que um composto iônico só vai se dissolver se o solvente utilizado tiver constante dielétrica capaz de reduzir, ou até mesmo isolar, a atração entre os íons de cargas opostas, através da solvatação. A Figura 5.5 mostra uma representação esquemática do efeito de solvatação dos íons pelas moléculas polares do solvente.

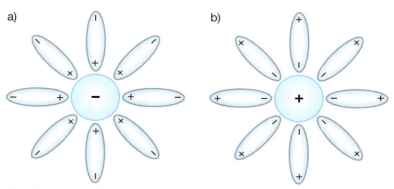

Figura 5.5. interações íon-dipolo: íons negativos (a) e positivos (b) solvatados por moléculas de solventes polares.

A superioridade da água como solvente para substâncias iônicas se deve, em parte, à respectiva polaridade bem como à alta constante dielétrica. É interessante salientar, entretanto, que existem outros solventes com momentos de dipolo elevados e constantes dielétricas altas, mas inadequados para solubilizar compostos iônicos. Nesse caso, o que se necessita é de poder de solvatação. Usamos a água como exemplo, para estudar mais profundamente a estrutura dos solventes e o que determina o poder de solvatação das substâncias.

Os íons positivos ou as regiões positivas de compostos moleculares são atraídos para o pólo negativo do solvente polar. Na água, o pólo negativo é, sem dúvida, o oxigênio, que é um elemento altamente eletronegativo, além disso, tem pares de elétrons não compartilhados e apenas dois átomos de hidrogênio ligados a ele. Por sua vez, os íons negativos ou regiões negativas de compostos moleculares são atraídos para o pólo positivo de uma molécula polar. No caso da água estão sem dúvida no hidrogênio. As ligações íon-dipolo que unem os íons negativos à água são ligações de hidrogênio. Solventes como a água são denominados de solventes próticos, ou seja, solventes que contêm hidrogênio ligado a oxigênio ou nitrogênio. Este grupo de substâncias solvatam íons ou moléculas do mesmo modo que a água o faz, íons positivos ou regiões positivas de compostos moleculares através de pares de elétrons não compartilhados e íons negativos ou regiões negativas de compostos moleculares através de ligações de hidrogênio.

Nos últimos anos, tem-se verificado o desenvolvimento de solventes apróticos, ou seja, solventes polares que apresentam constantes dielétricas moderadamente elevadas, mas não contêm hidrogênio. Neste tipo de solventes, o pólo negativo está sobre o átomo de oxigênio mais exposto em relação ao resto da molécula, sendo que é através dos pares eletrônicos não compartilhados que os íons positivos ou as regiões positivas das moléculas serão solvatados. O pólo positivo, por outro lado, está oculto no interior da molécula, por conseqüência, os íons carregados negativamente ou as regiões negativas das moléculas serão solvatados muito fracamente. Assim, os solventes apróticos dissolvem ou diluem compostos iônicos, sobretudo através da solvatação dos íons carregados positivamente.

5.11. Viscosidade

A capacidade de um líquido para fluir se mede através da sua viscosidade; podemos dizer que quanto maior a viscosidade, menor deve ser a capacidade de um líquido de molhar uma superfície, termo conhecido como mobilidade do líquido. O vidro assim como os polímeros fundidos são muito viscosos, pois as suas moléculas se entrelaçam e impedem a fluidez. A água é mais viscosa que o benzeno, pois suas moléculas interagem com mais força e dificultam o fluxo. O aumento da temperatura geralmente diminui a viscosidade, porque leva as moléculas a se moverem com mais energia permitindo que elas escapem com maior facilidade da interação com as moléculas vizinhas. Como a mudança de uma molécula de uma posição para outra implica na ruptura de interações fracas do tipo van der Waals, a proporção de moléculas com energia suficiente para se mover segue uma distribuição de Boltzmann. Isto sugere que a capacidade de um líquido fluir deve se comportar segundo a equação:

$$\text{Fluidez} \propto e^{-\Delta E/RT}, \qquad (7)$$

onde E é a energia que necessitamos superar para o líquido fluir, R é uma constante e T a temperatura. A viscosidade é o inverso da Fluidez.

$$\text{Viscosidade} \propto e^{\Delta E/RT} \qquad (8)$$

As observações experimentais demonstram que as viscosidades obedecem à forma exponencial num intervalo limitado de temperaturas e o valor de ΔE é similar à energia da interação ou da ligação molecular (alguns $kJ \cdot mol^{-1}$, por exemplo, 11 $kJ \cdot mol^{-1}$ para o benzeno e 3 $kJ \cdot mol^{-1}$ para o metano).

5.12. Índice de refração

Primeiramente vamos esclarecer a questão da refração que ocorre quando a luz atravessa um dado meio. Para visualizar esse efeito, coloque um bastão de vidro, de madeira ou de plástico, dentro de um copo com água (Figura 5.6). Se o bastão for colocado perpendicularmente dentro do copo observamos que o bastão permanecerá vertical dentro da água. Entretanto, se o inclinarmos levemente, observaremos pela lateral do copo que ele parece estar quebrado. Isto ocorre porque o feixe de luz inci-

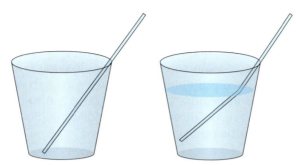

Figura 5.6. Representação esquemática do fenômeno de refração da luz.

dente sofre um desvio quando atravessa a superfície do líquido, devido à velocidade de deslocamento do feixe de luz em um meio ser diferente do outro. Este desvio que a luz sofre é chamado de refração.

O desvio da luz quando atravessa dois meios distintos depende da velocidade da luz em ambos os meios. O índice de refração relativo (n_{21}) é a grandeza física que relaciona as velocidades nos dois meios. É definido como sendo a razão entre a velocidade da luz no primeiro meio (v_1) e a velocidade no segundo meio (v_2).

$$n_{21} = \frac{v_1}{v_2} \tag{9}$$

Quando o primeiro meio é o vácuo, v_1 é igual à velocidade da luz no vácuo (c). A relação entre a velocidade da luz no vácuo com qualquer outro meio é denominada índice de refração absoluto (n).

$$n = \frac{c}{v} \tag{10}$$

como a velocidade da luz no vácuo é sempre maior que em qualquer outro meio, o valor do índice de refração em qualquer meio sempre vai ser maior que a unidade. Por exemplo, a velocidade da luz no vidro é de 200.000 km · s^{-1}, assim o índice de refração no vidro será igual a 1,5, ou seja, 300.000 km · s^{-1} dividido por 200.000 km · s^{-1}.

A Lei de Refração foi descoberta por Snell em 1621 e reeditada em 1637 por Descartes. Por esse motivo, também é chamada de Lei de Snell-Descartes. Esta lei relaciona os ângulos de incidência e de refração com os índices de refração:

$$n_1 \operatorname{sen}(\theta_1) = n_2 \operatorname{sen}(\theta_2) \tag{11}$$

onde n_1 e n_2 são respectivamente os índices de refração nos meios 1 e 2, θ_1 é o ângulo de incidência e θ_2 é o ângulo de refração.

O índice de refração (n) é um dos parâmetros mais usados na identificação dos solventes orgânicos. Apenas sob certas condições o índice de refração é medido em temperaturas diferentes de 20 ou 25°C. A notação mais usada para designar a temperatura cuja medição foi realizada é o sobrescrito após o símbolo (ex. n^{20}). Para garantir a exatidão dos dados até a quarta casa decimal, a temperatura deve ser mantida constante com ± 0,2 de desvio. Além disso, o índice de refração depende bastante do comprimento de onda da luz utilizada na medição; com o aumento do comprimento de onda, o índice de refração diminui (e vice-versa). A determinação do índice de refração é normalmente simples e rápida, sendo efetuada com o auxílio de um refratômetro de Abbe, ou os refratômetros digitais mais modernos. A refratometria, nome dado à técnica de medição do índice de refração, é bastante popular e utilizada por diversos laboratórios de controle de qualidade.

5.13. Tensão superficial

A existência de forças de atração de van der Waals de curto alcance entre as moléculas é um fato bastante conhecido, que é responsável pela existência do estado líquido. Os fenômenos da tensão superficial e tensão interfacial são explicáveis em termos destas forças. As moléculas situadas no interior de um líquido estão sujeitas a forças de atração iguais em todas as direções, ao passo que as moléculas da superfície de separação líquido-ar estão sob atuação de forças de atração não balanceadas, resultando numa força que tende a puxar as moléculas para o interior do líquido (Figura 5.7). Devido à atração dessas forças não balanceadas, o maior número possível de moléculas tenderá a se deslocar da superfície para o interior do líquido; por esse motivo a superfície tenderá a se contrair espontaneamente. Esse fenômeno também explica o fato de as gotículas tenderem a adquirir a forma esférica.

A tensão superficial exerce um papel importantíssimo na físico-química de superfícies. A tensão superficial de um determinado líquido é definida muitas vezes como a força que atua ortogonalmente a qualquer segmento unitário imaginado na superfície do líquido. Entretanto, essa definição é mais adequada para o caso de filmes líquidos. É mais conveniente definir a tensão superficial (γ) e a energia livre superficial como o trabalho (w) necessário para aumentar a superfície em uma unidade de área (A_{sup}), através de um processo isotérmico e reversível. As mesmas considerações são válidas para a superfície de separação entre dois líquidos imiscíveis. Neste caso, também teremos forças intermoleculares desbalanceadas, porém de menor intensidade.

$$w = \gamma \cdot A_{sup} \qquad (12)$$

Este modelo descrito considera que o líquido permanece em condições estáticas. Todavia devemos salientar que, em nível molecular, uma superfície líquida aparentemente em repouso se encontra na realidade em estado de grande turbulência, resultado do movimento browniano de moléculas entre o interior e a superfície, e entre a superfície e a atmosfera. Apenas para termos um número em mente, a permanência de uma molécula na superfície de um líquido é da ordem de 10^{-6} s.

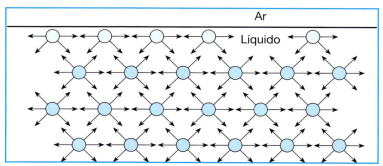

Figura 5.7. Forças de atração entre as moléculas de um líquido.

5.14. Densidade

A densidade absoluta de uma substância é definida como a razão entre a massa dessa substância e o volume que ela ocupa:

$$\rho = m/V \qquad (13)$$

onde ρ é a densidade, m é a massa da substância e V o volume. Sendo assim, a densidade de qualquer líquido pode ser determinada pesando-se cuidadosamente uma quantidade da substância e em seguida medindo o seu volume. Além disso, devemos tomar muito cuidado com o controle da temperatura, na qual a medida está sendo efetuado, pois qualquer variação de temperatura pode variar consideravelmente a densidade. Embora no Sistema Internacional a unidade de densidade é o quilograma por metro cúbico ($kg \cdot m^{-3}$), a unidade mais conhecida é gramas por mililitros ($g \cdot ml^{-1}$).

A densidade também é influenciada pelas forças intermoleculares descritas anteriormente para explicar as demais propriedades físico-químicas das substâncias. À medida que a intensidade das interações aumenta, maior a tendência das moléculas de se atraírem, ou seja, a quantidade de moléculas por unidade de volume aumenta levando ao aumento na densidade da substância. Por outro lado, à medida que a intensidade das forças intermoleculares diminui, menor será a quantidade de moléculas por unidade de volume e causando a diminuição da densidade da substância.

Podemos definir também a densidade relativa, isto é, a razão entre a densidade absoluta e a densidade absoluta de um padrão. Como a densidade relativa é o quociente entre esses dois valores de densidades absolutas, seu valor é um número adimensional

$$d = \rho/\rho^o \qquad (14)$$

A densidade relativa é uma propriedade física característica de uma substância, que pode ser utilizada para determinar o grau de pureza de um líquido. Como seu valor é o resultado de interações existentes entre moléculas de uma mesma substância, se essa substância estiver contaminada, as interações resultantes entre as moléculas serão distintas daquelas que ocorrem na substância pura. A presença de impurezas causa uma alteração da quantidade de moléculas da substância por unidade de volume modificando o valor da densidade. Dessa forma, a densidade é uma medida bastante utilizada pelos laboratórios de controle de qualidade para comprovar se não existem adulterações nos solventes.

A seguir, serão apresentadas diversas tabelas com as propriedades físico-químicas abordadas neste capítulo das classes de solventes mais utilizadas nas indústrias. Apesar de poderem ser encontradas na literatura, a nossa idéia foi de agrupar algumas informações para consulta rápida que podem ser úteis na escolha do solvente mais apropriado para as mais diversas aplicações.

Tabela 1.1. Propriedades físico-química dos solventes

Unidades	Mol g · mol⁻¹	Estrutura	p.e. (°C)	p.f (°C)	p (mmHg)	ρ g · cm⁻³ (20°C)	n_d^{20}
ÁLCOOIS							
Metanol	32,04		64,5	−97,8	100 (21°C)	0,791	1,326
Etanol	46,07		78,3	−114,1	40 (19°C)	0,790	1,359
N-Propanol	60,09		97,2	−127,0	20,8 (25°C)	0,803	1,383
Isopropanol	60,11		82,5	−88,9	44,0 (25°C)	0,785	1,375
N-Butanol	74,12		117,7	−89,0	5,5	0,809	1,397
Isobutanol	74,12		107,8	−108,0	10,0 (22°C)	0,806	1,394
Metil isobutil Carbinol	102,18		131,8	−90,0	2,8	0,808	1,409
2-etil-hexanol	130,23		184,8	−76,0	30,0 (98°C)	0,830	1,429
Ciclo-hexanol	100,16		161,0	24,0	80,0 (25°C)	0,968	1,464

5. Propriedades físico-química dos solventes

η cP (20°C)	γ dina·cm⁻¹ (20°C)	Ponto de fulgor vaso aberto (°C)	Ponto de fulgor vaso fechado (°C)	Solubilidade do solvente na água %mássica (20°C)	Solubilidade da água no solvente %mássica (20°C)	Temperatura de auto ignição (°C)	Taxa de evaporação Acetato de butila = 100	Faixa de destilação (°C)
0,58	22,5	15,6	11,1	completa	completa	464,0	181	64,0 - 65,0
1,20	22,39	15,6	8,9	completa	completa	423,0	150	78,3 - 78,5
2,26	23,71	29,4	15,0	completa	completa	412,0	89	96,0 - 98,0
2,41	21,32	21,0	12,0	completa	completa	399,0	135	81,5 - 83,0
3,0	24,52	37,2	35,0	7,9	20,1	365,0	46	116,5 - 118,5
4,0	23,0	31,1	27,8	9,5	16,9	415,0	62	106,9 - 108,9
5,2	22,8	55,0	41,1	1,64	6,35	—	29	130,0 - 133,0
9,8	26,7	—	77,3	0,1	2,6	231,0	1,9	183,0 - 185,0
41,07 (30°C)	33,4	67,8	67,7	0,13	11,78	300,0	5,8	160,0 - 162,0

Tabela 1.1. (continuação)

Unidades	Mol g·mol⁻¹	Estrutura	p.e. (°C)	p.f (°C)	p (mmHg)	ρ g·cm⁻³ (20°C)	n_d^{20}
CETONAS							
Acetona	58,08		56,2	−94,6	184,5 (20°C)	0,790	1,359
Etilmetilcetona	72,11		79,6	−86,7	90,96 (25°C)	0,805	1,379
Metilisobutilcetona	100,18		115,9	−83,9	15,7 (20°C)	0,800	1,396
Diisobutilcetona	142,24		169,3	−41,5	4,0 (30°C)	0,810	1,413
Diacetona álcool	116,16		167,9	−42,8	1,23 (20°C)	0,940	1,415
Isofosforona	138,20		215,2	−8,1	0,43 (25°C)	0,923	1,476
Ciclohexanona	98,14		156,7	−47,0	4,6 (25°C)	0,948	1,450
Metil n-amil cetona	114,18		151,4	−26,9	7,0 (30°C)	—	1,408
Metil n-propil cetona	86,13		102,3	−77,5	16,0 (25°C)	0,809	1,391
Metil isoamil cetona	114,18		144,9	−73,9	4,5 (20°C)	0,812	1,407
Acetofenona	120,15		201,6	19,7	0,28 (20°C)	1,03	1,532

5. Propriedades físico-química dos solventes

η cP (20°C)	γ dina·cm⁻¹ (20°C)	Ponto de fulgor vaso aberto (°C)	Ponto de fulgor vaso fechado (°C)	Solubilidade do solvente na água %mássica (20°C)	Solubilidade da água no solvente %mássica (20°C)	Temperatura de auto ignição (°C)	Taxa de evaporação Acetato de butila = 100	Faixa de destilação (°C)
0,33	23,38 (22°C)	-15,5	-18,0	completa	completa	538,0	520	55,6 - 56,6
0,4	24,49 (25°C)	-5,6	-3,3	27,0	12,5	516,0	340	78,0 - 81,0
0,59	23,6 (20°C)	23,0	13,3	1,7	1,9	460,0	155	114,0 - 117,0
1	23,92 (22°C)	48,9	48,9	0,05	0,75	396,0	21	163,0 - 173,0
3,2	24,6 (20°C)	62,2	54,0	completa	completa	602,0	12	155,0 - 175,0
2,6	32,2 (20°C)	96,1	84,4	1,2	4,3	460,0	2,5	215,0 - 220,0
2,2	32,32 (20°C)	54,4	46,7	2,3	8,0	420,0	31	153,2 - 157,2
0,7	26,17 (25°C)	48,8	47,2	0,43	1,5	393,0	40	150,0 - 154,0
0,5	23,26 (25°C)	14,4	12,2	3,1	4,2	504,0	88	101,0 - 105,0
0,8	25,03 (28°C)	42,2	41,1	0,5	1,2	191,0	53	141,0 - 148,0
1,8	39,5 (20°C)	93,3	82,2	0,55	1,65	465,0	3	196,0 - 202,0

Tabela 1.1. (continuação)

Unidades	Mol g·mol⁻¹	Estrutura	p.e. (°C)	p.f (°C)	p (mmHg)	ρ g·cm⁻³ (20°C)	n_d^{20}
ÉSTERES							
Acetato de etila	88,12		77,0	−83,6	100,0 (27°C)	0,901	1,370
Acetato de n-butila	116,18		126,5	−76,8	15,0 (25°C)	0,883	1,392
Acetato de n-propila	102,13		101,6	−92,5	25,21 (20°C)	0,888	1,383
Acetato de i-propila	102,13		88,7	−73,1	60,59 (25°C)	0,870	1,375
Acetato de i-butila	116,16		117,2	−99,8	13,0 (20°C)	0,871	1,390
Acetato de pentila	130,19		146,0	−100,0	28,5 (20°C)	0,875	1,401
Acetato de metila	74,08		57,1	−98,1	400 (40°C)	0,933	1,358
Acetato de 2-etil hexila	172,27		199,0	−80,0	0,4 (20°C)	0,871	1,417

5. Propriedades físico-química dos solventes

η cP (20°C)	γ dina·cm⁻¹ (20°C)	Ponto de fulgor vaso aberto (°C)	Ponto de fulgor vaso fechado (°C)	Solubilidade do solvente na água %mássica (20°C)	Solubilidade da água no solvente %mássica (20°C)	Temperatura de auto ignição (°C)	Taxa de evaporação Acetato de butila = 100	Faixa de destilação (°C)
0,45	23,9 (20°C)	13,3	–3,3	8,7	3,3	427,0	430	76,0 - 78,0
0,73	14,5 (25°C)	32,2	22,2	0,7	1,6	421,0	100	124,0 - 127,0
0,59	24,28 (20°C)	18,3	—	2,3	2,6	450,0	226	99,0 - 103,0
0,6	21,12 (20°C)	16,6	5,5	2,9	1,8	460,0	355	84,0 - 90,0
0,700	23,70 (20°C)	28,3	25,0	0,75	1,64	423,0	145	116,0 - 119,0
0,45	4,0 (20°C)	41,1	25	0,2	0,9	—	45	140,0 - 150,0
—	25,37 (20°C)	–5,56	–1,11	-9,5	8,2	502,0	660	53,0 - 59,0
1,500	26,91 (25°C)	87,8	—	0,03	0,55	268,0	3,7	192,0 - 205,0

Tabela 1.1. (continuação)

Unidades	Mol g·mol⁻¹	Estrutura	p.e. (°C)	p.f (°C)	p (mmHg)	ρ g·cm⁻³ (20°C)	n_d^{20}
Acetato de ciclohexila	142,19		177,0	−65,0	7,0 (30°C)	0,969	1,439
Acetato de E.M.M.P.G.	132,16		145,8	<−67,0	27,4 (20°C)	0,966	1,399
Acetato de butilglicol	160,22		191,6	−64,6	0,35 (20°C)	0,940	1,413
Acetato de etilglicol	132,16		156,3	−61,7	2,0 (20°C)	0,974	1,402
Acetato de butildiglicol	204,27		246,0	−32,2	—	0,985	1,423
Acetato de etildiglicol	176,22		217,4	−25,0	0,10 (20°C)	1,011	1,423
Lactato de etila	118,14		154,0	−25,0	1,03	50,0 (100°C)	1,412

η cP (20°C)	γ dina·cm⁻¹ (20°C)	Ponto de fulgor vaso aberto (°C)	Ponto de fulgor vaso fechado (°C)	Solubilidade do solvente na água %mássica (20°C)	Solubilidade da água no solvente %mássica (20°C)	Temperatura de auto ignição (°C)	Taxa de evaporação Acetato de butila = 100	Faixa de destilação (°C)
3,000	31,31 (20°C)	64,00	57,80	1,44	0,20	334,0	15	174,0 - 178,0
1,140	3,7 (20°C)	49,40	—	19,80	3,21	—	35	140,0 - 150,0
1,800	—	87,80	76,10	1,50	1,70	340,0	3,7	188,0 - 192,0
1,300	31,8 (25°C)	55,00	—	23,80	6,50	379,0	20	150,0 - 160,0
3,600	—	115,60	112,70	6,50	3,70	—	0,14	235,0 - 250,0
2,800	29,31 (40°C)	110,00	95,00	completa	completa	360,0	0,63	214,0 - 221,0
2,610	29,2 (20°C)	54,40	—	completa	completa	400,00	21	140,0 - 163,0

Tabela 1.1. (continuação)

Unidades	Mol g·mol⁻¹	Estrutura	p.e. (°C)	p.f (°C)	p (mmHg)	ρ g·cm⁻³ (20°C)	n_d^{20}
GLICÓIS							
Dietilenoglicol	106,1		245,8	–7,8	1,0 (92°C)	1,118	1,446
Propilenoglicol	76,1		187,3	–60,0	0,07 (20°C)	1,038	1,432
Monoetilenoglicol	62,1		197,6	–12,7	0,06 (20°C)	1,115	1,430
Hexilenoglicol	118,2		197,0	–40,0	0,05 (20°C)	0,922	1,426
Dipropilenoglicol	134,2		232,8	–4,4	0,01 (20°C)	1,023	1,440
ÉTERES DE GLICOL							
Butilglicol	118,2		171,2	–70,0	0,76 (20°C)	0,901	1,418
Etilglicol	90,1		135,1	–76,0	5,29 (25°C)	0,931	1,405
Metilglicol	76,1		124,5	–85,1	6,2 (20°C)	0,966	1,400
Butildiglicol	162,2		230,6	–68,1	0,02 (20°C)	0,955	1,423
Etildiglicol	134,2		202,7	–76,0	0,13 (25°C)	0,989	1,425
Metildiglicol	120,2		194,2	–85,0	0,25 (25°C)	1,021	1,424
Isobutilglicol	118,2		160,5	–87,0	26,0 (71°C)	0,893	1,416
E.M.M.P.G	90,1		120,1	–96,6	11,8 (25°C)	0,919	1,402
E.M.M.D.P.G.	148,2		188,3	–82,0	0,40 (26°C)	0,951	1,422
E.M.M.T.P.G	206,6		242,4	–78,9	2,0 (100°C)	0,965	1,427

5. Propriedades físico-química dos solventes

η cP (20°C)	γ dina·cm⁻¹ (20°C)	Ponto de fulgor vaso aberto (°C)	Ponto de fulgor vaso fechado (°C)	Solubilidade do solvente na água %mássica (20°C)	Solubilidade da água no solvente %mássica (20°C)	Temperatura de auto ignição (°C)	Taxa de evaporação Acetato de butila = 100	Faixa de destilação (°C)
36,000	48,43 (20°C)	143,0	143,0	completa	completa	229,0	<0,1	242,0 - 250,0
60,500	35,46 (30°C)	—	124,0	completa	completa	427,0	<1	185,0 - 189,0
21,000	48,43 (20°C)	115,5	112,7	completa	completa	400,0	<1	193,0 - 201,5
34,400	33,1 (20°C)	102,0	93,8	completa	completa	270,0	<1	196,0 - 199,0
107,000	32,8 (25°C)	137,7	—	completa	completa	—	<0,1	228,0 - 236,0
6,400	27,4 (25°C)	73,9	60	completa	completa	238,0	6,8	169,0 - 173,0
2,100	28,2 (25°C)	54,4	48,4	completa	completa	235,0	39	132,0 - 136,0
1,700	33,0 (20°C)	46,1	41,6	completa	completa	285,0	58	124,0 - 125,0
6,500	34,0 (20°C)	115,6	100	completa	completa	228,0	0,35	220,0 - 235,0
4,500	31,18 (25°C)	96,1	95,1	completa	completa	204,0	1,3	198,0 - 204,0
3,900	34,84 (101°C)	93,3	83,1	completa	completa	193,0	2	188,0 - 198,0
5,500	—	59,4	—	completa	completa	—	11	157,5,0 - 162,0
1,700	27,7 (20°C)	37,7	33,9	completa	completa	—	71	117,0 - 125,0
3,400	28,8 (20°C)	85	74,4	completa	completa	—	3	184,0 - 193,0
5,600	30,0 (25°C)	126,6	112,7	completa	completa	—	<1	236,0 - 251,0

Tabela 1.1. (continuação)

Unidades	Mol g·mol⁻¹	Estrutura	p.e. (°C)	p.f (°C)	p (mmHg)	ρ g·cm⁻³ (20°C)	n_d^{20}
HALOGENADOS							
Tricloroetileno	131,4		86,7	—	57,8 (20°C)	1,464	1,475
Cloreto de Metileno	84,9		40,4	—	400,0 (21°C)	1,326	1,421
1,1,1 tricloroetano	113,4		74,0	—	100,0 (25°C)	1,338	1,431
Percloroetileno	165,8		121,2	−22,3	1847 (25°C)	1,622	1,505
HIDROCARBONETOS AROMÁTICOS							
Tolueno	92,1		110,5	−95,1	36,7 (30°C)	0,870	1,493
Xileno	106,2		140,0	-45,0	6,72 (21°C)	0,870	1,497
HIDROCARBONETOS ALIFÁTICOS							
Hexano	86,2		68,7	—	150,0 (20°C)	0,659	1,372
Heptano	100,2		98,4	—	40,0 (22°C)	0,684	1,385
Ciclohexano	84,2		80,7	—	10,0 (61°C)	0,779	1,423

5. Propriedades físico-química dos solventes

η cP (20°C)	γ dina·cm⁻¹ (20°C)	Ponto de fulgor vaso aberto (°C)	Ponto de fulgor vaso fechado (°C)	Solubilidade do solvente na água %mássica (20°C)	Solubilidade da água no solvente %mássica (20°C)	Temperatura de auto ignição (°C)	Taxa de evaporação Acetato de butila = 100	Faixa de destilação (°C)
0,580	29,5 (20°C)	—	—	0,11	0,033	410,0	450	86,0 - 87,0
0,425	28,10 (20°C)	—	—	1,3	0,198	615,0	990	39,0 - 40,0
0,725 (30°C)	26,4 (25°C)	—	—	0,44	0,034	537,0	530	74,0 - 76,0
0,880	32,22 (20°C)	—	—	0,015	0,01	—	—	120,0 - 122,0
0,600	28,52 (20°C)	8,9	4,4	0,06	0,05	536,0	190	109,0 - 110,0
0,800	29,48 (20°C)	31,6	—	0,04	0,05	—	60	136,0 - 144,0
0,298	18,4 (20°C)	—	−23,3	0,011	0,001	234,0	620	—
0,396	20,14 (20°C)	−1,0	−1,1	0,009	0,000	223,0	290	—
0,398	24,,6 (20°C)	—	−18,3	0,006	0,01	260,0	440	—

Referências bibliografia

Morrison, R. D. e Boyd, R. N.; Química Orgânica; Fundação Calouste Gulbekian - Lisboa, 1986, 8.ª Edição.

Atkins, Physical Chemistry, Oxford University Press, 1998, 6.ª Edição.

Verneret, H. Solventes industriais – propriedades e aplicações, Toledo Assessoria Técnica e Editorial, LTDA, 1984.

Solomons, T. W. G, Química Orgânica. Vol. 1 e 2, 6.ª edição, 1996.

Shaw, D. J., Introdução à química de colóides e de superfície, Edgard Blucher, 1975.

Sedivec V. and Flek, J., Handbook of analysis of organic solvents, John Wiley & Sons INC, 1976.

Behring, J. L., Lucas, M., Machado, C., Barcellos, I. O., Adaptation of the drop-weight method for the quantification of surface tension: a simplified apparatus for the CMC determination in the chemistry classroom. Quím. Nova, 2004, vol. 27, no. 3, p. 492-495.

Gregory W. Kauffman and Peter C. Jurs, Prediction of Surface Tension, Viscosity, and Thermal Conductivity for Common Organic Solvents Using Quantitative Structure-Property Relationships. J. Chem. Inf. Comput. Sci., 2001, 41 (2), 408 -418.

6 Parâmetro de solubilidade

Este capítulo aborda as energias envolvidas na interação solvente/polímero e os diferentes métodos de quantificação: parâmetro de solubilidade Hildebrand, Prausnitz and Blanks e Hansen

Denílson José Vincentim
Sérgio Martins

A seleção de um "bom" solvente ou uma mistura de solvente/co-solvente para um determinado polímero requerem um método de quantificação do tipo e da magnitude das interações intermoleculares envolvidas. Se os tipos e as forças das interações que ocorrem entre o solvente e o polímero puderem ser igualadas, então, as condições termodinâmicas serão adaptadas para oferecer interações favoráveis (atrativas) entre eles.

O método mais utilizado para a quantificação de interações intermoleculares em sistemas condensados (líquido e sólido) é o parâmetro de solubilidade.

O parâmetro de solubilidade é obtido de uma aproximação da densidade de energia coesiva (CED) de um sistema, a qual está intimamente associada ao conceito termodinâmico de pressão interna.

6.1. Densidade de energia coesiva e pressão interna

O conceito de parâmetro de solubilidade relacionando a energia interna das soluções e solutos foi proposto pela primeira vez por Hildebrand em 1916, e formalizado por Hildebrand & Scott em 1950.

A pressão interna é a energia requerida para vaporizar 1 cm^3 de uma substância. Hildebrand propôs que moléculas com pressões internas similares se atrairiam e interagiriam entre si.

A Densidade de Energia Coesiva (CED) descreve esta pressão interna e pode ser calculada a partir de algumas propriedades físicas. A Teoria da Solubilidade prediz que a dissolução de um soluto ocorrerá em um solvente ou um sistema de solventes com valores similares de CED.

A primeira lei da termodinâmica para um sistema que sofre uma mudança de estado é

$$U_2 - U_1 = \Delta U = {_1}Q_2 - {_1}W_2 \tag{1}$$

onde U_1 e U_2 são os valores inicial e final da energia total U do sistema, ${_1}Q_2$ é o calor transferido para o sistema durante a mudança do estado 1 para o estado 2 e ${_1}W_2$ é o trabalho feito pelo sistema durante a mudança de estado. A equação 1 pode ser escrita na forma diferencial como segue:

$$dU = \delta Q - \delta W \tag{2}$$

A propriedade U representa *toda* a energia do sistema em um dado estado. Esta energia pode estar presente de diversas formas, como energia cinética ou energia potencial do sistema como um todo em relação aos eixos de coordenadas escolhidos.

Essa energia está associada com:

- o movimento e posição das moléculas;
- com a configuração eletrônica do átomo.

Como exemplos, podem ser citadas a:

- energia química — como a estocada em baterias;
- energia presente em um condensador carregado; etc.

É conveniente separar a energia cinética (KE) e a energia potencial (PE) do sistema como um todo e, então, considerar toda a energia remanescente do sistema em uma propriedade única chamada de energia interna (E),

$$E + KE + PE = U \tag{3}$$

Assim, a primeira lei para a mudança de estado de um sistema pode ser escrita como:

$$dE + d(KE) + d(PE) = \delta Q - \delta W \tag{4}$$

Assumindo que não haja mudanças na energia cinética ou na energia potencial do sistema como um todo e que o trabalho feito pelo sistema durante o processo é somente o trabalho de expansão contra o meio, tem-se que

$$dE = \delta Q - PdV \tag{5}$$

onde $PdV = \delta W$.

Outra propriedade importante a ser definida é a entropia, designada por S. A entropia é definida como a propriedade de uma substância de acordo com a relação

$$dS = \left(\frac{\delta Q}{T}\right)_{rev} \tag{6}$$

Então,

$$\delta Q = TdS \tag{7}$$

para um processo reversível. Isso conduz a uma importante relação termodinâmica para uma substância simples compressível,

$$dE = TdS - PdV \tag{8}$$

Diferenciando a equação 8 com relação ao V, em T constante, tem-se

$$\left(\frac{\partial E}{\partial V}\right)_T = T\left(\frac{\partial S}{\partial V}\right)_T - P\left(\frac{\partial V}{\partial V}\right)_T \tag{9}$$

e usando a relação de Maxwell,

$$\left(\frac{\partial S}{\partial V}\right)_T = \left(\frac{\partial P}{\partial T}\right)_V \qquad (10)$$

obtém-se a "equação de estado termodinâmica" expressa por

$$\left(\frac{\partial E}{\partial V}\right)_T = T\left(\frac{\partial P}{\partial T}\right)_V - P \qquad (11)$$

Os termos individuais da equação 11 podem ser definidos como

$$\begin{aligned}\left(\frac{\partial E}{\partial V}\right)_T &= \text{Pressão interna} \\ T\left(\frac{\partial P}{\partial T}\right)_V &= \text{Pressão térmica} \\ -P &= \text{Pressão externa}\end{aligned} \qquad (12)$$

A equação 11 representa a base da densidade de energia coesiva (CED) desenvolvida por Hildebrand & Scott. A seguir, este trabalho será discutido brevemente.

Em geral, uma relação funcional entre quaisquer das três propriedades de um sistema, considerando-se um sistema de um componente, poderia ser chamada de equação de estado. Entretanto, por uso comum, a expressão da equação de estado geralmente refere-se ao relacionamento entre a pressão, a temperatura e o volume específico.

Três classificações gerais para as equações de estado podem ser identificadas: generalizada, empírica e teórica. A equação de estado generalizada, conhecida como equação de Van der Waals, é a mais antiga e da qual se tem maior conhecimento. Essa equação foi apresentada em 1873 como um aprimoramento semiteórico da equação do gás ideal e sua representação é dada por

$$P + \frac{a}{V^2} = \frac{RT}{V-b} \qquad (13)$$

onde a e b são chamados de parâmetros de atração e repulsão, respectivamente, e geralmente é assumido que sejam constantes para uma determinada substância.

Diferenciando a equação de Van der Waals com relação à T, em V constante, tem-se

$$\left(\frac{\partial P}{\partial T}\right)_V = \frac{R}{V-b} \qquad (14)$$

Substituindo o resultado da equação 14 na equação 13 e comparando com a

$$\left(\frac{\partial E}{\partial V}\right)_T = \frac{a}{V^2} \qquad (15)$$

Scott reformulou a equação 15, considerando que para uma pequena média de volumes, E poderia ser representado na forma funcional,

$$E = -\frac{a}{V^n} \qquad (16)$$

Então, pela diferenciação da equação 16 com relação ao volume, em temperatura constante, $(\partial E/\partial V)_T$ pode ser expressa como

$$\left(\frac{\partial E}{\partial V}\right)_T = \frac{na}{V^{n+1}} = -\frac{nE}{V} \qquad (17)$$

Além disso, Scott considerou que, para a maioria dos propósitos práticos, a energia coesiva por mol, E, pode ser substituída por $-\Delta E$, permitindo reescrever a equação 17 como

$$\left(\frac{\partial E}{\partial V}\right)_T = \frac{n\Delta E}{V} \qquad (18)$$

Assim, os parâmetros $(\Delta E/V)$ e $(\partial E/\partial V)_T$, referidos por Hildebrand como sendo a densidade de energia coesiva e a pressão interna, respectivamente, estão relacionados pela quantidade n. Pode ser mostrado que para um líquido obedecer à equação de estado de Van der Waals (13), $n = 1$, a densidade de energia coesiva é igual à pressão interna.

Além disso, Hildebrand e co-autores acharam que para líquidos apolares/não-associados, nos quais as interações intermoleculares sejam fracas, o valor de n, na verdade, não está longe da unidade. Entretanto, para líquidos polares/associados ou líquidos que não estejam muito expandidos em relação à sua estrutura de empacotamento e onde as forças repulsivas desempenham uma função importante (tais como o mercúrio, à temperatura ambiente), a pressão interna não é equivalente à densidade de energia coesiva.

A Tabela 6.1 mostra a comparação entre a densidade de energia coesiva e a pressão interna para sólidos e líquidos, avaliados por Hildebrand & Scott.

Tabela 6.1. Valores de *n* para líquidos puros orgânicos e inorgânicos

Líquido	μ (D) momento de dipolo	$V^2\left(\dfrac{E}{V}\right)_T$ (kcal L)	$V\Delta E^V$ (kcal L)	n
n-Heptano	0,0	13,14	12,01	1,09
Tetracloreto de silício	0,0	8,23	7,56	1,09
Tetracloreto de carbono	0,0	7,56	7,04	1,07
Benzeno	0,0	7,07	6,70	1,05
Tetrabrometo de silício	0,0	12,90	12,40	1,04
Cloreto estânico	0,0	10,95	10,55	1,04
Tetracloreto de titânio	0,0	10,15	9,98	1,02
Clorofórmio	1,1	5,76	5,67	1,02
Éter etílico	1,3	6,58	6,49	1,01
Acetona	2,9	4,33	4,86	0,89
Dissulfeto de carbono	0,0	3,27	3,67	0,89
Metanol	1,7	1,16	3,46	0,34
Mercúrio	-	0,69	2,11	0,33

Desde o trabalho de Hildebrand, outros estudos foram realizados avaliando a pressão interna e a densidade de energia coesiva para um grupo de solventes. Uma tabela expandida de $(\partial E/\partial V)_T$ e $(\Delta E/V)$, com os correspondentes valores de n, é dada pela Tabela 6.2.

Os dados adicionais mostrados na Tabela 2 demonstram que *n* está próximo à unidade para líquidos apolares e também para líquidos polares, nos quais o momento de dipolo é menor que 2D e onde interações específicas (particularmente ligações de hidrogênio) estejam ausentes. Além disso, enquanto nenhuma avaliação direta do valor *n* seja encontrada na literatura, uma comparação entre os valores das Tabelas 1 e 2 sugere que o valor de *n* para o CO_2 esteja muito próximo da unidade, e como resultado, a pressão interna e a densidade de energia coesiva são aproximadamente iguais. No restante deste trabalho, será assumida a equivalência da pressão interna e da densidade de energia coesiva, ao menos para o CO_2.

Entretanto, na presença de forte auto-associação (primeiramente ligações de hidrogênio), *n* é significativamente menor que a unidade. A discordância entre a pressão interna e a densidade de energia coesiva na presença de fortes interações específicas pode ser entendida, se forem examinados os significados físicos de $(\Delta E/V)$ e $(\partial E/\partial V)_T$.

6. Parâmetro de solubilidade

Tabela 6.2. Valores relatados de pressão interna, densidade de energia coesiva e n para líquidos puros (classificação decrescente dos valores de n)

Solvente	$\left(\dfrac{E}{V}\right)_T$ (J/cm³)	$\left(\dfrac{DE}{V}\right)$ (J/cm³)	µ (D) momento de dipolo	n
1,4-dioxano	493,7	396,2	0,45	1,2
Ciclo-hexano	321,8	282,3	0	1,14
Metil-ciclo-hexano	296,7	260,2	0	1,14
Benzeno	368,2	350,6	0	1,1
Tetracloreto de carbono	338,9	307,9	0	1,1
Octano	266,1	242,3	0	1,1
Nonano	276,1	249,0	0	1,1
Decano	280,3	253,1	0	1,1
Dissulfeto de carbono	445,8	420,6	0	1,06
Hexano	238,9	225,1	0	1,06
Pentano	220,5	210,0	0	1,05
Tolueno	354,8	337,2	0,36	1,05
Éter dietílico	263,6	250,6	1,2	1,05
O-xileno	356,1	341,8	0,50	1,04
Acetato de etila	355,6	341,8	1,88	1,04
Triclorometano	269,5	361,9	1,1	1,02
Acetato de metila	372,4	374,0	1,61	0,99
Diclorometano	407,9	414,2	1,9	0,98
Etil-metilcetona	341,8	382,8	2,76	0,89
Acetona	330,5	394,6	2,88	0,84
Dimetilformamida	479,5	582,4	3,82	0,82
Dimetilsulfóxido	520,9	705,4	4,49	0,74
Álcool t-butílico	338,9	473,8	1,67	0,72
Carbonato de propileno	543,5	762,7	4,94	0,71
Acetonitrila	394,6	582,4	3,84	0,68
Butanol	300,0	485,4	1,66	0,62
Etilenoglicol	502,1	892,0	2,31	0,56
Propanol	287,9	606,7	1,68	0,47
Etanol	292,9	674,9	1,68	0,43
Formamida	554,4	1574,9	3,37	0,35
Metanol	293,0	860,1	1,66	0,34
Água	150,6	2302,0	1,84	0,07

A densidade de energia coesiva é uma medida da coesão molecular total, ou a soma total das interações por unidade de volume quando todas as ligações intermoleculares associadas com aquele volume forem quebradas (isto é, vaporizadas para um gás ideal).

A pressão interna, por outro lado, é uma medida da mudança na energia interna de 1 mole de solvente quando este sofre uma pequena expansão isotérmica. Esta pequena expansão não necessariamente rompe todas as interações intermoleculares em 1 mole do solvente. As maiores contribuições para a pressão interna virão conseqüentemente destas interações, as quais variam mais rapidamente com a proximidade da separação molecular de equilíbrio do solvente.

Todas as interações de dispersão, repulsão e dipolo-dipolo variam rapidamente com a separação intermolecular e, então, pode-se esperar que a pressão interna reflita principalmente nestas interações. Isto ocorre, pois como indicado nas Figuras 6.1 e 6.2, os valores de pressão interna se aproximam dos valores de densidade de energia coesiva para solventes apolares e para líquidos, nos quais o momento de dipolo é menor que 2D, onde existem somente interações de dispersão, repulsão e polares fracas (isto é, nenhuma interação específica). Ou seja, a pequena expansão do volume associada com a pressão interna rompe as interações de dispersão, repulsão e as polares fracas tão efetivamente quanto na vaporização completa.

6.2. Modelos empíricos de parâmetros de solubilidade

A seguir é apresentado um esquema da evolução dos modelos de determinação dos parâmetros de solubilidade.

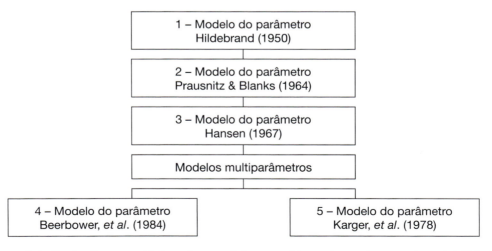

Figura 6.1. Evolução cronológica dos modelos empíricos do parâmetro de solubilidade.

6.2.1. Modelo do parâmetro – Hildebrand

O parâmetro de solubilidade de Hildebrand está baseado na força total de Van der Waals que é refletido em um valor de solubilidade. Este parâmetro é representado por um valor numérico que indica o comportamento da solvência de uma substância específica, através da correlação entre vaporização, solubilidade e forças de Van der Waals.

O critério termodinâmico de solubilidade está baseado na energia livre de Gibbs de mistura, $\Delta_m G$. Duas substâncias são mutuamente solúveis, se $\Delta_m G$ for negativa. Por definição,

$$\Delta G = \Delta_m H - T\Delta_m S \qquad (19)$$

onde $\Delta_m H$ e $\Delta_m S$ são a entalpia e entropia de mistura, respectivamente, e T é a temperatura.

Quando a mudança da entropia de mistura de um processo, $\Delta_m S$, é positiva, $\Delta_m H$ deve ser negativa para ter $\Delta_m G \leq 0$. Desta forma, a miscibilidade dos dois compostos depende da magnitude de $\Delta_m H$.

Em 1916, Hildebrand tentou correlacionar a solubilidade com as propriedades coesivas dos solventes. Em 1949, ele propôs a equação de Scatchard-Hildebrand para o cálculo da entalpia de mistura de dois líquidos.

$$\frac{\Delta_m H}{V} = \left[\left(\frac{E_1}{V_1}\right)^{1/2} - \left(\frac{E_2}{V_2}\right)^{1/2}\right]^2 \phi_1 \phi_2 \qquad (20)$$

onde: V é o volume molar total da mistura,
E_i é a energia potencial ou energia de atração das espécies 1 e 2, respectivamente,
V_1 e V_2 são os volumes molares das espécies 1 e 2, respectivamente,
ϕ_1 e ϕ_2 são a fração em volume das espécies 1 e 2, respectivamente.

A energia de atração, E, dividida pelo volume molar condensado, foi chamada, por Hildebrand de densidade de energia coesiva, equação 18, e é a base da definição original de Hildebrand & Scott, geralmente chamada de *Parâmetro de Solubilidade de Hildebrand*, δ.

Nesta definição, Hildebrand equacionou a energia de atração E, com a energia de vaporização isotérmica para um gás à pressão zero (isto é, separação infinita das moléculas), ΔE. Assim, o parâmetro de solubilidade de Hildebrand, definido como a raiz quadrada da densidade de energia coesiva, é expresso como

$$\delta = \left(\frac{\Delta E}{V}\right)^{1/2} \qquad (21)$$

A equação de Scatchard-Hildebrand pode ser reescrita como

$$\frac{\Delta_m H}{V} = \left[\delta_1 - \delta_2\right]^2 \phi_1 \phi_2 \tag{22}$$

Uma análise da equação 19 mostra que a solubilidade é maximizada quando $\Delta_m H$ é minimizado e, da equação 22, é visto que isto ocorre quando os parâmetros de solubilidade são iguais ou quando suas diferenças são pequenas.

Esse raciocínio está de acordo com a regra geral de que a similaridade química e estrutural favorece a solubilidade, ou "semelhante dissolve semelhante".

No desenvolvimento da aproximação do parâmetro de solubilidade de Hildebrand, a existência de interações polares e de interações específicas, tais como ligação de hidrogênio, foi explicitamente negligenciada, em outras palavras, foi assumido que $n = 1$.

Dessa forma, o parâmetro de Hildebrand é limitado a sistemas apolares ou fracamente polares, onde não se espera encontrar interações específicas, como em soluções regulares.

Hildebrand descreve o termo solução regular como "uma solução que não envolve mudança na entropia quando uma pequena quantidade de um de seus componentes é transferida para ela, proveniente de uma solução ideal de mesma composição, com o volume total permanecendo inalterado".

Também é necessário enfatizar que o parâmetro de Hildebrand é, fundamentalmente, uma propriedade de estado líquido. Quando se consideram gases, estes são tratados como solutos líquidos hipotéticos à pressão atmosférica, enquanto substâncias sólidas em temperaturas normais são tratadas como líquidos superfundidos.

6.2.2. Modelo do parâmetro – (Prausnitz & Blanks)

Uma limitação do trabalho inicial do parâmetro de solubilidade de Hildebrand é que a aproximação está limitada a soluções de componentes que se interagem fracamente, como definido por Hildebrand & Scott, e não leva em consideração a associação entre as moléculas, tais como em soluções em que as interações polares e ligações de hidrogênio certamente estão presentes.

O primeiro aprimoramento da aproximação do parâmetro de solubilidade foi feito para sistemas contendo compostos com dipolos permanentes. Van Arkel, Small, e Prausnitz e co-autores consideraram as interações polares pela divisão do parâmetro de solubilidade total em dois componentes, definindo um parâmetro de coesão apolar (δ_λ) e um parâmetro polar (δ_τ). A divisão da energia de vaporização de um composto polar nas partes polar e apolar conduz às seguintes definições,

Parâmetro de solubilidade apolar: $\delta_\lambda = \left(\dfrac{\Delta E_{(np)}}{V}\right)^{1/2}$ (23)

Parâmetro de solubilidade polar: $\delta_\tau = \left(\dfrac{\Delta E_{(p)}}{V}\right)^{1/2}$ (24)

onde $\Delta E_{(np)}$ e $\Delta E_{(p)}$ são contribuições apolares e polares para a energia de vaporização, e

$$\Delta E_{(total)} = \Delta E_{(np)} + \Delta E_{(p)} \quad (25)$$

A energia de vaporização de um composto polar foi, então, dividida em contribuições polares e apolares usando o método do homomorfismo de Brown. Este método postula que o homomorfo de uma molécula polar é uma molécula apolar tendo aproximadamnte o mesmo tamanho e forma da molécula polar. Este conceito é relativamente fácil de aplicar, pois a energia de vaporização da molécula apolar é simplesmente a diferença entre a energia de vaporização total determinada experimentalmente e a energia de vaporização da molécula homomórfica, na mesma temperatura reduzida. Blanks & Prausnitz publicaram um gráfico da energia de vaporização contra cadeias não-ramificadas de hidrocarbonetos. Da mesma forma, Weimer & Prausnitz construíram gráficos de pressão coesiva pelo volume molar em várias temperaturas reduzidas para alcanos, cicloalcanos e hidrocarbonetos aromáticos.

6.2.3. Modelo do parâmetro – (Hansen)

Em 1967, Hansen propôs uma extensão do modelo do parâmetro de Prausnitz & Blanks através da separação da contribuição polar da densidade de energia coesiva total em duas contribuições distintas: polar e ligação de hidrogênio. Assim, a base do Parâmetro de Solubilidade de Hansen (PSH) é uma suposição de que a energia total coesiva (E) é constituída pela adição das contribuições de interações apolares (dispersivas) (E_d), interações polares (dipolo-dipolo e dipolo-dipolo induzido) (E_p) e ligação de hidrogênio ou outras interações de associação específicas (incluindo interações ácido-base de Lewis) (E_h):

$$E = E_d + E_p + E_h \quad (26)$$

A divisão de cada contribuição pelos volumes molares fornece o quadrado do parâmetro de solubilidade total como a soma dos quadrados dos parâmetros de Hansen: dispersão (δ_d), polar (δ_p) e ligação de hidrogênio (δ_h).

$$\frac{E}{V} = \frac{E_d}{V} + \frac{E_p}{V} + \frac{E_h}{V} \tag{27}$$

Então,

$$\delta_T^2 = \delta_d^2 + \delta_p^2 + \delta_h^2 \tag{28}$$

onde

$$\delta_d^2 = \frac{E_d}{V}; \quad \delta_p^2 = \frac{E_p}{V}; \quad \delta_h^2 = \frac{E_h}{V} \tag{29}$$

O parâmetro de solubilidade total de Hansen, δ_T, deve ser igual ao parâmetro de solubilidade de Hildebrand, embora as duas quantidades possam diferir para materiais com interações específicas, quando essas interações forem determinadas por métodos diferentes.

O desenvolvimento da metodologia de PSH de Hansen está relacionado ao raciocínio de que materiais apresentando PSH similares apresentam alta afinidade entre si, e o grau de similaridade em uma dada situação determinará a extensão (favorável) da interação.

O mesmo raciocínio não pode ser feito para o parâmetro de solubilidade de Hildebrand. O metanol e o nitrometano, por exemplo, têm parâmetros de solubilidade similares (26,1 vs. 25,1 MPa$^{1/2}$), mas são completamente diferentes em termos de afinidade. O etanol é solúvel em água, mas o nitrometano, não. Hansen aplicou a aproximação de PSH, com sucesso, na previsão da solubilidade de polímeros que não poderiam ter sido previstos pelos parâmetros de Hildebrand.

Hansen conseguiu prever com êxito, através da adição de seus HSP's, que misturas de nitroparafinas e álcoois, os quais isolados não são solventes para um dado polímero, geram uma mistura sinérgica, a qual dissolverá o polímero, de acordo com o experimento.

Vários autores têm mostrado numerosos exemplos de que a aproximação do parâmetro de Hansen representa uma melhora significativa na descrição do comportamento da solubilidade de fluidos reais. Em relação aos estudos de solubilidade de polímeros (intumescimento), o PSH tem sido aplicado para materiais biológicos, propriedades de barreira de polímeros, tão bem quanto na caracterização de superfícies, pigmentos, cargas e fibras.

Além de possibilitar a caracterização de sólidos orgânicos e inorgânicos, líquidos e gases, o modelo do parâmetro de Hansen também permite a interpretação de situações envolvendo solubilidade mútua e compatibilidade de materiais.

O parâmetro de solubilidade δ_t de um material é o ponto tridimensional do espaço onde os vetores dos três parâmetros de solubilidade se encontram. A distância no espaço entre dois conjuntos de parâmetros de solventes e resinas, ou seja, a que distância eles se encontram, pode ser representada pelo seu raio de interação ^{ij}R.

$$^{ij}R = [4(^i\delta_d - {}^j\delta_d) + (^i\delta_p - {}^j\delta_p) + (^i\delta_h - {}^j\delta_h)]^{1/2} \quad (31)$$

Na equação 31, os termos i correspondem aos parâmetros da resina e os termos j aos parâmetros do solvente. Os valores do raio de interação para uma série de solventes e resinas podem ser facilmente calculados com a ajuda de um computador. Os parâmetros de solubilidade de um grande número de solventes e resinas encontram-se descritos na literatura.

Enquanto os parâmetros de solubilidade originais possuem dimensões de (cal/cm^3)$^{1/2}$ e foram designados como uma unidade de Hildebrand (H), o uso do Sistema Internacional de Unidades (SI) recomenda J$^{1/2}$ cm$^{3/2}$ ou Mpa$^{1/2}$ cm^3, onde:

$$1 \text{ cal/cm}^{3/2} = 2{,}05 \text{ J}^{1/2} \text{ cm}^{3/2} \text{ ou } 2{,}05 \text{ Mpa}^{1/2} \text{ cm}^3$$

A estrutura molecular determina a polaridade e as pontes de hidrogênio que podem ser formadas de um solvente ou de uma resina polimérica. A pequena associação ou interação entre as moléculas de hidrocarbonetos (ex. hexano) é refletida por um valor elevado do parâmetro de solubilidade para uma molécula.

Já o comportamento polar de uma molécula como acetona é devido ao dipolo parcial do grupo carbonila (C=O) presente na estrutura. Esta separação de carga parcial confere polaridade à molécula. Além disso, a acetona também apresentará alguma característica na formação de pontes de hidrogênio.

Os álcoois e os éteres de glicóis exibem forte interação de pontes de hidrogênio intermoleculares. O aumento do número de átomos de carbono presentes na cadeia leva a uma diminuição da característica de ponte de hidrogênio.

Resumindo, o hexano é um solvente somente com átomos de carbono e hidrogênio e apresenta 100% de característica não polar, portanto o valor da força de dispersão é elevado: δ_d = 14,9.

A acetona apresenta átomos de carbono, hidrogênio e um grupo carbonila que confere polaridade à estrutura apresenta os seguintes parâmetros:

- δ_d = 15,5;
- δ_p = 10,4;
- δ_h = 7,0.

O metanol apresenta átomos de carbono e hidrogênio, além de um grupo hidroxila (OH), que é responsável pela polaridade e pela formação de pontes de hidrogênio. Seus parâmetros de solubilidade são:

- δ_d = 15,1;
- δ_p = 12,3;
- δ_h = 22,3.

A porcentagem de cada valor de δ no parâmetro total de solubilidade para os três solventes discutidos acima, são apresentados na tabela abaixo:

Tabela 6.3. Porcentagem do parâmetro total de solubilidade

Solvente	Parâmetro de solubilidade		
	Não-polar (dispersão) (%)	Polar (%)	Ponte de hidrogênio (%)
Hexano	100	0	0
Acetona	47	32	21
Metanol	30	22	48

Desde que os parâmetros de solubilidade são conhecidos para um grande número de solventes, é possível se calcular os valores respectivos a uma mistura de solventes, de acordo com a equação abaixo:

$$\delta_{mistura} = \Phi_1\delta_1 + \Phi_2\delta_2 + \Phi_3\delta_3 + \ldots \tag{32}$$

Φ_i = fração volumétrica de cada solvente presente na mistura.

Os valores dos parâmetros dispersão, polar e ligação de hidrogênio para a mistura de solventes são calculados em três equações separadas utilizando-se os respectivos parâmetros de solubilidade de cada solvente.

Misturas de dois ou três solventes com diferentes parâmetros de solubilidade podem render uma mistura com valores intermediários que podem ser ideais para uma resina. Por exemplo, dois não solventes para uma resina, quando tratados individualmente, podem resultar em uma mistura que dissolve a resina.

A medida do grau de semelhança dos parâmetros de solubilidade de um solvente e de uma resina é fornecida pelo raio de interação da equação 31, sendo que os termos i correspondem aos parâmetros da resina e os termos j aos do solvente.

$$^{ij}R = [4(^i\delta_d - {}^j\delta_d) + (^i\delta_p - {}^j\delta_p) + (^i\delta_h - {}^j\delta_h)]^{1/2} \tag{31}$$

Esta equação mede a distância no espaço tridimensional entre os parâmetros de solubilidade do solvente e da resina. O parâmetro total de solubilidade δ_t é um ponto no espaço onde os três vetores, respectivos a cada parâmetro de solubilidade, se encontram.

Se o raio de interação (^{ij}R) da combinação do solvente e da resina for menor que o raio da esfera de solubilidade da resina, então o solvente provavelmente dissolverá a resina, e o ponto de solubilidade do solvente se encontrará dentro da esfera da resina, como mostrado na figura abaixo. Por outro lado, um solvente, que apresente um ponto de solubilidade fora da esfera da resina, será um não solvente para ela.

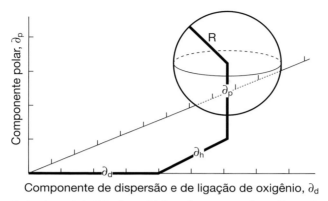

Figura 6.2. Superfície de solubilidade esférica de uma resina. O parâmetro de solubilidade total (δ_t) do solvente é um ponto no espaço tridimensional, onde os três vetores respectivos a cada parâmetro de solubilidade se encontram.

Cada eixo representado na figura corresponde a um parâmetro de solubilidade: dispersão (δ_p), polaridade (δ_p) e ligação de hidrogênio (δ_h).

Segue um exemplo que demonstra a utilidade do método de Hansen. Nem xileno e nem metanol são bons solventes para uma resina Epóxi NOVOLAC 438 DEN. Todavia, cálculos demonstram que uma mistura de xileno e metanol na proporção 50:50 (por volume) deveria solubilizá-la. Seguem abaixo os cálculos que demonstram a determinação dos parâmetros de solubilidade da mistura xileno/metanol:

$$^j\delta_d = 0{,}5(17{,}6) + 0{,}5(15{,}1) = 16{,}35$$
$$^j\delta_p = 0{,}5(1{,}0) + 0{,}5(12{,}3) = 6{,}65$$
$$^j\delta_h = 0{,}5(3{,}1) + 0{,}5(22{,}3) = 12{,}7$$

As coordenadas do ponto central e o raio de solubilidade determinados para a resina epóxi são:

$$^i\delta_d = 20{,}3$$
$$^i\delta_p = 15{,}4$$
$$^i\delta_h = 5{,}3$$

raio da esfera = 15,1.

Substituir os valores dos parâmetros de solubilidade da resina e da mistura de solventes na equação 31 resulta em um valor de ^{ij}R de 13,9. Desde que essa distância calculada entre as coordenadas do ponto central da resina e da mistura de solventes seja menor que o raio da esfera da resina, que possui um valor de 15,1, a mistura de solventes deveria dissolver a resina epóxi, pois o parâmetro de solubilidade total estaria dentro da esfera de solubilidade da resina.

Quando se realizaram testes de laboratório, houve a confirmação de que uma mistura xileno/metanol foi um bom solvente para a resina epóxi.

6.2.4. Modelos multi-parâmetros

Outras aproximações do parâmetro de solubilidade com multicomponentes foram desenvolvidas. Beerbower, Martin e Wu desenvolveram uma aproximação de quatro componentes e uma aproximação de cinco componentes tem sido utilizada por uma série de pesquisadores. Na aproximação de cinco parâmetros, o parâmetro de solubilidade total consiste em separar termos pelas interações dispersivas (dipolo induzido-dipolo induzido) (δ_d), interações de orientação (dipolo-dipolo) (δ_o), interações de indução (dipolo-dipolo induzido) (δ_i), interações de ácido (δ_a) e base (δ_b) de Lewis. O parâmetro de solubilidade total de Hildebrand está relacionado a estes componentes do parâmetro por

$$\delta^2 = \delta_d^2 + \delta_o^2 + 2\delta_i\,\delta_d + 2\delta_a\delta_b \tag{33}$$

Na aproximação de quatro componentes, a interação de indução é ignorada, baseada no fato de que sua inclusão não melhora significativamente as provisões de solubilidade, então, a equação 30 é reduzida a

$$\delta^2 = \delta_d^2 + \delta_o^2 + 2\delta_a\delta_b \tag{34}$$

Identificando δ_o com δ_p e δ_h^2 com $2\delta_a\delta_b$, o modelo do parâmetro de quatro componentes é reduzido ao modelo do parâmetro de Hansen.

A Tabela 6.4 fornece uma comparação dos valores dos parâmetros obtidos pelos vários modelos.

Como é possível observar na Tabela 6.4, os modelos de três, quatro e cinco componentes geralmente resultam em valores similares para o parâmetro de solubilidade total.

Entretanto, de todos os modelos de parâmetro de solubilidade, o mais amplamente utilizado é o modelo de três componentes proposto por Hansen. Como resultado, há um grande número de dados de PHS tabelados, ambos medidos e calculados, para um grande número de compostos.

A aproximação de quatro componentes pode se tornar um aprimoramento aceitável do modelo de três componentes, uma vez que leva em conta a natureza assimétrica das interações ácido-base de Lewis. A aproximação de cinco componentes, que foi desenvolvida pela otimização da cromatografia líquida, mostrou ser inapropriada para a difusão do seu uso.

6. Parâmetro de solubilidade 143

Tabela 6.4. Valores do parâmetro de solubilidade — modelos empíricos

Composto	1 componente (Hildebrand)	Dois componentes	Três componentes (Hansen)	Quatro componentes	Cinco componentes
Clorofórmio, CHCl$_3$	δ = 19,0	δ$_\lambda$ = 14,9 δ$_\tau$ = 10,0 δ$_T$ = 17,9	δ$_d$ = 17,8 δ$_p$ = 3,1 δ$_h$ = 5,7 δ$_T$ = 18,9	δ$_d$ = 17,8 δ$_o$ = 3,1 δ$_a$ = 6,1 δ$_b$ = 2,7 δ$_T$ = 18,9	δ$_d$ = 16,6 δ$_o$ = 6,1 δ$_i$ = 1,0 δ$_a$ = 13,3 δ$_b$ = 1,0 δ$_T$ = 19,3
Clorobenzeno, C$_6$H$_5$Cl	δ = 19,4	δ$_\lambda$ = 18,9 δ$_\tau$ = 6,0 δ$_T$ = 19,8	δ$_d$ = 19,0 δ$_p$ = 4,3 δ$_h$ = 2,0 δ$_T$ = 19,6	δ$_d$ = 19,0 δ$_o$ = 4,3 δ$_a$ = 2,0 δ$_b$ = 1,0 δ$_T$ = 19,6	δ$_d$ = 18,8 δ$_o$ = 3,9 δ$_i$ = 0,6 δ$_a$ = - δ$_b$ = 2,1 δ$_T$ = 19,9
Dimetilformamida, C$_3$H$_7$NO	δ = 24,8	δ$_\lambda$ = 17,0 δ$_\tau$ = 16,5 δ$_T$ = 23,7	δ$_d$ = 17,4 δ$_p$ = 13,7 δ$_h$ = 11,3 δ$_T$ = 24,9	δ$_d$ = 17,4 δ$_o$ = 13,7 δ$_a$ = 7,0 δ$_b$ = 9,0 δ$_T$ = 24,8	δ$_d$ = 16,2 δ$_o$ = 12,7 δ$_i$ = 4,9 δ$_a$ = - δ$_b$ = 9,4 δ$_T$ = 24,1
Dimetilsulfóxido, C$_2$H$_6$OS	δ = 24,5	δ$_\lambda$ = 17,5 δ$_\tau$ = 19,4 δ$_T$ = 26,1	δ$_d$ = 18,4 δ$_p$ = 16,4 δ$_h$ = 10,2 δ$_T$ = 26,7	δ$_d$ = 18,4 δ$_o$ = 16,4 δ$_a$ = 4,5 δ$_b$ = 11,7 δ$_T$ = 26,7	δ$_d$ = 17,2 δ$_o$ = 12,5 δ$_i$ = 4,3 δ$_a$ = - δ$_b$ = 10,6 δ$_T$ = 24,9
Acetona, C$_3$H$_6$O	δ = 20,2	δ$_\lambda$ = 15,7 δ$_\tau$ = 12,6 δ$_T$ = 20,1	δ$_d$ = 15,5 δ$_p$ = 10,4 δ$_h$ = 7,0 δ$_T$ = 20,0	δ$_d$ = 15,5 δ$_o$ = 10,4 δ$_a$ = 4,9 δ$_b$ = 4,9 δ$_T$ = 20,0	δ$_d$ = 13,9 δ$_o$ = 10,4 δ$_i$ = 3,1 δ$_a$ = - δ$_b$ = 6,1 δ$_T$ = 19,6
1,4-Dioxano, C$_4$H$_8$O$_2$	δ = 20,5	δ$_\lambda$ = 17,5 δ$_\tau$ = 9,5 δ$_T$ = 19,9	δ$_d$ = 19,0 δ$_p$ = 1,8 δ$_h$ = 7,4 δ$_T$ = 20,5	δ$_d$ = 19,0 δ$_o$ = 1,8 δ$_a$ = 2,1 δ$_b$ = 13,3 δ$_T$ = 20,5	δ$_d$ = 16,0 δ$_o$ = 10,6 δ$_i$ = 2,0 δ$_a$ = - δ$_b$ = 9,4 δ$_T$ = 20,7

Tabela 6.5. Parâmetros de solubilidade

Solventes	Parâmetro de solubilidade $(J/cm^3)^{1/2}$		
	δD	δP	δH
Álcoois			
Metanol	15,1	12,3	22,3
Etanol	15,7	8,8	19,4
n-Propanol	15,9	6,7	17,4
Isopropanol	15,7	6,1	16,4
n-Butanol	15,9	5,7	15,7
Sec-butanol	15,8	5,7	14,5
Isobutanol	15,1	5,7	15,9
Metilisobutilcarbinol	13	7,5	10,4
Ciclo-hexanol	17,4	4,1	13,5
Álcool benzílico	18,4	6,3	13,7
1-pentanol	16	4,5	13,9
t-butanol	15,2	5,7	15,2
Cetonas			
Acetona	15,5	10,4	7
Metietilcetona	15,9	9	5,1
Metilisobutilcetona	15,3	6,1	4,1
Diisobutilcetona	15,9	3,7	4,1
Diacetona álcool	15,7	8,2	10,8
Oxido de mesitila	16,4	6,1	6,1
Isoforona	16,6	8,2	7,4
Cciclo-hexanona	17,8	6,3	5,1
Metil-n-amil-cetona	15,1	7,5	7,1
Metil-n-propilcetona	14,5	8,7	6,9
Acetofenona	19,6	8,6	3,7
Dietilcetona	15,8	7,6	4,7
Isobutil-heptilcetona	14,8	5,9	3,7
Metilisoamilcetona	15,9	5,7	4,1

Tabela 6.5. (continuação)

Solventes	Parâmetro de solubilidade $(J/cm^3)^{1/2}$		
	δD	δP	δH
Ésteres			
Acetato de etila	15,7	5,3	7,2
Acetato de n-butila	15,7	3,7	6,3
Acetato de n-propila	15,7	4,3	6,7
Acetato de isopropila	15,3	3,1	7
Acetato de isobutila	15,1	3,7	6,3
Acetato de pentila	15,3	3,3	6,9
Acetato de metila	15,5	7,2	7,6
Acetato de t-butila	15,7	3,7	12,8
Acetato de 2-etilhexila	14,7	6,3	5,3
Acetato de ciclo-hexila	16,8	9,8	8,2
Acetato de E.M.M.P.G. (1)	14,9	4,7	6,1
Acetato de butilglicol	14	8,2	8,6
Acetato de etilglicol	15,9	4,7	10,6
Acetato de butildiglicol	14	8,2	8,6
Acetato de etildiglicol	14,3	9	9,4
Lactato de etila	15,9	7,5	12,4
Glicóis			
Dietilenoglicol	16,2	14,7	20,4
Propilenoglicol	11,8	13,3	24,9
Monoetilenoglicol	17	11	26
Trietilenoglicol	16	12,5	18,6
Dipropilenoglicol	12,2	10,2	17,3
Hexilenoglicol	15,7	8,4	17,8

Tabela 6.5. (continuação)

Solventes	Parâmetro de solubilidade $(J/cm^3)^{1/2}$		
	δD	δP	δH
Halogenados			
Tricloroetileno	18,0	3,1	5,3
Cloreto de metileno	18,2	6,3	6,1
1,1,1-Tricloroetano	17,0	4,3	2,0
Percloroetileno	19	0	0
Hidrocarboneto aromático			
Tolueno	18	1,4	2
Xileno	17,8	1	3,1
o-Xileno	17,8	1	3,1
p-Xileno	17,6	1	3,1
Etil benzeno	17,8	0,6	1,4
1,3,5-Trimetilbenzeno	18	0	0,6
Hidrocarboneto alifático e ciclo-alifático			
Pentano	14,6	0	0
Hexano	14,9	0	0
Heptano	15,3	0	0
Ciclo-hexano	16,8	0	0,2
Éteres de glicol			
Butilglicol	15,9	5,1	12,3
Etilglicol	16,2	9,2	14,3
Metilglicol	16,2	9,2	16,4
Butildiglicol	15,9	7	10,6
Etildiglicol	16,2	9,2	12,3
Metildiglicol	16,2	7,8	12,7
Isobutilglicol	15,5	6,1	16,7
E.M.M.P.G.(2)	15,3	7,9	13,9
E.M.M.D.P.G.(3)	15,9	7,8	11,2
E.M.M.T.P.G.(4)	15,9	7,5	9,2

(1) Acetato do éter monometílico do monopropilenoglicol
(2) Éter monometílico do monopropilenoglicol
(3) Éter monometílico do dipropilenoglicol
(4) Éter monometílico do tripropilenoglicol

Referências bibliográficas

Archer, W. L. Industrial solvents handbook, New York: Marcel Dekker, 1996.

Gharagheizi, F., Angaji, M. T. A New improved method for estimating Hansen solubility parameters of polymers, Jounarl of Macromolecular Science, parte B, Vol. 45, 285-290, 2006.

Lindving, T., Michelsen, M. L., Kontogeorgis, G. M. A Flory-Huggins model based on the Hansen solubility parameters. Elsevier - Fluid Phase Equilibria, 247-260, 2002.

Rogosié, M., Gusié, I., Pintaric, B., Mencer, H. J. The ellipsoidal model of the solubility volume. Elsevier - Journal of molecular liquids, 135-150, 2003.

Hansen, C. M. Aspects os solubility, surfaces and difusion in polymers. Elsevier - Progress in Organic Coating, 55-66, 2004.

Lindving, T., Economou, I. G., Danner, R. P., Michelsen, M. L., Kontogeorgis, G. M., Modeling of multicomponent vapor-liquid equilibria for polymer-solvent systems. Elsevier - Fluid Phase Equilibria, 11-20, 2004.

scrub.lanl.gov/pdf/williams/04_chapter_04.pdf

7 Principais critérios de escolha de um solvente

Este capítulo aborda os principais critérios utilizados para a escolha do solvente ou sistema solvente — Poder solvente, Velocidade de Evaporação e Segurança, Saúde e Meio Ambiente.

Denílson José Vincentim
Sérgio Martins

As resinas têm o papel mais importante no desempenho do sistema, porém a má seleção dos solventes pode comprometê-la significativamente. Pode-se dizer que os solventes respondem, por grande parte das propriedades de aplicabilidade das tintas, estando relacionados com nivelamento, escorrimento, grau de reticulação e até mesmo a dureza de um filme.

7.1. Poder solvente

Na solubilização de qualquer substrato duas informações são essenciais:

- Poder solvente consiste na avaliação da eficácia do solvente perante o soluto. O formulador deve ter a possibilidade de comparar qualitativamente vários solventes;
- Avaliação para saber se existe um solvente verdadeiro desta substância ou se é necessária uma mistura de solventes para dissolvê-la.

Havendo necessidade do uso de misturas de dois, três ou vários solventes e diluentes, o problema se complica. Ensaios por meio de tentativas sucessivas podem ser efetuados, mas são sinônimos de perda de tempo e não garantem a otimização dos resultados obtidos.

Há, no entanto, um método racional que nos permite conhecer previamente os solventes capazes de ser utilizados em uma dada formulação. Este método, que apresentou progressos consideráveis, principalmente graças às pesquisas de Charles M. Hansen, se baseia nos parâmetros de solubilidade do conjunto polímero/solvente.

Esta metodologia foi discutida em detalhes no Capítulo 6 — Parâmetro de solubilidade.

Após uma seleção pelo método dos parâmetros de solubilidade, convém escolher o solvente (ou a mistura) mais apropriado para a aplicação desejada através da viscosidade das soluções.

A avaliação relativa do poder solvente torna-se necessária e o estudo da viscosidade das soluções é o método normalmente utilizado por ser o mais satisfatório, trazendo os resultados mais representativos.

Existem outros métodos de determinação do poder solvente, são eles:

- Taxa de diluição;
- Índice kauributanol;
- Ponto de anilina.

As definições e os principais métodos de avaliação da medida da viscosidade das soluções bem como as duas variantes da metodologia de medida da viscosidade serão apresentados a seguir.

Admite-se que o poder solvente é tanto maior quanto menor for a viscosidade de uma solução de extrato seco constante.

A teoria dos parâmetros de solubilidade mostra que uma solução de resina num solvente é tanto mais estável, termodinamicamente, quanto menor a distância do ponto representativo do solvente ao centro da esfera de solubilidade da resina.

Em resumo, um solvente de baixa viscosidade, mas afastado do centro da esfera, pode dar, no momento da preparação, uma solução muito fluida que, em alguns casos, corre o risco de se transformar com o tempo num gel do tipo termorreversíveis.

A noção do poder solvente, baseada nas medidas de viscosidade, é então muito útil, mas deve ser completada pela observação da evolução dessa viscosidade no tempo.

Neste caso, o poder solvente de um líquido é tanto maior quanto maior for, numa dada viscosidade, a quantidade de resina posta em solução.

Segue abaixo as propriedades que caracterizam a escolha de um bom solvente.

- Poder de solvência;
- Taxa de evaporação;
- Ponto de fulgor;
- Estabilidade química;
- Tensão superficial;
- Cor;
- Odor;
- Toxicidade;
- Biodegradabilidade;
- Avaliação custo×benefício.

7.1.1. Viscosidade

7.1.1.1. Viscosidade dinâmica

A viscosidade de um fluido, em geral, traduz a resistência das moléculas ao se deslocarem umas em relação às outras. Tudo se passa como se o líquido fosse constituído de camadas superpostas de moléculas

Ao aplicar certa força τ, chamada *tensão de cisalhamento*, tangencialmente ao sentido de deslocamento, esta pressão provocará uma perturbação que se propagará de camada em camada, atenuando-se à medida que a distância aumenta. Há um arraste de camadas sucessivas por atrito intermolecular.

O deslocamento se efetua a uma velocidade V, variável em função da distância.

À distância $x + dx$, as moléculas se deslocam a uma velocidade $V + dV$.

A relação diferencial $D = dx/dV$ é chamada gradiente de velocidade.

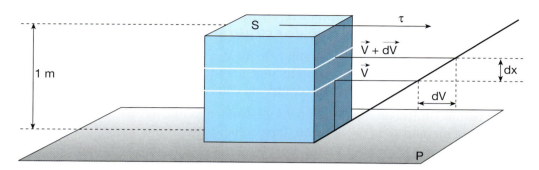

Figura 7.1. Viscosidade dinâmica.

Quando a tensão de cisalhamento τ aumenta proporcionalmente ao gradiente de velocidade D, o fluido é chamado *newtoniano*.

$$\tau = \eta D$$

O fator de proporcionalidade η é a viscosidade dinâmica que se exprime em pascal-segundo (Pa.s) no sistema internacional de unidade (S.I.).

Nesta relação:

τ = Força (F), em newton, aplicada à unidade de superfície (S) em metro quadrado.

$$\tau = \frac{F}{S}$$

D = Relação de uma velocidade (V) num comprimento (L), em metro.

V = Distância (L), em metro, percorrida por unidade de tempo (s), em segundo.

Onde:

$$\eta = \frac{\tau}{D} \therefore \eta = \frac{F}{S} \times \frac{L}{V} = \frac{F}{S} \times \frac{Ls}{L} = \frac{F}{S} \cdot s$$

A relação F/S é considerada como assimilável a uma pressão e se exprime em pascal, ainda que, rigorosamente, as forças sejam aplicadas tangencialmente e não perpendicularmente à unidade de superfície.

Assim, a definição da viscosidade dinâmica fica: "O pascal-segundo é a viscosidade dinâmica de um fluido, no qual o movimento retilíneo e uniforme, em seu plano, de uma superfície plana, sólida, indefinida, dá lugar por metro quadrado de superfície em contato com o fluido em escoamento relativo, tornado permanente, a força retardadora de 1 newton (N), quando o gradiente de velocidade do fluido, à superfície do sólido e por metro de distância normal, na já citada superfície, é de 1 metro por segundo (m/s)".

Relação entre o pascal-segundo e o poise. Na relação η = F/S · s, se a força é em dina e a superfície em centímetro quadrado (cm²), a viscosidade é expressa em poise (P).

$$1 \text{ Pa} \cdot \text{s} = 10 \text{ P}$$
$$1 \text{ mPa} \cdot \text{s} = 1 \text{ Cp}$$

7.1.1.2. Viscosidade cinemática

Nos dispositivos de medida nos quais intervém a gravidade, a viscosidade dinâmica não é diretamente acessível.

Utiliza-se, neste caso, a viscosidade cinemática v expressa em metro quadrado por segundo (m²/s) no sistema internacional (S.I.), ou em stoke (St) e em centistoke (cSt) no sistema CGS.

$$1 \text{ m}^2/\text{s} = 10.000 \text{ St}$$
$$1 \text{ mm}^2/\text{s} = 1 \text{ cSt}$$

A relação entre as viscosidades dinâmica e cinemática é dada pela seguinte fórmula:

$$v = \frac{\eta}{\rho}$$

Na qual:
ρ, é a massa volumétrica do fluido à temperatura da medida;
υ, a viscosidade cinemática; e
η, a viscosidade dinâmica

Sem entrar em detalhes, pode-se dizer, então, que o metro quadrado por segundo (m²/s) é a viscosidade cinemática de um fluido, cuja viscosidade dinâmica é 1 pascal-segundo (Pa · s) e cuja massa volumétrica é de 1 quilograma por metro cúbico (kg/m³).

Os sistemas podem comportar-se reologicamente como sendo um Fluido Newtoniano ou Fluido Pseudoplático.

7.1.1.3. Reologia

A água, muitas tintas e muitos vernizes de baixa viscosidade são classificados como sendo **Fluido Newtoniano** nas condições normais de medida. A viscosidade é independente do gradiente de velocidade.

$$\frac{\tau}{D} = \eta = \text{constante}$$

Ou seja, quando da utilização de um viscosímetro rotativo, a viscosidade é constante qualquer que seja a velocidade de rotação do equipamento de medição.

$$\eta = \frac{\tau}{D} = \cot g\alpha = \text{constante}$$

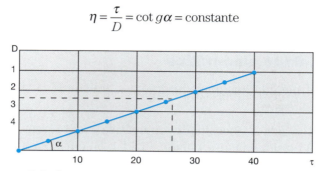

Figura 7.2. Comportamento reológico - Fluido Newtoniano.

Várias tintas e vernizes concentrados, à base de macromoléculas filiformes e de polímeros em estado fundido, apresentam comportamento de **Fluido Pseudoplásticos**.

A viscosidade diminui com o aumento do gradiente de velocidade D e vice-versa. Conseqüentemente, para uma determinada velocidade de escoamento, a viscosidade é constante e não depende do tempo.

Em repouso, as cadeias moleculares são espiraladas e enroladas. Quando o líquido se escoa, essas cadeias se desenrolam e se orientam de modo paralelo ao sentido do escoamento do fluido. As forças de fricção diminuem até um valor limite que corresponde ao alinhamento de todas as moléculas.

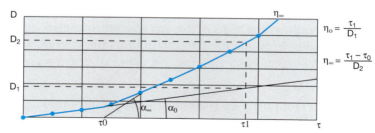

Figura 7.3. Comportamento reológico - Fluido Pseudoplástico.

Este comportamento é reversível. As macromoléculas se comportam um pouco como molas que voltam à sua posição inicial após um relaxamento do esforço de tração.

$$\eta o = \frac{\tau_1}{D_1}$$

$$\eta \infty = \frac{\tau_1 - \tau_0}{D_2}$$

onde τ_0 = tensão cisalhamento 0
       τ_1 = tensão cisalhamento 1
       D_1 = velocidade 1
       D_2 = velocidade 2
       η = viscosidade

As formulações de tintas, quando muito carregadas de partículas sólidas, entram freqüentemente na categoria de **Fluido Tixotrópico**.

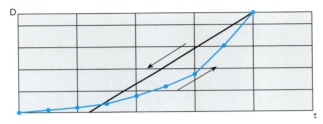

Figura 7.4. Comportamento reológico - Fluido Tixotrópico.

A uma velocidade constante, a viscosidade diminui em função do tempo, mas ela decresce igualmente quando o gradiente de velocidade aumenta.

Esse tipo de comportamento reológico é então muito mais complexo que os precedentes, mas é freqüentemente encontrado.

A viscosidade pode ser medida através de Copos Consistométricos, viscosímetro de queda de esfera, viscosímetros capilares e viscosímetros rotativos.

7.1.1.4. Medidas

Os **copos consistométricos** são muito utilizados na indústria, em virtude de sua simplicidade e de sua rapidez de emprego.

São simples recipientes cilíndricos, cujo fundo cônico é um orifício de diâmetro normalizado, sendo, por isso, maciços e fáceis de limpar.

Os modelos de copos mais utilizados são:

Ford n.º 04 (Norma ASTM D-1200)
Diâmetro do funil: 4,115 mm
Volume interior: 102,5 cm^3 a 20°C

AFNOR n.º 04 (Norma NFT30-014)
Diâmetro do funil: 4,00 mm
Volume interior: 102 cm^3 a 20°C

ISO (Norma ISO R2431), sendo muito mais recente, é ainda pouco difundida, tendo sido estudada para permitir, aos diferentes países possuidores de copos nacionais, a possibilidade de utilizar um instrumento comum.

Diâmetro do funil: 4,00 mm
Volume interior: 108 cm^3 a 20 °C

Os copos consistométricos são de fácil manuseio, porém os aparelhos pouco precisos, servem apenas para fazer medidas comparativas. Suas indicações só podem ser convertidas em unidades absolutas muito aproximadamente em virtude das turbulências que ocorrem no nível do orifício e com a condição de se tratar de substância newtoniana.

Os Viscosímetros de queda de esfera são aparelhos muito mais precisos que os anteriores, nos quais uma esfera calibrada cai sob a ação da gravidade em um tubo cilíndrico normalizado. O tempo de queda aumenta com a viscosidade do meio, no qual a esfera se desloca.

Hoppler criou um tipo de aparelho, cujo tubo cilíndrico está inclinado alguns graus na vertical (de 80 a 100). A esfera rola na parede do tubo. Sua precisão é melhor por motivos físicos.

Esses aparelhos podem dar viscosidade absoluta, mas só no caso de líquidos newtonianos. Entretanto, eles necessitam de longos períodos de queda para que se possa obter uma boa precisão, ficando por isso limitada sua utilização.

Um dos modelos de fácil manejo é o viscosímetro construído de acordo com a norma DIN 53015. Ele não possui camisa aquecida, mas sua simplicidade explica seu uso freqüente.

Os fabricantes de nitrocelulose utilizam esta metodologia para classificar suas resinas.

A distinção é feita, inicialmente, pelas letras A e E (qualidades solúveis nos álcoois e nos ésteres, respectivamente). Cada tipo é caracterizado pelo tempo necessário a uma esfera de aço de 7,95 mm de diâmetro, pesando 2,043 g, para afundar de uma altura de 254 mm numa solução a 12,2% em peso de nitrocelulose numa mistura-padrão constituída de 25% de etanol a 95°GL, 55% de tolueno e 20% de acetato de etila.

A solução a 25°C está contida em um tubo de 1 pol. de diâmetro (25,4 mm) e 350 mm de comprimento. Daí a classificação em nitrocelulose 5 s, 1/2 s, 1/4 de segundo, etc.

Os **viscosímetros capilares** são, certamente, os mais exatos, com erros que podem estar em milésimos, porém são frágeis, difíceis de limpar e exigem muito tempo para medição. Além disso, para medidas de viscosidades absolutas, eles não podem ser utilizados senão com líquidos newtonianos.

O princípio consiste em determinar o tempo de escoamento, entre duas marcas, de um determinado volume de líquido num tubo capilar.

Existem muitos modelos, sendo o de Ubbelohde, ao mesmo tempo, o mais preciso e o mais simples de manipular para líquidos transparentes.

Conhecendo-se o coeficiente K, que depende de cada viscosímetro, a viscosidade dos líquidos em milímetro quadrado por segundo (ou em centistoke) é simplesmente função do tempo.

$$\nu = kt$$

No caso dos líquidos opacos, utiliza-se o viscosímetro de Cannon-Fenske com escoamento invertido (Norma NFT60100).

Os viscosímetros rotativos são empregados para substâncias não-newtonianas, como as tintas, as colas, os polímeros em solução, as emulsões, os líquidos biológicos, etc.

Esse tipo de viscosímetro é o único que permite realizar um estudo exato do comportamento reológico das substâncias, e deduzir delas sua viscosidade absoluta η.

Assim, a viscosidade dinâmica se define como a relação da tensão de cisalhamento, τ, sobre o gradiente de velocidade, D, no caso de um comportamento reológico clássico:

$$\eta = \frac{\tau}{D}$$

Esta relação não é mais tão simples com as substâncias não-newtonianas, mas o conhecimento de τ e de D permanece rigorosamente necessário para calcular sua viscosidade absoluta.

O princípio mais comumente adotado baseia-se na rotação de um corpo cilíndrico de raio Ri, que mergulha no líquido, ele mesmo contido num copo coaxial de raio Re.

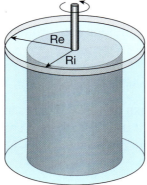

Figura 7.5. Copo coaxial.

A relação Re/Ri deve permanecer o mais próximo possível da unidade, de preferência inferior a 1,1, e, em hipótese alguma, deve ultrapassar 1,5 (Norma ISO 3219).

O cilindro é suspenso por um fio cuja torção aumenta com a viscosidade do líquido. O grau de torção é lido numa escala arbitrária, cujos valores permitem calcular a tensão de cisalhamento τ para o sistema considerado. O gradiente de velocidade D depende das características do sistema de medida e da velocidade de rotação do aparelho, mas é independente da substância estudada. Deduz-se daí a viscosidade absoluta η nas condições dadas.

7.1.1.5. Outros métodos de determinação do poder solvente

Taxa de diluição

Certas formulações aceitam a adição de quantidades significativas de diluente. Outras, ao contrário, apresentam rapidamente uma turvação e até uma precipitação do polímero ou resina. Chega-se, assim, à noção da taxa de diluição, outro modo de expressar o poder solvente.

A taxa de diluição é a relação dos volumes de diluente e de solvente no momento da aparição da turvação.

Acredita-se que, quanto mais elevada for a taxa de diluição, melhor será o poder solvente.

A norma americana ASTM D-1720 define-o, por exemplo, no caso da nitrocelulose, como sendo o número máximo de unidades de volume de diluente que é possível acrescentar a uma unidade de volume de solvente, para produzir a primeira heterogeneidade persistente numa solução de 8 g de nitrato de celulose para 100 mL de mistura de solvente e do diluente a 25°C.

Os diluentes (mais freqüentemente hidrocarbonetos) contribuem, às vezes, para a redução de custo do produto. A determinação da viscosidade e a medida da taxa de diluição dão, com freqüência, resultados concordantes.

Índice Kauri-butanol (Norma ASTM D-1133)

Trata-se, igualmente, de uma taxa de diluição, pois indica o volume do solvente, em mililitro, que é preciso acrescentar a 20 g de uma solução de goma natural kauri no butanol a 25°C para obter-se a turvação da solução. O poder solvente aumenta quando o índice kauri-butanol cresce.

Ponto de anilina *(Norma ASTM D-611)*

A determinação do ponto de anilina é raramente utilizada fora do domínio dos solventes petrolíferos. É outro método que permite avaliar o poder solvente em função do teor em hidrocarbonetos aromáticos. Ele é então, em princípio, específico para este tipo de solventes.

O ponto de anilina é a temperatura mais baixa pela qual volumes iguais de anilina e de solvente a serem testados são completamente miscíveis, manifestando-se a ruptura da miscibilidade pela aparição clara de uma turvação.

O poder solvente dos hidrocarbonetos será tanto maior quanto mais baixo for o ponto de anilina e quanto maior for o teor em aromáticos.

7.2. Velocidade de evaporação

A velocidade de evaporação é tão importante quanto o poder solvente, pois é essencial para o desenvolvimento de uma fórmula equilibrada e adaptada às condições de aplicação.

O conhecimento exato das velocidades de evaporação é muito importante quando se trata de equilibrar bem a secagem das películas de tintas e vernizes ou de obter um filme seco num intervalo de tempo muito restrito, casos de aplicações em rotogravura, flexografia.

Um solvente deve evaporar com relativa rapidez no início da secagem para evitar o escorrimento, porém precisa evaporar suficientemente devagar para dar nivelamento e adesão do filme ao substrato.

O processo de evaporação é realizado através da troca de calor dos solventes com o meio, o que implica no resfriamento do ambiente à sua volta, incluindo-se o substrato sobre o qual a tinta está sendo aplicada.

No caso de solventes mais voláteis, o resfriamento é ainda mais pronunciado, levando a temperaturas abaixo do ponto de orvalho, o que pode provocar a condensação de umidade na superfície do filme. Fenômeno conhecido pelos pintores como *blushing* (esbranquiçamento da superfície) normalmente pela absorção de água.

Vamos precisar o significado de algumas palavras que traduzem os fenômenos várias vezes estudados ou observados, mas cujo sentido nem sempre é muito claro.

7.2.1. Vaporização

Termo geral relativo à passagem do estado líquido ao estado gasoso e que engloba os seguintes fenômenos físico-químicos.

- *Evaporação* - Transformação lenta de um líquido em vapor na interface gás/líquido, sendo a temperatura do líquido inferior à sua temperatura de ebulição. Sem fornecimento de energia;
- *Ebulição* - Grande produção de vapor com formação de bolhas gasosas dentro de um líquido com uma pressão igual ou inferior à sua tensão de vapor. Através do fornecimento de energia;
- *Calefação* - Evaporação de um líquido que, colocado em uma superfície cuja temperatura é superior à temperatura de ebulição do líquido, mantém-se sob a forma de gotas esféricas sustentadas pelo vapor que elas produzem.

7.2.2. Classificação dos solventes segundo seu ponto de ebulição

Os solventes são classificados também em função de sua temperatura de ebulição, a fim de ter uma ordem de grandeza de sua volatilidade.

- Solventes leves: cuja temperatura de ebulição é inferior a 100°C.
- Solventes médios: cuja temperatura de ebulição está entre 100°C e 150°C.
- Solventes pesados: cuja temperatura de ebulição é superior a 150°C.

Esta classificação serve apenas para orientar, pois não há relação simples entre a temperatura de ebulição de um solvente e sua velocidade de evaporação.

A fórmula de Heen é mais satisfatória. Segundo esta relação, a quantidade de líquido evaporado é proporcional ao produto da tensão de vapor pela massa molecular do líquido.

$$\text{Velocidade de evaporação} = T_v \; x \; M \; x \; K$$

T_v = Tensão do vapor na temperatura de medida.
M = Massa molar do solvente.
K = Fator de proporcionalidade, dependendo das condições de ensaios.

Entretanto, diferenças acentuadas são observadas, sobretudo com a água e os álcoois, cujas velocidades de evaporação calculadas se revelam mais fortes que as medidas.

Finalmente, só as medidas experimentais podem trazer uma solução válida. Dois métodos são propostos pela AFNOR. Um é simples e rápido, mas os resultados são aproximados (índice de volatilidade), enquanto o outro, necessitando de uma aparelhagem mais especializada, conduz a valores mais rigorosos.

7.2.2.1. Determinação do índice de volatilidade de um solvente
(Norma AFNOR NFT -30301)

O método consiste em determinar o índice de volatilidade de um solvente em relação a um solvente de referência, realizando a evaporação de pequenas quantidades de dois produtos num suporte de papel-filtro.

O índice de volatilidade (V_e) é o quociente entre o tempo de evaporação do acetato de n-butila sobre o tempo de evaporação do solvente estudado, sendo que esses tempos são medidos em condições precisas.

Metodologia:

O material utilizado e o processo de operação estão descritos detalhadamente na Norma NFT -30301.

Com o auxílio de duas micropipetas, 0,5 mL do solvente a ser medido e 0,5 mL de acetato de n-butila são derramados, sucessivamente, no centro de dois discos de papel-filtro mantidos horizontalmente.

Os dois discos são colocados simultaneamente em posição vertical, disparando-se dois cronômetros no momento em que os papéis são presos.

Os cronômetros são parados quando os papéis-filtros se tornam secos. São feitas cinco determinações.

Expressão dos resultados:

A média aritmética dos tempos de evaporação das cinco medições realizadas é calculada e os índices de volatilidade são expressos de acordo com a fórmula já apresentada acima.

Deficiências da metodologia:

A própria norma observa as numerosas causas de erros que podem afetar as medições.
- Com os solventes mais pesados, o final da evaporação é determinado com uma precisão bastante fraca;
- A evaporação rápida dos solventes leves provoca um resfriamento intenso, de onde decorrem erros sistemáticos nos resultados;
- As diferenças de viscosidade e de tensão superficial entre solventes são a causa de variações de velocidades de difusão nas fibras do papel, ou seja, variações na superfície de evaporação.

7.2.2.2. Determinação da curva de evaporação de um solvente
(Norma AFNOR NFT -30302)

Ela consiste em medir, em função do tempo, a quantidade evaporada de uma amostra de solvente ou de uma mistura de solventes, numa estufa ventilada mantida a temperatura constante. A curva de evaporação dá a relação entre a duração da evaporação e a quantidade de solvente restante.

A "curva" de evaporação dos solventes puros é quase sempre uma reta, o que quase nunca ocorre com as misturas de solventes.

$$V_e = \frac{\text{Tempo de evaporação do acetato de n-butila}}{\text{Tempo de evaporação do solvente estudado}}$$

A velocidade de evaporação do solvente é definida como sendo a inclinação da tangente para a curva de evaporação com 50% de produto evaporado.

Metodologia:

O material utilizado e o processo estão expostos detalhadamente na norma.

Coloca-se o solvente, do qual se quer determinar as condições de evaporação, em um recipiente de massa conhecida, ele próprio situado dentro de uma estufa ventilada. O recipiente, de aço inoxidável, é suspenso na extremidade do fiel de uma balança, com setor de amplitude de 0 a 15 g, graduada em 0,05 g.

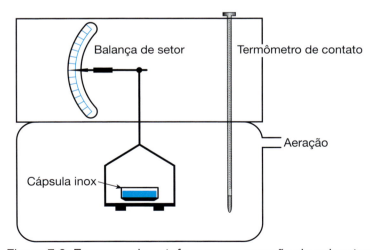

Figura 7.6. Esquema de estufa para evaporação de solventes.

Devem-se distinguir dois casos:

1. Os solventes mais leves que o acetato de butila.
   - Deposita-se, no fundo do recipiente limpo com álcool, um círculo de papel de filtro;
   - O recipiente é colocado numa estufa regulada a 30°C;
   - Introduzem-se 5 g de solvente a ser estudado;
   - O peso é anotado, minuto a minuto, até a evaporação completa do solvente.

2. Os solventes mais pesados que o acetato de butila.
   - O modo de operação é idêntico, mas a temperatura da estufa é mantida a 80°C;
   - As pesagens são feitas a cada 2 min durante os 10 primeiros minutos do ensaio; depois, a cada 5 min, até a evaporação completa do solvente.

7.2.3. Balanceamento dos solventes em formulações

O preparo de tintas e vernizes exige um equilíbrio cuidadoso entre solventes leves, médios e pesados, que se denomina comumente balanceamento de solvente.

Os solventes leves evaporam-se muito rapidamente e não podem ser utilizados sozinhos em virtude do resfriamento intenso que ocorre na superfície dos filmes.

As condensações de água que resultam desse fato provocam, à temperatura ambiente, uma precipitação da resina e uma opalescência da superfície, chamada *blush*. Uma secagem a ar quente pode evitar esse fenômeno.

Os solventes médios não têm os inconvenientes dos solventes leves. Sua velocidade de evaporação é, entretanto, suficientemente rápida para que o tempo de secagem seja aceitável. Eles são essenciais nas formulações.

Os solventes pesados são utilizados, sobretudo, pelas boas qualidades de brilho e de resistência que conferem ao filme.

Só podem ser acrescentados em pequenas quantidades a fim de evitar filmes pegajosos ou moles, devido a uma secagem muito lenta ou a uma retenção muito grande na espessura da película.

É evidente que eles devem ser solventes verdadeiros das resinas e adjuvantes da formulação.

Além de seu papel estético, eles permitem conservar o filme *aberto* o maior tempo possível e evitar a precipitação do elemento filmógeno.

Os diluentes e co-solventes têm sempre seu lugar nas fórmulas em virtude de seu baixo custo. Sua velocidade de evaporação deve ser suficientemente rápida para que evaporem do filme antes ou ao mesmo tempo que os outros solventes.

As velocidades de evaporação das misturas de solventes contidos nas tintas, vernizes e colas são estudadas usando-se dois métodos complementares.

O primeiro deriva do método já descrito (velocidade de evaporação em termobalança, Norma AFNOR *NFT* -30302) e consiste em traçar a curva de secagem de um filme úmido com 1 mm de espessura durante o lapso de tempo compreendido entre a aplicação da amostra líquida e o momento em que a película está praticamente seca.

O modo de operatório é o seguinte:

1. A balança é estabilizada em uma determinada temperatura (30°C em geral);
2. A agulha da balança deve-se achar ao nível do zero com o recipiente vazio, sem papel-filtro em seu suporte e com a ventilação desligada;
3. Retirar o recipiente e trazê-lo de volta à temperatura ambiente;
4. Pesar na balança 5 g da formulação, aproximadamente, e disparar o cronômetro;
5. Espalhar o produto em todo o fundo do recipiente com um movimento do pulso e recolocá-lo no suporte da balança. Esta operação não deve durar mais de 30 s após o disparo do cronômetro.

O segundo método recorre à cromatografia na fase gasosa, que dá os meios de analisar os fenômenos de retenção de solventes após a secagem completa dos filmes. Os detalhes desse método serão comentados no capítulo 9 - Métodos para a Análise de Solventes.

Tabela 7.1. Propriedades físicas dos solventes

Solventes	Taxa de evaporação (AC. de Butila = 100)	Ponto de ebulição a 760 mmHg (°C)	Pressão de vapor mmHg	°C
Cetonas				
Acetona	520	56,2	184,5	20
Acetofenona	3	201,6	0,28	20
Ciclo-hexanona	31	156,7	4,6	25
Diisobutilcetona	21	169,3	4	30
Diacetona álcool	12	167,9	1,23	20
Isoforona	2,5	215,2	0,43	25
Metil-n-amil-cetona	40	151,4	7	30
metiletilcetona	340	79,6	90,96	25
metilisoamilcetona	53	144,9	4,5	20
metilisobutilcetona	155	115,9	15,7	20
metil-n-propilcetona	88	102,3	16	25
Óxido de mesitila	—	130	8	20
Álcoois				
n-butanol	46	117,7	5,5	20
Ciclo-hrexanol	5,8	161	80	25
Etanol	150	78,3	40	19
2-etil-hexanol	1,9	184,8	30	98
Isobutanol	62	107,8	10	22
Isopropanol	135	82,5	44	25
Metaol	181	64,5	100	21
Metilisobutilcarbinol	29	131,8	2,8	20
n-propanol	89	97,2	20,8	25

Tabela 7.1. (continuação)

Solventes	Taxa de evaporação (AC. de Butila = 100)	Ponto de ebulição a 760 mmHg (ºC)	Pressão de vapor mmHg	ºC
Ésteres				
Acetato de pentila	45	146	28,5	20
Acetato de cicloexila	15	177	7	30
Acetato de etila	430	77	100	27
Acetato de E.M.M.P.G.	35	145,8	27,4	20
Acetato de 2-etilhexila	3,7	199	0,4	20
Acetato de butilglicol	3,7	191,6	0,35	20
Acetato de metila	660	57,1	400	40
Acetato de etilglicol	20	156,3	2	20
Acetato de t-butila	280	96	30,5	20
Acetato de butildiglicol	0,14	246	—	—
Acetato de etildiglicol	0,63	217,4	0,1	20
Acetato de isobutila	145	117,2	13	20
Acetao de isopropila	355	88,7	60,59	25
Acetato de n-propila	226	101,6	25,1	20
Lactato de etila	21	154	50	100
Éteres de glicol				
Butilglicol	6,8	171,2	0,76	20
Etilglicol	39	135,1	5,29	25
Metilglicol	58	124,5	6,2	20
Butildiglicol	0,35	230,6	0,02	20
Eildiglicol	1,3	202,7	0,13	25
Metildiglicol	2	194,2	0,25	25
Iisobutilglicol	11	160,5	26,0	71
E.M.M.P.G.(1)	71	120,1	11,80	25
E.M.M.D.P.G.(2)	3	188,3	0,40	26
E.M.M.T.P.G.(3)	< 1	242,4	2,00	100

7. Principais critérios de escolha de um solvente

Tabela 7.1. (continuação)

Solventes	Taxa de evaporação (AC. de Butila = 100)	Ponto de ebulição a 760 mmHg (°C)	Pressão de vapor mmHg	°C
Glicóis				
Etilenoglicol	< 1	197,6	0,06	20
Dietilenol glicol	< 0,1	245,8	1	91,8
Propileno glicol	< 1	187,3	0,07	20
Dipropileno glicol	< 0,1	232,8	0,01	20
Hexilenoglicol	< 1	197	0,05	20
Halogenados				
Percloroetileno	—	121,2	1847	25
Cloreto metileno	990	40,4	400	21
Tricloro etileno	450	86,7	57,8	20
Tricloro 1,1,1, etano	530	74	100	25
Hidrocarbonetos aromáticos				
Tolueno	190	110,5	36,7	30
Xileno	60	140	6,72	21
O-xileno	54	144	4,9	20
P-xielno	72	138	6,5	20
Etil benzeno	84	136	7,1	20
1,3,5 Ttimetil benzeno	22	163	1,8	20
Hidrocarbonetos alifáticos				
Pentano	1046	36	422	20
Hexano	620	68,7	150	25
Heptano	290	98,4	40	22
Ciclo-hexano	440	80,7	10	61

(1) Éter monometílico do monopropileno glicol
(2) Éter monometílico do dipropileno glicol
(3) Éter monometílico do tripropileno glicol

7.3. Outros critérios para a escolha de um solvente

As propriedades mais importante que se esperam de um solvente são: capacidade para produzir soluções concentradas, estáveis e fluidas; e uma velocidade de evaporação que se adapte a um problema específico. Porém, além das considerações econômicas, o formulador deve levar em conta também, em função da aplicação a que se destina, certo número de outros fatores que não se pode deixar de lado por motivos técnicos ou de segurança.

Fatores técnicos

- Retenção dos solventes e higroscopicidade

Fatores de segurança

- Toxicidade, inflamabilidade e explosividade

7.3.1. Fatores técnicos

7.3.1.1. Retenção de solventes

A retenção dos solventes corresponde à fase final de sua evaporação, quando ainda estão retidos no filme ou película em formação. Observa-se que, geralmente, a emanação de vapores dos solventes é muito mais rápida durante a fase inicial que durante a fase de evaporação final, ou seja, a fase de retenção.

O conhecimento das velocidades de evaporação teórica de cada um dos solventes permite uma boa previsão dos fenômenos, mesmo que a presença de azeótropos modifique as observações práticas.

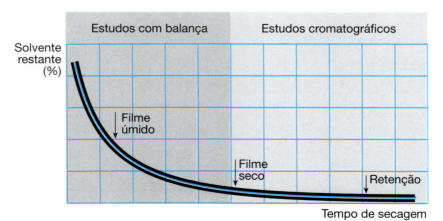

Figura 7.7. Curva de secagem do filme.

A evaporação pode ser acompanhada com o auxílio de uma termobalança, mas quando há uma fraca porcentagem de solventes, é preciso utilizar outro método. A cromatografia na fase gasosa dá melhores resultados, pois permite não só conhecer as quantidades de solventes globalmente restantes, como também saber quais as porcentagens relativas de cada um dos solventes utilizados.

Em determinadas condições de secagem, quanto mais alta é a velocidade de difusão através dos elementos constituintes do filme, menor é a retenção dos solventes. Esta velocidade depende de numerosos fatores, entre os quais os mais importantes são:

- A geometria molecular dos solventes;
- As interações físico-químicas que podem existir entre solventes, resinas ou macromoléculas, que constituem o filme;
- A própria estrutura dos filmes, uma vez que seu aspecto está ligado à sua permeabilidade. Pode-se imaginá-la como uma peneira de malhas mais ou menos apertadas, conforme as ligações intermacromoleculares.

O conhecimento da retenção dos solventes é indispensável ao formulador e é preciso estudá-la em todas as suas particularidades, pois não existe uma relação simples entre a velocidade de evaporação de um solvente e sua velocidade de difusão, mesmo para um dado componente. Pode-se assistir a inversões de volatilidade impossíveis de prever pelas leis gerais.

Sabe-se que tais inversões de volatilidade podem levar à precipitação de um ou de vários polímeros ou resinas durante a secagem pelo enriquecimento da mistura residual de não-solventes e provocar graves defeitos na película.

A fim de evitar qualquer precipitação durante a evaporação, é preciso manter sempre o volume de solubilidade comum aos diferentes polímeros utilizados e estudar os fenômenos de secagem com o auxílio de um método preciso.

A cromatografia na fase gasosa é o melhor método para o estudo das retenções, pois permite realizar simultaneamente a separação e a dosagem de pequenas quantidades de solventes.

Os detalhes desse método serão comentados no Capítulo 9 - Métodos para a análise de solventes.

7.3.1.2. Higroscopicidade

A presença de água nos solventes quase sempre é prejudicial, pois acarreta problemas na hora da diluição de preparados ou da secagem dos filmes.

Se os solventes são pouco ou quase nada higroscópicos, mesmo em atmosfera úmida, as gotículas de água formadas pela diminuição da temperatura, e que se depositam na superfície de um filme que está secando, não penetram em profundidade e não apresentam inconvenientes.

Em caso contrário, a água é absorvida pelos solventes e pode provocar uma precipitação parcial da resina, originar opalescência tanto mais acentuada quando se leva em conta que a velocidade de evaporação é grande e que há menos solvente pesado para atenuar este defeito.

Por outro lado, certos tipos de pintura ou de verniz, que endurecem por reação química (os poliuretanos à base de poliésteres ou de poliéteres e de poliisocianatos), devem ser completamente isentos de água, mesmo em pequena quantidade, sob o risco de acarretar uma alteração das propriedades mecânicas dos filmes ou a criação de bolhas pela formação de gás carbônico.

Conseqüentemente, a realização de certas lacas requer solventes que preencham duas condições: serem parcialmente pobres em água e desidratados por um aditivo apropriado; e terem uma fraca absorção de água.

Na Tabela 7.2, alguns dos solventes comuns estão classificados por ordem de higroscopicidade crescente. Sua absorção de água foi medida por cromatografia na fase gasosa, em condições idênticas de umidade, após 1, 3 e 10 dias. A coluna da direita lembra a solubilidade-limite da água nesses mesmos solventes.

De um modo geral, a higroscopicidade dos solventes parece estar ligada, de modo direto, ao limite de solubilidade da água nestes mesmos solventes. As maiores absorções de umidade observam-se nos solventes totalmente miscíveis em água.

Tabela 7.2. Absorção de água dos solventes (% em massa)

Solvente	Quantidade de água inicial	Absorção de água após 1 dia	Absorção de água após 3 dias	Absorção de água após 10 dias	Solubilidade máxima a 20°C
Acetato de isobutila	0,02	1,05	1,14	1,18	1,64
Acetato de butila	0,01	1,03	1,12	1,18	1,86
Metilisobutilcetona	0,01	1,02	1,28	1,46	2,00
Acetato de isopropila	0,07	1,25	1,62	1,66	1,80
Acetato de etila	0,01	1,58	2,29	2,80	3,30
Acetato de etilglicol	0,86	1,86	2,81	4,60	6,50
Cicloexanona	0,01	1,64	3,45	4,89	8,00
Metiletilcetona	0,01	1,98	3,60	6,40	10,00
Butanol	0,03	2,47	4,48	8,72	20,10
Isobutanol	0,02	2,49	4,54	8,87	16,9 (25°C)
Isopropanol	0,03	2,97	7,12	18,19	Total
Metil-glicol	0,10	2,95	6,40	18,78	Total
Etanol	0,03	5,48	10,75	25,80	Total
Acetona	0,01	2,84	7,22	41,00	Total

Higroscopicidade dos solventes

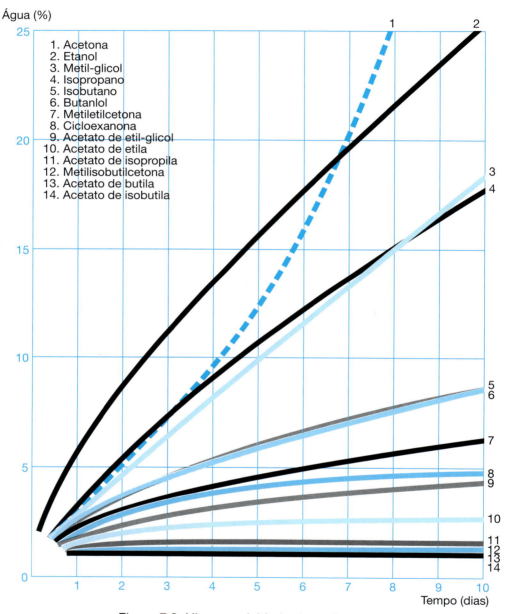

Figura 7.9. Higroscopicidade dos solventes.

7.4. Segurança, saúde e meio ambiente

O mercado de solventes tem sido submetido a regulamentações ambientais cada vez mais restritas, portanto é critério importante que deve ser considerado na escolha do solvente ou sistema solvente. O tema VOC vem ganhando importância e está discutido no Capítulo 4 — solventes verdes.

Os assuntos relacionados à segurança dos produtos também são importante na avaliação do solvente ou sistema solvente, sendo abordados no Capítulo 10 – Higiene, segurança e meio ambiente.

7.5. Exemplo de seleção de solventes em processos de separação

O processo de separação envolve a remoção de uma ou mais partes de um constituinte de uma mistura. O solvente que constitui uma solução, geralmente está presente numa concentração mais elevada que o soluto. Esse soluto pode ser um sólido, um líquido ou um gás. Já o solvente pode ser um único composto ou uma mistura de compostos.

As técnicas de separação via solvente tornam-se necessárias quando a remoção do soluto de uma mistura torna-se difícil ou inviável por técnicas de separação tradicionais, como por exemplo, numa destilação.

Se a adição de um solvente causa a modificação de um sistema apresentando uma única fase totalmente miscível para um sistema apresentando duas fases com diferenças de propriedades necessárias para viabilizar a separação, a técnica é conhecida como extração líquido-líquido.

Já que a adição de um solvente causa a coexistência de fases vapor e líquida com diferentes propriedades, a técnica é conhecida como destilação extrativa.

As figuras a seguir mostram a mudança de propriedades como resultado da adição de solvente ao sistema.

Na Figura 7.10, verifica-se a diferença entre as propriedades do líquido e do vapor para a mistura binária azeotrópica de etanol e água com e sem a adição de solventes. Fica claro que a adição de solvente remove a barreira de condição azeotrópica.

A Figura 7.11 apresenta o diagrama ternário em que adição de solvente causa um sistema binário totalmente miscível (componentes A e B), provocando a divisão em duas fases líquidas, sendo uma delas rica em um dos componentes (A ou B).

Solventes industriais

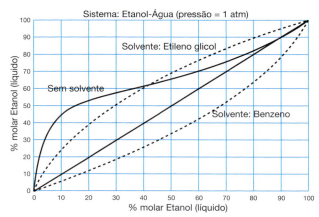

Figura 7.10. Diagrama de fases de equilíbrio líquido vapor para um sistema etanol-água com e sem solvente.

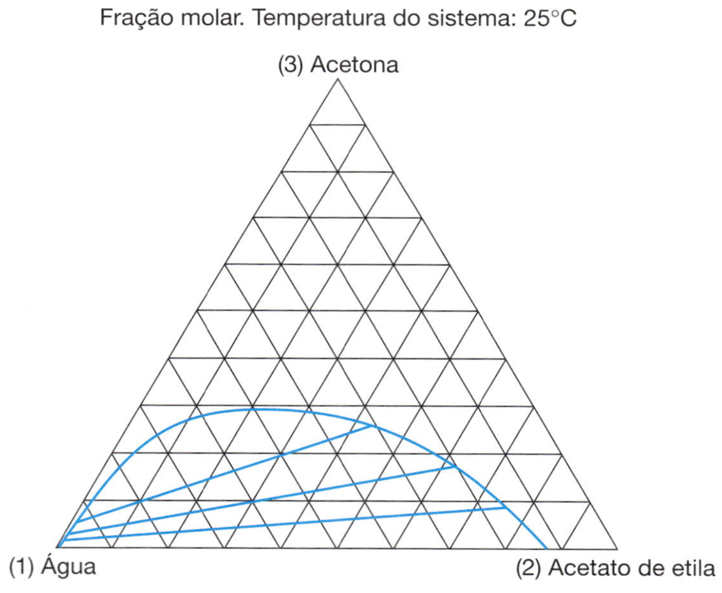

Fração molar. Temperatura do sistema: 25°C

Figura 7.11. Diagrama ternário para o sistema acetona-água-acetato de etila.

Assim sendo, a seleção do solvente é de fundamental importância para a separação adequada, englobando-se outras considerações, como custo de operação, eficiência de separação e impacto ambiental.

O critério para a classificação do solvente baseado nas técnicas de separação é o número e a característica das fases coexistentes e a função do solvente. A Tabela 7.3 apresenta essas características, e além disso, ela também apresenta o trabalho de separação realizado, a técnica utilizada.

Tabela 7.3. Classificação de técnicas importantes de separação baseada em solvente

Técnica de Separação	Propriedade do Soluto	Número e Característica das fases	Barreira para a Separação	Fenômeno de Separação	Função do Solvente
Extração Líquido-Líquido	Solutos totalmente miscíveis	Duas fases líquidas	Miscibilidade total	Diferenças de propriedades nas fases líquidas	Adição do solvente promove separação de fases
Destilação Extrativa	Solutos formam azeótropo ou possuem pontos de ebulição próximos	Fase vapor e líquida	Azeotropia ou volatilidades relativas	Diferenças de propriedades nas fases líquido e vapor	Adição do solvente quebra a azeotropia, mas não causa separação de fase líquida
Destilação Azeotrópica	Solutos formam azeótropos ou possuem pontos de ebulição próximos	Duas fases líquidas e uma fase vapor	Azeotropia ou volatilidades relativas	Diferenças de propriedades das duas fases líquido e vapor	Adição do solvente quebra a azeotropia e também causa separação da fase líquida
Absorção	Gases são absorvidos em um líquido	Fases vapor e líquida	Solubilidade de gases nos líquidos	Diferença de solubilidade	Solvente necessita dissolver bem o soluto (gás)
Stripping	Arraste de líquidos em gases	Fases vapor e líquida	Solubilidade de líquidos	Diferenças na solubilidade	Solvente necessita dissolver o soluto (líquido)
Lixiviação	Partículas sólidas	Fases sólida e líquida	Solubilidade de sólidos	Diferenças na solubilidade	Solvente necessita dissolver o soluto (sólido)

As propriedades do solvente selecionado definem o desempenho da técnica de separação adotada. Um exemplo disso é a mistura azeotrópica etanol-água e os solventes benzeno e etileno glicol. Se o benzeno é utilizado como solvente, o processo de separação adotado é chamado destilação azeotrópica, pelo fato de a mistura etanol-água-benzeno formar um sistema azeotrópico heterogêneo conforme apresentado na Figura 7.12.

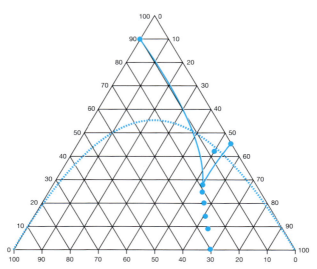

Figura 7.12. Diagrama vapor-líquido-líquido para a mistura ternária etanol-água-benzeno.

Por outro lado, se o etilenoglicol for utilizado como solvente, a técnica de separação seria a destilação extrativa, pois etanol-água-etilenoglicol formam um sistema azeotrópico homogêneo, conforme apresentado na Figura 7.13.

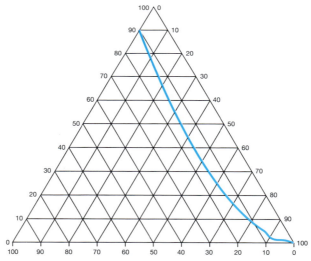

Figura 7.13. Diagrama ternário homogêneo líquido-vapor para a mistura etanol-água-etilenoglicol.

A tabela 7.4 apresenta uma lista de propriedades que devem ser consideradas para cada aplicação na seleção de um solvente. Nesta tabela, essas propriedades são classificadas em termos do componente puro, na mistura e impactos ambientais. Enquanto para o componente puro as propriedades físico-químicas e ambientais estão disponíveis na literatura para um grande número de compostos, as propriedades da mistura necessitam ser estimadas através de métodos preditivos.

Tabela 7.4. Propriedades para a seleção de solventes

Propriedade		Processo de Separação				
		Extração Líquido-Líquido	Destilação Extrativa	Destilação Azeotrópica	Separação de Sólidos	Absorção de Gases
Puro	Parâmetro solubilidade					
	Tensão superficial	*				*
	Viscosidade	*				
	Ponto de ebulição	*	*	*		
	Ponto de fusão	*	*	*	*	*
	Densidade	*				
	Pressão de vapor		*	*		*
	Calor de fusão				*	
Mistura	Seletividade	*	*	*	*	*
	Perda de solvente	*				
	Poder de solvência	*	*	*	*	*
	Coeficiente de distribuição	*				
	Divisão de fases	*		*		
	Azeotropia	*	*	*		
	Viscosidade da mistura	*				
	Constante da lei Henry					
Ambiental		*	*	*	*	*

Do ponto de vista de higiene, saúde e meio ambiente, as seguintes propriedades são importantes, conforme será discutido no capítulo 10.

Tabela 7.5. Propriedades relevantes para seleção de solventes em termos de segurança, saúde e meio ambiente

Propriedade	Saúde	Segurança	Meio Ambiente
Toxicidade	*		*
Persistência biológica			*
Estabilidade química		*	
Reatividade fotoquímica	*	*	
Biodegradabilidade			*
Pressão de vapor	*	*	*
Constante de Henry em água			*
Log P	*		*
Solubilidade em água			*
Ponto de vulgor		*	
Demanda química de oxigênio (DQO)			*
Densidade do vapor	*	*	
Taxa de evaporação	*	*	
LD50	*		*
Potencial de destruição da camada de ozônio			*

Outro exemplo prático de utilização destas propriedades para escolha de um solvente é apresentado a seguir.

O processo de separação apresentado na Figura 7.14 foi desenhado para tratamento de um efluente aquoso de um processo industrial contendo 7% (m/m) de fenol, que necessita ser removido através de uma extração líquido-líquido.

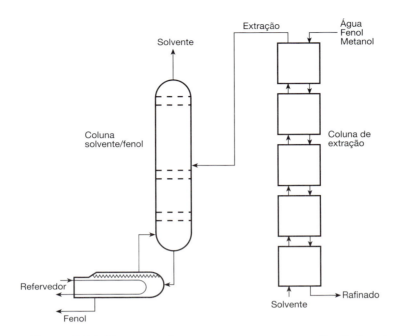

Figura 7.14. Esquema de processo para separação de fenol presente num efluente aquoso.

Com relação à escolha do solvente para este processo, ele deve atender aos seguintes requisitos:

- Precisa provocar uma separação de fase, sendo que a fase solvente apresente-se enriquecida por fenol, e a fase aquosa contenha muito pouco fenol e solvente;
- A separação do solvente do fenol deveria ser fácil. Neste caso, o solvente não pode formar azeótropo com o fenol, além de apresentar uma diferença no ponto de ebulição e pressão de vapor;
- O solvente também deveria apresentar uma densidade menor que a água, para obtenção de um fluxo livre de convecção na coluna de extração;
- Caso o solvente apresente algum impacto ambiental significativo, sua perda no efluente aquoso deveria ser evitada. Assim sendo, uma baixa miscibilidade em água é desejável;
- O ponto de fulgor do solvente deveria ser o mais elevado possível para minimizar o risco de explosão.

A tabela a seguir apresenta as especificações necessárias do solvente para este processo.

Tabela 7.6. Especificações do solvente para separação do fenol do efluente aquoso

Propriedade	Especificação
Coeficiente de partição (log P)	> 1,5
Perda de Solvente	< 0,0015
Densidade do líquido à 25°C	< 0,95
Ponto de ebulição	> 177°C
Pressão de vapor à 87°C	> 0,03 bar
Ponto de fulgor	> 27°C
Seletividade	> 8
Capacidade	> 2
Fator de separação	> 80
Outras propriedade	Não pode formar azeótropo com fenol
HSE	Propriedades ambientais aceitáveis

Esses parâmetros seriam os dados de base para selecionar o solvente mais adequado para esta aplicação.

Referências bibliográficas

Wesley, L. Archer. Industrial Solventes Handbook. New York: software Included, 315 p. 1996.

George, Kakabadse. Solvent Problems in Industry. Londres: Elsevier Applied Science Publishers, 251 p.1983.

Verneret, Hubert. Solventes industriais: Propriedades e aplicações. São Paulo: Toledo, 145 p. 1984.

Fazenda, J. M. R. coordenador. Tintas e Vernizes. São Paulo: Edgard Blucher, 1043 p. 2005.

Paul, S. Surface Coating: Science & Technology. 2ª edição. New York: John Willey & Sons, 1997.

Payne, H. F. Organic Coating Technology: Oil, Resins, Varnishes and Polymers. 1ª edição. New York: John Willey & Sons. Vol. 1.

Kakabadse, G. Solvent problems in industry. New York: Elsevier apllied science publishers, 1984.

Mellan, I. Industrial Solvents Handbook. 2.ª edição. New Jersey: Noyes Data Corporation, 1977.

Durkee, J. B. How About Solvent Cleaning? Products Finishing, 58-65, 1994.

Formulating Fundamentals for Coating and Cleaners, American Solvents Council, 2005.

Jones, M., Concepcion, J. G., Powell, L. A modern approach to solvent selection: although chemists and engineers intuition is still important, powerful tools are becoming available to reduce the effort needed to select the right solvent. Chemical Engineering, 2006.

Gani, R. Harper, P. M., Hostrup, M. Solvent Based Separation: Solvent Selection. Disponível em www.cape.kt.dtu.dk/documents/courses/master/notes-lecture4.pdf

Solventes Rhodia. São Paulo: Rhodia - Indústria Química e Têxtil S.A.

8 Solventes e suas aplicações

Este capítulo é dedicado à apresentação da função dos solventes nas principais aplicações em que eles são utilizados, destacando-se tintas industriais, de impressão, vernizes e adesivos.

Denílson José Vincentim
Edson Leme Rodrigues
Sérgio Martins

8.1. Tintas e Vernizes

Os solventes são componentes de muitos sistemas de tintas e têm um papel importante na formulação e nas propriedades do filme. Na verdade, os solventes impactam na aplicação e nas propriedades de aparência da tinta incluindo:
- solubilidade e miscibilidade das resinas
- estabilidade da dispersão
- viscosidade de aplicação
- tempo de secagem
- nivelamento do filme

Muitos defeitos de aparência associados ao filme, como crateras e cascas de laranja, são geralmente resultado de um balanço inapropriado dos solventes na formulação das tintas. Como são muitas as propriedades afetadas pelo sistema solvente, qualquer mudança de formulação visando a melhoria de uma dessas propriedades tem que ser realizada com bastante critério, para evitar efeitos não desejados nas outras.

Por exemplo, uma mudança de sistema solvente para melhorar a solubilidade de uma das resinas pode também diminuir a viscosidade da tinta, ou ainda, aumentar ou diminuir o tempo de secagem, levando a defeitos no filme no final do processo.

A intenção desta seção é fornecer informações para ajudar os formuladores na definição de sistemas solventes para tintas em função de sua composição.

8.1.1. Princípios para formulação de sistemas solventes para tintas

8.1.1.1. Solubilidade das resinas

A seleção de uma mistura de solventes que dissolverá ou melhorará a solubilidade e a miscibilidade de resinas poliméricas durante a síntese de polímeros, dispersão dos pigmentos, acabamento, aplicação da tinta e a formação do filme é uma tarefa crítica.

A separação de fases durante qualquer destas etapas pode resultar em baixas propriedades da tinta formulada, dificuldades na aplicação e, em último estágio, baixas qualidades e problemas na aparência do filme formado.

A solubilidade da maioria dos polímeros precisa ser determinada experimentalmente, apesar de que, para alguns sistemas simples solvente-polímero, é possível realizar a predição do equilíbrio de fases, utilizando-se modelos termodinâmicos de solução. O objetivo desta seção é realizar uma revisão rápida de alguns conceitos de equilíbrio de fases, que, associados ao conceitos dos parâmetros de Hansen apresentados no Capítulo 6, fornecem uma boa base teórica para entendimento dos conceitos de solubilidade e miscibilidade.

Os parâmetros de solubilidade têm se mostrado como uma das ferramentas mais úteis para formulação de sistemas solventes para tintas, com as seguintes vantagens:

- Eles funcionam muito bem para a grande maioria dos sistemas.
- São muito fáceis de usar e visualizar, considerando-se a formulação de sistemas solventes para dissolução de polímeros ou misturas de polímeros.
- Não há necessidade de utilização de dados experimentais de equilíbrio de fases.
- A superfície de solubilidade é fácil de ser determinada experimentalmente.

8.1.1.2. Comportamento das fases de uma solução polimérica

Um diagrama de fases típico para uma solução polimérica mostrando a composição de cada uma das fases em função da temperatura é apresentado na Figura 8.1.

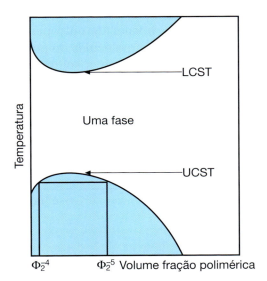

Figura 8.1. Diagrama de fases para um polímero.

Em temperaturas abaixo da temperatura crítica, chamada de temperatura superior crítica de solução (TSCS), há a presença de duas fases das frações volumétricas dos polímeros ϕ_2^A e ϕ_2^B. A temperatura na qual a TSCS ocorre, variará em função da composição do sistema solvente e do polímero.

Acima da TSCS, existe a solubilidade total do polímero, até a temperatura alcançar temperatura inferior crítica de solução (TICS). Esta segunda região de comportamento de duas fases ocorre próxima à temperatura crítica do solvente, que é muito alta para ser levada em consideração na formulação da maioria das tintas.

Assim sendo, para obter uma solubilidade total da resina no sistema da tinta, a TSCS do sistema polímero-solvente da formulação da tinta precisa ser muito menor que a temperatura ambiente ou a temperatura de aplicação.

O comportamento do equilíbrio de fases de uma solução polimérica é descrita pela energia livre de Gibbs de mistura. Para uma miscibilidade e solubilidade completas, a energia livre de mistura do sistema precisa ser negativa.

$$\Delta G_m = \Delta H_m - T\Delta S_m < 0$$

onde ΔH_m é a entalpia de mistura e ΔS_m é a entropia de mistura.

Pela termodinâmica básica, a entropia de uma mistura apresenta valor positivo, e, portanto, o termo $(-T\Delta S_m)$ contribui para um valor negativo da energia livre de Gibbs, favorecendo a solubilização do polímero no solvente.

A entalpia de uma mistura geralmente apresenta um valor positivo, e nesse caso, a entalpia e a entropia necessitam ser corretamente balanceadas para obter um valor de energia livre negativo e solubilidade total do polímero no solvente.

Em soluções contendo polímero, o valor de entropia de mistura geralmente é muito pequeno devido aos tamanhos das moléculas de polímero serem muito maiores que as moléculas do solvente. Desse modo, a solubilidade do polímero é determinada pela entalpia da mistura, a qual precisa apresentar o menor valor possível ou valores negativos, através da correta escolha do solvente.

Vários resultados possíveis da energia livre de Gibbs em função da concentração do polímero são apresentados na Figura 8.2 a seguir.

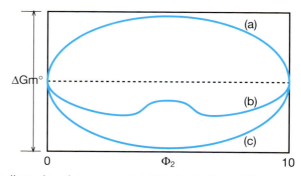

Figura 8.2. Energia livre da mistura e estabilidade da fase: (a) completamente imiscível, (b) completamente miscível e (c) parcialmente miscível.

Nesta figura observa-se na curva (a) o caso em que a energia livre de Gibbs é positiva. Neste caso, o termo da entalpia da mistura é positivo e maior que o termo relativo à entropia, tendo como resultado que o polímero não é solúvel no solvente.

A curva (b) mostra o caso onde o valor da entalpia da mistura é pequeno em relação ao termo da entropia ou negativo. A energia livre de Gibbs resultante é negativa e, por consequência, o polímero é completamente solúvel no solvente.

8.1.1.3. Mecanismo de formação de filme

A conversão de um material em solução num revestimento aderente e durável está intimamente interligada com o processo de formação de filme, o qual engloba basicamente três etapas principais: aplicação, fixação e secagem.

Em todas as etapas, a função do solvente tem um papel essencial. O solvente, ou a mistura de solventes, confere à solução de resina uma viscosidade que determina o tipo de aplicação que deve ser feito. Durante a fixação, que é uma etapa de estabilização da pintura na superfície, o papel do solvente está em garantir uma boa aderência da resina na superfície e a formação de uma camada uniforme. O comportamento de uma boa aderência depende, dentre outros fatores, da taxa de evaporação do solvente. Por fim, no processo de secagem, independentemente do tipo, física ou química, o solvente deve além de evaporar completamente da camada aplicada, sair do sistema, depois de ter solubilizado a resina de tal forma que as cadeias poliméricas se entrelacem formando uma camada homogênea, uniforme e durável.

O processo físico da formação do filme de resinas em base solvente ocorre com a evaporação do solvente orgânico e pode ser explicado em três etapas:

- Primeiramente, ocorre uma evaporação rápida do solvente da superfície, resultando num aumento da concentração do polímero e subseqüente formação de gotas nas áreas de evaporação. Nesta etapa, a taxa de evaporação é controlada por fenômenos de superfície na superfície do filme de tinta. A umidade relativa do ar, calor latente de evaporação, tensão superficial da solução são alguns fatores importantes para esta etapa.

- Em seguida, mais solvente será evaporado via difusão através das camadas de polímero concentrado. Dessa maneira a concentração do polímero continua a aumentar e isso resulta numa imobilização das macromoléculas presentes. Existem várias propostas para explicar a evaporação do solvente nesta etapa. Uma das propostas prevê que a formação do filme pode depender de processos de difusão e parâmetros de solubilidade. Enquanto outras prevêem a importância da atividade do solvente e da concentração do solvente.

- Finalmente, os últimos traços de solvente presente no filme são perdidos pela difusão e um filme uniforme e homogêneo de polímero é formado.

Entretanto, uma certa quantidade de solvente é sempre aprisionada no filme e este, por sua vez, pode modificar propriedades mecânica, química, térmica, dentre outras do polímero.

A escolha de solvente ou uma mistura de solventes para o uso em pinturas e tinta de impressão se baseia em características de viscosidade, solubilidade, toxicidade, ponto de fulgor e custo, refletindo em propriedades desejáveis, como desempenho e aplicação. Essa escolha deve ser feita com cautela, já que mudanças podem interferir na aparência final e integridade do produto.

Usualmente, a escolha é feita com base na habilidade de dissolver a resina e, em seguida, de acordo com sua taxa de evaporação. Existem programas computacionais que estimam qual o melhor solvente ou mistura de solventes para a formulação de uma tinta. Este programa considera propriedades não-lineares de mistura de solventes, método que substitui o de tentativa-e-erro na seleção de um solvente ou de uma mistura de solventes. Além disso, existem outras técnicas para o estudo de evaporação do solvente e na etapa de secagem como gravimetria, cromatografia gasosa e infravermelho.

O parâmetro de solubilidade de Hildebrand também se mostra como uma ferramenta valiosa na seleção de solvente ou mistura para uma resina, uma vez que este correlaciona e prevê a solubilidade e compatibilidade de resinas.

Tomando-se o exemplo de um sistema solvente-resina, composta por uma mistura de solventes leve, médio e pesado, geralmente, o componente leve vai evaporar primeiro, então o polímero deve ser solúvel nos solventes médio e pesado, para evitar que ocorra a precipitação do material polimérico. Por um outro lado, a solubilidade não pode ser tão grande para que o polímero não acabe escorrendo pela superfície, mas deve solubilizar a um ponto que dê mobilidade às moléculas de polímeros para que eles possam se entrelaçarem. O mesmo é válido para a posterior evaporação do solvente médio, em que resta apenas o solvente pesado dando tempo suficiente para o polímero formar um filme coeso, ao fim da evaporação dos três tipos de solvente da mistura.

Dessa forma fica claro que o processo de formação de filme é regido especialmente pelo processo de evaporação do solvente, ficando também evidente a importância do solvente na preparação de filmes poliméricos.

8.2. Evaporação do solvente

Um dos trabalhos mais difíceis na formulação de sistemas solventes é a determinação de como a composição do sistema solvente e as propriedades do filme mudam durante a evaporação.

A composição do solvente controla as características de solvência, que por sua vez afetam muitas propriedades da tinta, como solubilidade, instabilidade do pigmento e vários defeitos do filme.

Devido ao comportamento não-ideal da maioria das misturas de solventes, a composição do solvente durante a evaporação é difícil de ser prevista, especialmente quando muitos solventes estão presentes na mistura. A taxa de evaporação é também fortemente afetada pela área superficial disponível para a evaporação, assim como pela transferência de massa e de calor. Geralmente, modelos computacionais são necessários na resolução precisa deste tipo de equação, para predizer corretamente as mudanças da composição do sistema solvente durante a evaporação.

A taxa de evaporação do solvente precisa ser ajustada corretamente ao método de aplicação da tinta, como por exemplo via *spray*, *brush* ou via dipagem. Também é necessário se levar em conta as condições atmosféricas, como temperatura e umidade, além do tempo de cura requerido.

Essa precisão de ajuste está associada ao fato que a taxa de evaporação controla a quantidade de solvente que deixa a tinta após sua aplicação e, conseqüentemente, determina a composição do sistema solvente que permanece na tinta durante a evaporação, controlando por consequência sua viscosidade e sua tensão superficial. Essas duas propriedades, por sua vez, determinam as características de fluxo da tinta, sendo responsáveis pela formação do filme com as características desejadas.

Por exemplo, uma rápida evaporação do solvente é necessária para um aumento rápido da viscosidade da tinta após sua aplicação, prevenindo seu escorrimento. Todavia, a evaporação muito rápida pode resultar em aprisionamento de bolhas de ar e causar defeitos no filme da tinta.

Além disso, a composição do sistema solvente afeta a solubilidade do polímero e a miscibilidade das misturas de polímeros, que por sua vez são responsáveis pela integridade e propriedades mecânicas do filme. Dessa maneira, uma mistura de solventes é geralmente usada para atingir um balanceamento apropriado destas propriedades durante a evaporação.

A secagem das tintas geralmente ocorre em dois estágios. No primeiro estágio, a perda de solvente do filme é função da pressão parcial dos solventes. A resistência à evaporação nesta fase é devido à difusão das moléculas de solvente através de uma fina camada de ar acima da superfície da tinta.

Durante o segundo estágio da evaporação, a taxa é controlada pela taxa de difusão das moléculas do solvente através do filme da tinta, até alcançar sua superfície. Geralmente, este estágio é muito mais lento que o primeiro, e só é alcançado quando 20-30% do solvente são evaporados.

A transição do primeiro para o segundo estágio é mostrado na Figura 8.3, onde a evaporação do metilcicloexano é mostrada como solvente puro e em uma mistura com uma resina alquídica.

Para o caso do solvente puro, a evaporação é função da pressão de vapor do solvente. Todavia, quando uma resina está presente, uma clara transição para o segundo estágio é observada. A predição dos coeficientes de difusão para este estágio é muito difícil. Devido a isso, geralmente os modelos de evaporação negligenciam este estágio numa primeira aproximação.

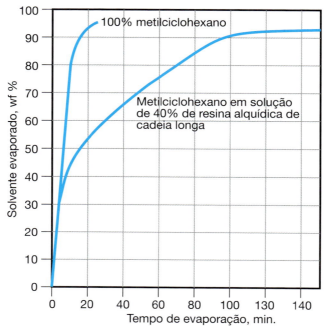

Figura 8.3. Transição do estágio de evaporação.

Na verdade, para predizer a taxa de evaporação do solvente durante a aplicação, é necessário se conhecer a área superficial disponível para a evaporação, que depende do método de aplicação e é muito difícil estimar. Uma forma de caracterizar a evaporação de um solvente é através do modelo de um evaporador de um filme fino. O equipamento que realiza esta medida utiliza um papel de filtro onde o solvente é depositado, e a perda de massa do papel é medida em função do tempo. Parâmetros, como temperatura, umidade e fluxo de ar, podem ser ajustados para simular as condições de aplicação da tinta.

Para caracterizar a evaporação do sistema solvente, os formuladores estão mais interessados no tempo requerido para sua evaporação total e a mudança da composição do sistema solvente enquanto a evaporação ocorre. A taxa de evaporação do solvente pode ser modelizada, utilizando-se a pressão parcial dos solventes como *driven force*:

$$R_i = k_G(P_i - P_i^o) \qquad (1)$$

Onde P_i é a pressão parcial do solvente no filme da tinta, P_i^a é a pressão de vapor do solvente na atmosfera e k_G é o coeficiente de transferência de massa, relacionado à taxa de difusão através de um filme estagnante fino de ar acima da superfície da tinta.

A mudança de massa e composição dos solventes na tinta é determinada da seguinte equação:

$$\frac{dW_i}{dt} = AR_i \qquad (2)$$

Onde W_i é a massa de solvente. A integração desta equação precisa ser realizada numericamente, com a ajuda de um computador para calcular a porcentagem de solvente evaporado e a mudança da composição do solvente com o tempo.

Os coeficientes de transferência de massa para evaporação de solvente no modelo do evaporador sobre um filme fino podem ser estimados usando a equação (1) com os dados de evaporação do solvente puro. P_i^a apresenta valor zero quando existe umidade presente, exceto para água. A pressão parcial do solvente na tinta é calculada a partir da equação:

$$P_i = x_i \gamma_i P_i^0 \qquad (3)$$

Onde x_i é a fração molar, γ_i é o coeficiente de atividade e P_i^0 é a pressão de vapor do componente puro saturado. Os coeficientes de atividade são utilizados para quantificar o comportamento não-ideal dos sistemas solventes. Quanto maior for o comportamento não-ideal da solução de uma mistura de solventes, maior será o incremento na taxa de evaporação. O grau de não-idealidade é indicado pelos coeficientes de atividade.

A mudança de outras propriedades durante a evaporação é de fundamental importância para o desempenho das tintas. A Figura 8.4 apresenta um sistema solvente que inicialmente está dentro da superfície de solubilidade de uma resina polimérica.

Durante a evaporação, com a mudança da composição do sistema solvente, há também uma mudança dos parâmetros de solubilidade do sistema que permanece em contato com a resina polimérica, e no caso apresentado acima, esta mudança leva o sistema solvente para fora da região de solubilidade. Dependendo da velocidade com que esta evaporação ocorra, pode haver uma separação de fases, levando a sérios defeitos no filme formado. Por isso, a formulação de um sistema solvente deve considerar que, durante a evaporação, o sistema permaneça dentro da superfície de solubilidade durante todo o processo.

A umidade é um fator que necessita ser levado em conta na evaporação de um sistema solvente, principalmente para sistemas que contenham água em sua composição ou possuam solventes que são higroscópicos. Se a umidade é alta o suficiente, as propriedades de alguns filmes podem mudar drasticamente, em função de sua retenção. Por outro lado, existem vários solventes orgânicos que fazem azeótropos com a água e, dessa forma, a umidade pode acelerar as taxas de evaporação.

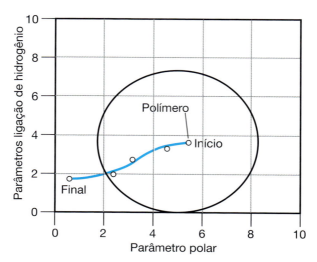

Figura 8.4. Mudança dos parâmetros de solubilidade durante a evaporação.

8.2.1. Tensão superficial

As características de fluxo de uma tinta determinam a qualidade da aparência que um filme pode alcançar para determinadas condições de aplicações, como temperatura e umidade. O fluxo ótimo é obtido através do balanceio na formulação da tensão superficial e viscosidade da tinta.

Os gradientes de tensão superficial através da superfície do filme são as principais forças para o fluxo, resultando em um leve nivelamento da superfície do filme ou formações indesejáveis de defeitos, como crateras.

As forças devido à viscosidade da tinta geram uma resistência ao fluxo, e quando balanceadas de forma apropriada com a tensão superficial, ajudam a promover o desenvolvimento de um filme de excelente qualidade.

8.2.2. Viscosidade

A predição do comportamento do fluxo de uma tinta é muito difícil, devido ao grande número de fenômenos complexos que o influenciam, tais como:

- O volume, a forma e a distribuição de partículas dispersas nas fases, como por exemplo os pigmentos;
- A extensão da interação de partículas na fase dispersa;
- A taxa de cisalhamento;
- Viscosidade da fase contínua.

Estes fatores são significativamente afetados pela composição do polímero, pelo seu peso molecular, pelo grau de interação entre os solventes e os polímeros na tinta e a viscosidade do sistema solvente.

8.2.3. Metodologia de formulação

Conforme apresentado anteriormente, geralmente não é possível predizer as propriedades da tinta, devido à complexidade das várias interações entre seus componentes. Porém, bons resultados podem ser obtidos através dos cálculos da formulação dos solventes, que fornecem uma boa simplificação do problema de formulação da tinta, dado que a composição do sistema solvente afeta muitas de suas propriedades.

Geralmente, as mudanças nas propriedades podem ser satisfatoriamente estimadas com a mudança da composição do solvente. A seguir, é apresentada uma metodologia orientativa para a formulação de sistemas solventes para tintas.

8.2.3.1. Estabelecer a solubilidade do polímero e a miscibilidade da formulação

Primeiramente, é necessária a determinação dos parâmetros e da(s) superfície(s) de solubilidade do polímero ou do sistema de polímeros, quando vários deles estão presentes na formulação.

Quando vários polímeros estão presentes na formulação, a região de miscibilidade deles precisa ser determinada na intersecção das superfícies de solubilidade dos polímeros individuais.

A verificação experimental da miscibilidade é necessária em função de algumas interações complexas entre alguns polímeros, que dependem da sua composição e de sua distribuição de peso molecular.

Freqüentemente, polímeros que são imiscíveis podem ser usados nas tintas em face do efeito compatibilizante dos sistemas solventes formulados na região de intersecção. Neste caso, é necessário avaliar se há possibilidade de separação de fases durante a evaporação do sistema solvente, principalmente na região em que há aumento de viscosidade, para assegurar uma boa formação de filme. Isso pode ser garantido através da formulação de sistemas solventes que permaneçam na região de intersecção das superfícies de solubilidade durante toda a evaporação.

8.2.3.2. Especificar o perfil da evaporação e as outras propriedades do sistema solvente

Determinar o perfil de evaporação do sistema solvente, devido aos impactos apresentados no item anterior. Além dele, também é necessária a determinação de outras propriedades, como viscosidade, tensão superficial.

Em geral, a viscosidade necessita ser baixa o suficiente para facilitar o manuseio da tinta, mas alta o suficiente para evitar seu escorrimento durante a aplicação. Em paralelo, a tensão superficial precisa ser balanceada para permitir o nivelamento do filme de tinta sem a ocorrência de defeitos.

8.2.3.3. Formular sistemas solventes que apresentem boa solubilidade do polímero

Existem muitas metodologias para obtenção destas informações relacionadas anteriormente, como por exemplo através de métodos empíricos em que uma grande quantidade de sistemas solventes são avaliadas. A desvantagem desta metodologia é o tempo gasto para se chegar a um resultado, não significando necessariamente que este represente o sistema otimizado.

O uso de cálculos computacionais em que são levados em conta simultaneamente os modelos de evaporação dos solventes e seus respectivos parâmetros de solubilidade representa uma vantagem expressiva na economia de tempo e maior segurança de obter um sistema otimizado em termos de desempenho e custo. A Rhodia possui o sistema SOLSYS®, que é uma ferramenta capaz de realizar este tipo de função.

8.2.3.4. Testar as formulações experimentalmente para confirmar os resultados previstos

Uma vez que determinado o sistema solvente, os resultados necessitam ser confirmados experimentalmente.

8.3. Formulações de sistemas solvente para segmentos de mercados específicos de tintas

8.3.1. Determinação dos parâmetros de solubilidade e definição de conceito de distância normalizada

8.3.1.1. Medidas para obtenção do parâmetro de solubilidade

A técnica de obtenção dos Parâmetros de Solubilidade consiste em testar a solubilidade ou a miscibilidade da substância em questão em uma série de solventes puros, que representam diferentes grupos químicos. Por exemplo: Hidrocarbonetos, Cetonas, Ésteres, Álcoois e Glicóis.

Na Figura 8.5 está um exemplo do teste realizado para determinação dos Parâmetros de Solubilidade de uma resina. Ele mostra que existem três possibilidades para a avaliação de uma resina num sistema solvente: solúvel, parcialmente solúvel ou insolúvel. São essas informações que são utilizadas para determinação dos Parâmetros de Solubilidade da resina.

Usualmente, utiliza-se mais que um solvente para solubilização de uma resina ou de um sistema de resinas em função de desempenho e custo principalmente. A forma mais comum para a determinação do sistema solvente é realizada via ensaios empíricos de laboratório.

A utilização da Teoria dos Parâmetros de Solubilidade de Hansen permite a determinação do solvente ou sistema solvente mais adequado para uma determinada resina, por meio de cálculos termodinâmicos. Essa teoria é baseada fundamentalmente em três forças:

- δD: força de dispersão de London
- δP: força de atração/repulsão devido à polaridade das moléculas
- δH: força da ligação de hidrogênio

Figura 8.5. Exemplo de teste de determinação dos Parâmetros de Solubilidade de uma resina em um determinado solvente. Ela pode ser solúvel, parcialmente solúvel ou insolúvel.

A Rhodia possui um simulador, SOLSYS®, que permite a determinação dos Parâmetros de Solubilidade de uma resina ou de um sistema de resinas, assim como determinar o melhor sistema solvente para esse caso.

8.3.1.2. Definição do conceito de distância normalizada

As avaliações serão realizadas através do raio do volume de solubilidade utilizando o conceito de distância normalizada — distância ao centro.

O volume de solubilidade é representado graficamente por uma figura tridimensional.

Para o tratamento dos dados, procede-se à normalização das distâncias: ao centro da figura tridimensional é atribuído o valor 0,0.

- às bordas da figura é atribuído o valor 1,0.

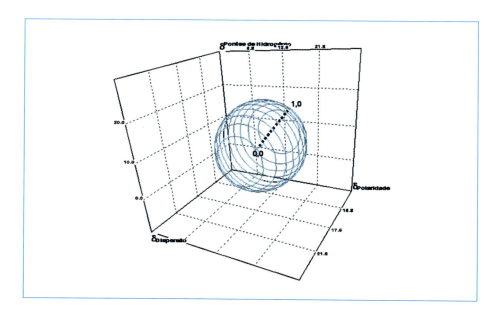

Na simulação, para um dado polímero, um sistema solvente resulta em um valor de distância normalizada:

- valores entre 0,0 e 1,0: sistema solvente eficiente na solubilização do polímero;
- valores superiores a 1,0: baixa solubilidade do polímero no sistema considerado.

8.3.2. Pintura original (OEM – Original Equipment Manufacturer)

As principais características que as tintas utilizadas neste mercado devem apresentar são:

- Aparência: brilho e distinção de imagem
- Durabilidade: retenção de cor e brilho
- Propriedades mecânicas e resistência ao *stone chip*
- Adesão
- Bom desempenho contra corrosão e umidade
- Resistência a petróleo e solventes
- Resistência química contra ácidos
- Dureza e resistência à maresia
- Propriedades que permitam sua reparação

A aplicação de tintas automotivas envolve a limpeza e o tratamento da superfície dos substratos metálicos antes da aplicação da tinta propriamente dita. As camadas que compõem o revestimento de um automóvel são apresentadas abaixo. A Figura 8.6 representa como são compostas as camadas dos revestimentos de uma pintura original.

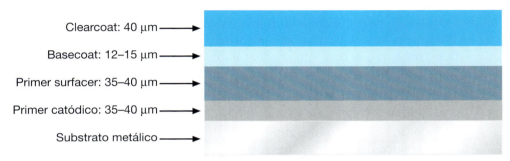

Figura 8.6. Revestimentos de uma pintura original com suas respectivas espessuras.

a) **Camada de fosfato**

b) **Revestimento anticorrosivo ou *primers* catódicos**

Após um pré-tratamento inicial com agentes fosfatizantes, é realizada a aplicação de um *primer* com a finalidade principal de impedir a corrosão. Este *primer* contém pigmentos anticorrosivos em seu sistema de resinas, visando a melhoria das propriedades mecânicas e anticorrosivas. Sua aplicação consiste na imersão do chassi do carro em uma tinta *base água* que é formulada com um sistema de resinas anódicas ou catódicas.

Devido a problemas de redução da adesão da camada de fosfato e baixa resistência à saponificação, os *primers* anódicos foram substituídos pelos catódicos. Esses *primers* são baseados principalmente em sistemas amino-epóxi estabilizados em água por neutralização com vários ácidos. Eles contêm em sua estrutura, elementos de *cross-linking*, exibindo excelentes propriedades do filme formado, sendo curados em estufa em temperatura entre 165-180°C.

c) ***Primer surfacer***

A camada subseqüente ao revestimento catódico é a do *primer surfacer*, apresentando a função de nivelar e preparar a superfíce para as camadas subseqüentes do ponto de vista mecânico e químico, aumentando a resistência a batidas de pedra e comportando-se como filtro ou barreira para a degradação provocada pela luz ultravioleta no revestimento catódico.

Essencialmente, os *primers* utilizados mundialmente pela indústria automobilística são constituídos de sistemas poliméricos hidroxilados, preferencialmente poliésteres saturados, curados com resinas melamina/formaldeído.

d) *Baseacoat*

O sistema de *basecoat* foi desenvolvido para maximizar a aparência das novas cores metálicas e melhorar a proteção do filme pigmentado. Em *basecoats* metálicos contendo partículas de alumínio, há necessidade de existir uma orientação adequada destas partículas em forma lamelar paralelas ao substrato e à superfície, para que ocorra uma reflectância brilhante e espelhada da luz pela camada de tinta. Para que isto funcione, é necessária a ocorrência dos seguintes processos:

- Fluxo adequado das partículas de alumínio, que é promovido pela baixa viscosidade do filme no seu estágio inicial de formação, devido ao baixo conteúdo de sólidos dos ligantes que formam o filme.
- Fixação das partículas lamelares de alumínio, depois de apropriadamente orientadas pela ação do componente cera na formulação do *basecoat*.
- Fixação final das partículas lamelares na matriz do filme através do rápido aumento da viscosidade pela evaporação dos solventes.
- Encolhimento do volume do filme da tinta que pressiona as partículas à sua orientação paralela final.
- A habilidade do filme *basecoat* de resisitir ao ataque de solventes, contidos no *clearcoat*, assegura a manutenção adequada das partículas de alumínio em suas posições, na aplicação subseqüente do *clearcoat*.

As resinas utilizadas em *basecoats* geralmente são poliésteres ou uma resina acrílica modificada com acetato butirato de celulose (CAB) para promover uma secagem mais rápida. Estas formulações apresentam teores de sólidos inferiores a 20% com uma espessura de filme ao redor de 15 µm. Essas resinas são geralmente curadas com resinas base melamina.

e) *Topcoat* ou *Clearcoat*

A aplicação do *clearcoat* pode ser realizada em conjunto (úmido/úmido) com o *basecoat* ou por um processo de secagem prévia do *basecoat* denominado "flash off". As principais vantagens da utilização do *clearcoat* são:

a) Melhoria na aparência — seu uso confere excelentes propriedades de brilho e produz um nivelamento da superfície do filme de tinta formado.

b) Melhoria na durabilidade — confere uma proteção adicional ao filme de *basecoat*, melhorando a retenção de brilho e reduzindo os danos às partículas de alumínio por ataque químico.

Os *clearcoats* são baseados em resinas acrílicas reticuladas com resinas melamínicas. O desenvolvimento de sistemas 2K (bicomponentes) acrílico/uretanos para uso como *clearcoats* em pinturas originais também foi importante, principalmente para as aplicações em que há necessidade de utilização de baixas temperaturas na estufa. Resinas acrílicas com hidroxilas funcionais são usadas com poliisocianatos, como agentes de reticulação. As propriedades desejáveis para os sistemas poliuretânicos em pintura original são resumidas abaixo:

- Rápida cura à temperatura ambiente ou à baixas temperaturas na estufa.
- Altos níveis de durabilidade exterior, especialmente na retenção de cor e brilho.
- Excelente dureza, flexibilidade e resistência à abrasão.
- Boa adesão ao basecoat e a uma variedade de outros substratos.
- Boa transparência.
- Capacidade para formulações com altos sólidos.

CAB é utilizado para promover uma secagem rápida, enquanto a presença de ceras de polietileno ajudam na correção da orientação das partículas metálicas.

Seguem alguns exemplos de formulações encontradas nos mercados de pintura original para alguns sistemas de resinas. Considerando-se um sistema de resina acrílico-melamina, um sistema solvente com bom desempenho na aplicação é apresentado na tabela a seguir, juntamente com os respectivos parâmetros de solubilidade e distâncias normalizadas em relação ao sistema considerado.

Verifica-se pela tabela acima que o sistema solvente tem um excelente desempenho em termos de solubilização da resina acrílica, e particularmente da resina melamínica avaliada. Considerando-se as distâncias normalizadas ao centro, valores próximos a 0,0 indicam a melhor solubilidade possível da resina no sistema. No caso da resina melamínica, este valor encontra-se praticamente no centro, em qualquer instante da evaporação. Necessariamente, esta nem sempre é a melhor situação, visto que estas distâncias indicam uma excelente interação do sistema solvente com a resina, que pode representar uma dificuldade no momento de sua evaporação.

Avaliando-se as superfícies de solubilidade das duas resinas avaliadas, representadas na Figura 8.7, verifica-se que a superfície referente à resina acrílica está contida na superfície da resina melamínica.

Outro fator importante a se considerar são os raios das duas superfícies, sendo maior o da resina melamínica. Isto significa que os graus de liberdade para formulação do sistema solvente são maiores para ela em relação à resina acrílica.

Pelo posicionamento da superfície da resina acrílica em relação à melamínica, qualquer sistema solvente para ser comum a ambas necessita estar posicionado no interior da resina acrílica, conforme apresentado abaixo. Mesmo durante a evaporação do sistema solvente, este permanece comum a ambas as superfícies.

Tabela 8.1. Composição do sistema solvente, parâmetros de solubilidade e distâncias normalizadas de um sistema de resina melamina-acrílico

Composição do sistema solvente		Valores em % m/m
Solventes	Acetato de butila	60,0
	Acetato de etil glicol	13,0
	Xileno	27,0
	Total	100,0
Parêmetros de solubilidade	δD	16,36
	δP	3,15
	δH	5,68
	δG	17,60
Acrílica padrão	Distância normalizada inicial	0,72
	50% massa evaporada	0,70
	90% massa evaporada	0,65
Melanina padrão	Distância normalizada inicial	0,07
	50% massa evaporada	0,06
	90% massa evaporada	0,04

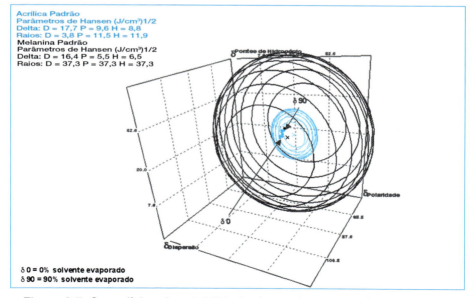

Figura 8.7. Superfícies de solubilidade das resinas melamínica e acrílica.

Verifica-se nesta figura que, mesmo com 90% da massa de solvente evaporado, o sistema permanece comum a ambas as superfícies. A composição do sistema solvente que permanece no filme em cada instante da evaporação é quem determina os parâmetros de solubilidade e as distâncias normalizadas.

Para demonstrar a variação da composição do sistema solvente, na Figura 8.8 é apresentada mostrando a evolução da constituição do sistema que permanece no filme em função da quantidade de solvente evaporado.

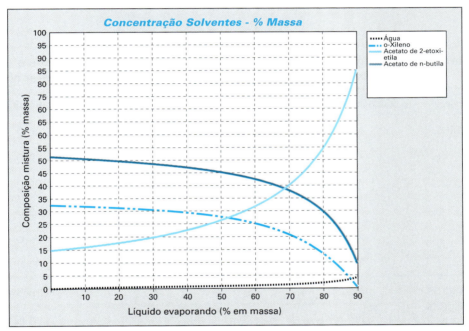

Figura 8.8. Variação da composição do sistema solvente em função da massa de solvente evaporado.

Essa simulação também leva em conta a absorção de água presente na atmosfera por parte do sistema solvente que permanece no filme, durante a evaporação. Verifica-se neste caso que ela é desprezível, e pode-se creditar este fato à baixa afinidade dos solventes da formulação em relação a ela.

O sistema a seguir apresenta o mesmo sistema de resinas, porém o sistema solvente foi balanceado para apresentar uma presença de leves, sem prejuízos aos parâmetros de solubilidade e distância normalizada. Na verdade, a principal vantagem deste sistema em relação ao anterior é maior velocidade de secagem. A contrapartida da presença de compostos leves na formulação é que, caso o sistema não esteja bem balanceado, o filme pode apresentar alguns defeitos, devido à sua rápida secagem, como, por exemplo, cascas de laranja e fervura.

Ainda precisa ser considerada na presença destes componentes leves, a forma de aplicação por pistolas que provoca o início da evaporação do sistema, antes mesmo da tinta atingir o substrato, acarretando problemas de alastramento do sistema de resinas, entre outros.

Devido a todas essas questões é de extrema importância que o sistema solvente esteja balanceado para acelerar a velocidade de secagem por um lado, sem prejudicar a formação perfeita do filme por outro. Dessa forma é importante que a presença de solventes leves esteja sempre condicionada à presença dos de média e baixa taxa de evaporação.

Tabela 8.2. Composição do sistema solvente, parâmetros de solubilidade e distâncias normalizadas de um sistema de resina melamina-acrílico

	Composição do sistema solvente	Valores em % m/m
Solventes	Metil etil cetona	6,0
	Acetato de etila	5,0
	Acetato de butila	52,0
	Acetato de propilenoglicol monometil éter	13,0
	Xileno	24,0
	Total	100,0
Parâmetros de solubilidade	δD	16,31
	δP	3,63
	δH	5,75
	δG	17,67
Acrílica padrão	Distância normalizada inicial	0,69
	50% massa evaporada	0,70
	90% massa evaporada	0,65
Melanina padrão	Distância normalizada inicial	0,05
	50% massa evaporada	0,06
	90% massa evaporada	0,04

Condições de evaporação:
25g/m^2/Temperatura - 25°C/Umidade Relativa do Ar - 70%/Velocidade do Ar - 0,0667 — Substrato – Metálico

Pela tabela da página anterior, verifica-se que:

- Ao sistema foram adicionados alguns solventes de alta taxa de evaporação, que foram o acetato de etila e a MEK, que levaram à redução da concentração do acetato de butila e do xileno, que por sua vez são solventes que possuem taxas de evaporação intermediárias.

- Mesmo com a alteração da composição, o sistema foi balanceado para apresentar os mesmos parâmetros de solubilidade em relação ao sistema que não possuía leves em sua constituição.

- Observando-se as distâncias normalizadas e a Figura 8.9, verifica-se que o sistema solvente encontra-se posicionado internamente na superfície de solubilidade da resina acrílica em todos os momentos da evaporação, e conseqüentemente solubilizando também a resina melamínica. Esse resultado indica que a presença dos compostos com maior taxa de evaporação não prejudicou a solubilidade do sistema de resinas durante a evaporação do sistema solvente, devido principalmente ao correto balanceio com os solventes de média e baixa taxa de evaporação, como o acetato de butila e o PMA, respectivamente.

- Os principais solventes de média taxa de evaporação utilizados para esta aplicação são o acetato de butila, a MIBK. Já com relação aos solventes de baixa taxa de evaporação se destaca o PMA.

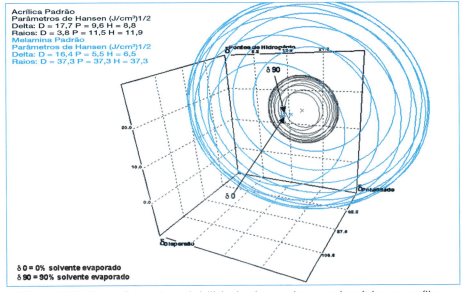

Figura 8.9. Superfícies de solubilidade das resinas melamínica e acrílica.

Avaliando-se a Figura 8.10 a variação da composição do sistema solvente durante a evaporação, verifica-se que os solventes leves deixam rapidamente a superfície do filme transmitindo o trabalho de solubilização das resinas, ou seja, de formação do filme propriamente dito, ao encargo dos solventes de média e baixa taxa de evaporação. Para que eles apresentem o desempenho adequado, é fundamental uma boa solubilidade do sistema de resinas nestes solventes.

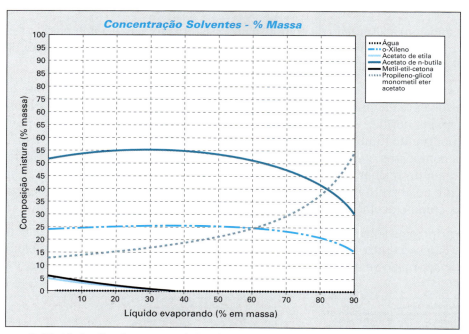

Figura 8.10. Variação da composição do sistema solvente em função da massa de solvente evaporado.

8.3.3. Repintura automotiva

A essência da repintura automotiva é reproduzir a aparência e a durabilidade do acabamento original o mais proximamente possível. A formulação de tintas para atender esse mercado deve ser feita de modo a proporcionar facilidade de aplicação, uma secagem rápida com bom alastramento em condições ambientes e características e propriedades semelhantes às originais.

Um sistema de resinas utilizado neste mercado é um sistema composto com nitrocelulose modificado com resinas alquídicas. Uma das grandes vantagens do uso deste sistema é a produção de tintas com secagem rápida, com desempenho satisfatório, mesmo com condições de aplicação desfavoráveis. Devido às boas propriedades de polimento que o filme apresenta, os defeitos podem ser removidos através de um bom acabamento que pode ser obtido em termos de aparência final.

Todavia, uma das principais deficiências deste sistema é a baixa resistência UV do filme formado, sendo que as áreas repintadas tendem a descolorir de forma muito mais rápida que a original. A utilização de absorvedores UV minimizam o problema, mas não eliminam o efeito. Apesar destes problemas, este sistema ainda é utilizado devido à facilidade de uso mesmo em condições desfavoráveis de aplicação.

As formulações com sistemas poliuretânicos (PU) foram introduzidas na Alemanha no início da década de 80. Seu uso foi difundido a nível mundial quando as companias de tintas exportaram seus produtos para outros países, principalmente quando as montadoras alemãs, como BMW e Mercedes, garantiram o uso de sistemas PU bicomponentes (2K) na reparação de seus automóveis.

Em termos de revestimentos utilizados na repintura, as camadas possuem composição parecida à pintura original em termos de funções. Quando a chapa metálica fica desprotegida, ela precisa ser nivelada e corrigida antes da aplicação dos *primers* de nivelamento. As massas existentes no mercado são:

- Massa poliéster de alta qualidade de dois componentes, que substitui as massas rápida e sintética.
- Massa rápida nitrocelulose que é muito utilizada devido à sua fácil aplicação e secagem.

A próxima etapa é a utilização de um *primer* para o preenchimento dos sulcos, que podem ser à base de nitrocelulose, que apresenta rápida secagem ou à base PU que apresenta maior enchimento, com secagem rápida.

Os acabamentos podem ser classificados em lisos, metálicos ou perolizados, sendo que as qualidades dependem das instalações das oficinas e do ano do veículo a ser repintado.

a) Cores lisas monocamadas:

- Laca nitrocelulose
- Poliéster
- Esmalte poliuretânico

b) Cores metálicas, perolizadas ou lisas duas camadas

- Laca acrílica
- Base metálica poliéster dupla ou tripla camada
- Verniz acrílico
- Verniz PU 2K

Os sistemas PU para repintura automotiva são baseados principalmente na reação de um poliol, geralmente poliéster ou acrílico, com um poliisocianato. Eles apresentam as seguintes características quando comparados a outras tecnologias utilizadas para a repintura, como:

- Possibilidade de se trabalhar com maior teor de sólidos, restringindo a emissão de VOC's.
- Propriedades da aplicação: a desvantagem dos sistemas PU 2K é a necessidade de se misturar com o poliisocianato juntamente com o poliol antes do uso. Na verdade, estes sistemas são tri-componentes, porque também há necessidade de se misturar um thinner para ajuste da viscosidade de aplicação. Quando a aplicação é realizada em locais com umidade elevada, também é necessária a adição de um acelerador.
- Secagem: os sistemas PU 2K curam pela reação entre os grupos hidroxila do poliol e os grupos isocianatos do poliisocianato, o que confere propriedades mecânicas e durabilidade superior ao filme formado. N/C e TPA curam pela evaporação do solvente.
- Maior espessura do filme seco, como resultado do maior teor de sólidos na aplicação.
- Os sistemas PU 2K apresentam maior retenção de cor e brilho que os outros dois, e geralmente são equivalentes ao sistema utilizado na pintura original em termos de desempenho.
- Sistemas PU 2K também apresentam excelente resistência química, diferentemente dos outros dois sistemas.

A seguir a Tabela 8.3 apresenta um exemplo de formulação de solventes para uma tinta base poliéster, realizado utilizando-se o sistema SOLSYS®, desenvolvido pela RHODIA. Nesta tabela também são apresentados os parâmetros de solubilidade iniciais da mistura, além da evolução da distância normalizada, durante a evaporação do sistema solvente.

Os principais pontos que podem ser salientados da Tabela 8.3 são:
- O sistema solvente é constituído de uma composição de etanol, que é um solvente leve, acetato de butila e xileno, que são solventes de taxa de evaporação intermediária e acetato de propilenoglicol monometil éter (PMA), que é o solvente mais pesado do sistema.
- Os parâmetros de solubilidade do sistema solvente são resultantes da somatória dos parâmetros individuais dos solventes que o constiuem.
- Os resultados da distância normalizada entre a resina poliéster são apresentados para o sistema tal qual (TQ), ou seja, sem nenhuma evaporação do sistema solvente, com 50% da massa do sistema solvente evaporada, e finalmente com 90% da massa do sistema solvente evaporado. Verifica-se que o valor do sistema TQ é 0,56, portanto, inferior a 1,00 significando que a resina apresenta boa solubilidade no sistema solvente inicialmente. À medida que o sistema solvente evapora, ocorre um deslocamento da solubilidade para 0,76 a 50% de

evaporação e 0,72 a 90% de evaporação. Pode-se acompanhar graficamente esta evolução conforme apresentado na Figura 8.11. As condições atmosféricas consideradas na simulação incluem uma umidade relativa de 70% a 25°C.

- Verifica-se nesta figura que, durante todos os momentos da evaporação, o sistema solvente permanece dentro da superfície de solubilidade da resina poliéster. Este fato determina que a resina permaneça com boa solubilidade durante toda a etapa de evaporação do sistema solvente. Esta é uma condição fundamental para a boa acomodação das cadeias poliméricas, resultando em uma boa formação de filme.
- Se em algum momento da evaporação a distância normalizada do sistema solvente fosse superior a 1,0, haveria indicação de possibilidade de precipitação da resina neste instante, o que prejudicaria, por sua vez, a formação de filme.
- Essa boa solubilidade da resina poliéster pode ser compreendida em função da evaporação seletiva dos solventes que compõem a formulação.

Tabela 8.3. Composição, parâmetros de solubilidade iniciais e evolução da solubilidade durante a evaporação de um sistema solvente num sistema base poliéster

	Composição do sistema solvente	Valores em % m/m
	Acetato de butila	18,0
	Acetato de propilenoglicol monometil éter	13,0
	Etanol	25,0
	Xileno	51,0
	Total	100,0
Parâmetros de solubilidade	δD	16,83
	δP	3,68
	δH	8,06
	δG	19,02
Poliester padrão	Distância normalizada inicial	0,56
	50% massa evaporada	0,76
	90% massa evaporada	0,72

Condições de evaporação:
25g/m² /Temperatura - 25°C/Umidade Relativa do Ar - 70%/Velocidade do Ar - 0,0667 — Substrato – Metálico

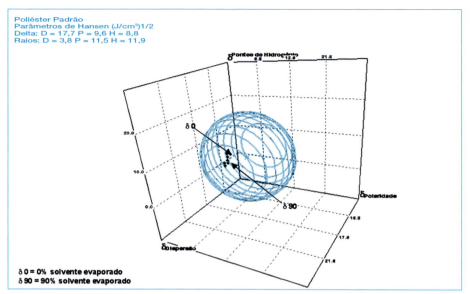

Figura 8.11. Evolução dos parâmetros de solubilidade do sistema solvente na superfície de solubilidade da resina poliéster

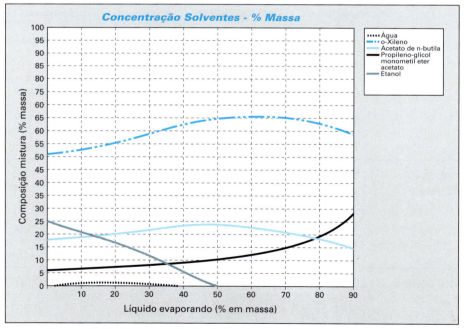

Figura 8.12. Evaporação individual dos solventes presentes na formulação da resina poliéster.

- Pela Figura 8.12, nota-se que o etanol evapora completamente quando 50% do sistema solvente é evaporado. Também é possível se verificar uma pequena absorção de água, proveniente da umidade existente na atmosfera, mas que é praticamente desprezível frente ao sistema solvente, em qualquer instante da evaporação. Assim sendo, ela não chega a comprometer a solubilidade da resina, durante a formação do filme.

Poderia ser proposto um outro sistema solvente, para a mesma resina poliéster, utilizando-se solventes diferentes em relação ao apresentado na tabela 8.4. Novamente as formulações foram avaliadas no sistema SOLSYS®.

Tabela 8.4 Composição, parâmetros de solubilidade iniciais e evolução da solubilidade durante a evaporação de um sistema solvente num sistema base poliéster

	Composição do sistema solvente	Valores em % m/m
Solventes	Acetato de etila	17,0
	Acetato de butila	12,0
	Acetato de etilglicol	7,0
	Etanol	22,0
	Xileno	42,0
	Total	100,0
Parâmetros de solubilidade	δD	16,65
	δP	4,03
	δH	8,29
	δG	19,04
Poliéster padrão	Distância normalizada inicial	0,56
	50% massa evaporada	0,69
	90% massa evaporada	0,64

Condições de evaporação:
$25 g/m^2$/Temperatura - 25°C/Umidade Relativa do Ar - 70%/Velocidade do Ar - 0,0667 — Substrato – Metálico

Neste novo sistema solvente, pode-se destacar:

- Além do etanol, presente na formulação anterior, foi adicionado o acetato de etila, como outro componente leve. Essa adição, juntamente com a utilização de 7% de acetato de etilglicol, ao invés do PMA, resultou numa redução expressiva das concentrações de acetato de butila e xileno.

- Os parâmetros de solubilidade pouco se alteraram, em relação à formulação anterior, assim como as distâncias normalizadas. Na verdade, o que se pode verificar foi até uma pequena redução da distância quando 50% e 90% do sistema solvente foi evaporado. Como os valores são extremamente próximos, e são inferiores a 1,0, e portanto, estão dentro da superfície de solubilidade, os dois sistemas podem ser considerados iguais em termos de desempenho. Essa evolução pode ser verificada graficamente na Figura 8.13.

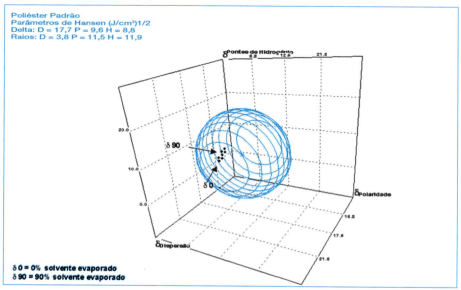

Figura 8.13. Evolução dos parâmetros de solubilidade do sistema solvente na superfície de solubilidade da resina poliéster.

- Verifica-se novamente que, em qualquer instante da evaporação do sistema solvente, ele encontra-se dentro da superfície de solubilidade da resina poliéster.

- A composição do sistema solvente durante a evaporação é apresentada na Figura 8.14.

- Verifica-se que, quando 90% do sistema solvente foi evaporado, a composição da formulação é de aproximadamente 12 % de acetato de butila, 40% de xileno e 48% de acetato de etilglicol, que conferiu uma boa solubilidade da resina poliéster nesta etapa, garantindo portanto uma boa formação de filme.

Uma terceira alternativa de formulação pode ainda ser proposta, modificando-se principalmente o solvente pesado. Neste caso, foi utilizado o sistema solvente Rhodiasolv TV101 para substituir o PMA e o acetato de etilglicol. A Tabela 8.5 apresenta um resumo das propriedades obtidas para o caso da resina poliéster.

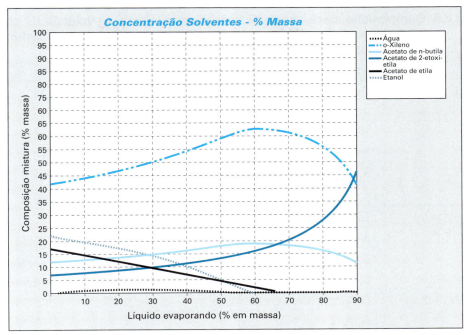

Figura 8.14. Evaporação individual dos solventes presentes na formulação da resina poliéster.

Esta tabela comparada em relação às outras duas mostra a versatilidade deste tipo de simulação de formulação, pois mesmo com alterações significativas em termos de composição, os parâmetros de solubilidade são ajustados de forma a permanecerem praticamente os mesmos, durante todas as etapas da evaporação, não comprometendo dessa forma a solubilidade do sistema, e por conseqüência, uma boa formação de filme.

A Figura 8.15 apresenta a evolução dos parâmetros de solubilidade, em função da evaporação do sistema solvente.

A mesma constatação pode ser realizada com relação à manutenção do parâmetro de solubilidade do sistema solvente dentro da superfície de solubilidade durante toda a evaporação, garantindo o bom desempenho na formação do filme.

A apresentação destes 3 casos indica que é possível manter o desempenho do sistema solvente, mesmo com alterações significativas do ponto de vista qualitativo e quantitativo dos seus constituintes, através do balanceio correto das formulações considerando as características individuais dos constituintes em cada caso.

Outro sistema importante na repintura automotiva é o sistema PU, utilizado principalmente como *topcoat*. Esse sistema apresenta como característica a cura por reação química, enquanto o solvente evapora.

Tabela 8.5. Composição, parâmetros de solubilidade iniciais e evolução da solubilidade durante a evaporação de um sistema solvente num sistema base poliéster

Composição do sistema solvente		Valores em % m/m
Solventes	Acetato de etila	12,0
	Acetato de butila	13,0
	Rhodiasolv TV 101	8,0
	Etanol	18,0
	Xileno	49,0
	Total	100,0
Parâmetros de solubilidade	δD	16,77
	δP	3,63
	δH	7,03
	δG	18,54
Poliéster padrão	Distância normalizada inicial	0,59
	50% massa evaporada	0,78
	90% massa evaporada	0,79

Condições de evaporação:
25g/m²/Temperatura - 25°C/Umidade Relativa do Ar - 70%/Velocidade do Ar - 0,0667 — Substrato – Metálico

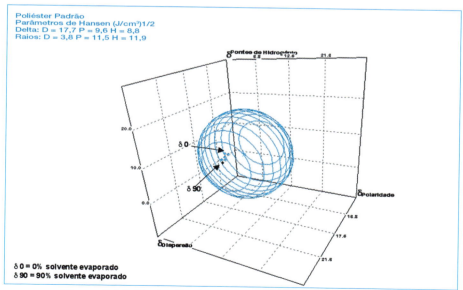

Figura 8.15. Evolução dos parâmetros de solubilidade do sistema solvente na superfície de solubilidade da resina poliéster.

Serão apresentados a seguir exemplos de formulações de sistemas solventes para um sistema PU 2K, utilizando-se:

- Poliol poliéster hidroxilado;
- Poliisocianato Tolonate HDB 75 MX, produzido pela Rhodia.

Os sistemas solventes apresentados correspondem à composição decorrente da mistura dos solventes presentes nas formulações do poliol e do poliisocianato, antes da aplicação, visto que essa mistura será responsável por todas as etapas da formação do filme desde o instante inicial até todo o sistema solvente já ter evaporado. Como para a formação do filme, também existe uma reação química, mais importante ainda a manutenção da boa solubilidade dos dois componentes durante a evaporação do sistema, pois além de uma boa organização das cadeias poliméricas, ela também confere mobilidade para que ocorra aumento da probabilidade de choques entre cadeias de poliol e poliisocianato, e conseqüentemente, aumento da probabilidade da reação química entre eles.

A Tabela 8.6 apresenta os dados de composição e desempenho de três formulação utilizadas para um sistema PU 2K com aplicação em verniz, utilizado no mercado de repintura.

As principais observações que podem ser realizadas desta tabela comparativa são:

- Apesar da diferença de composição das formulações, quando são avaliados os parâmetros de solubilidade, pode-se verificar que não existem diferenças significativas entre eles.

- Quando são avaliadas as distâncias normalizadas, é importante se considerar que elas estão relacionadas aos dois polímeros individuais, ou seja, ao poliol e ao poliisocianato. A Figura 8.16 apresenta a localização espacial da formulação 3, em relação à essas duas superfícies.

- Verifica-se que a superfície de solubilidade do poliol está localizada no interior da superfície do poliisocianato. A diferença dos parâmetros de solubilidade do sistema solvente e dos dois polímeros, ou seja, os dados de distâncias normalizadas precisam apresentar valores que determinem que o sistema solvente esteja posicionado de forma comum às duas superfícies de solubilidade.

- Os dados de distância normalizada indicam que todos os sistemas solvente atuam no limite de solubilidade da superfície do poliol, com valores muito próximos a 1,0, enquanto que em termos de poliisocianato eles se encontram dentro de sua superfície, com valores em média de 0,6. Assim sendo, todos os sistemas solventes são comuns às duas superfícies.

Tabela 8.6. Composição, parâmetros de solubilidade iniciais e evolução da solubilidade durante a evaporação de um sistema solvente para um sistema PU 2K

Composição do sistema solvente		Formulação 1 (% m/m)	Formulação 2 (% m/m)	Formulação 3 (% m/m)
Solventes	Acetato de etila		14,5	17,0
	Acetato de butila	25,0	32,0	30,0
	Acetato de propilenoglicol monometil éter	7,0		
	Acetato e etilglicol		8,0	
	Rhodiasolv TV 101			8,0
	Metil isobutil cetona	33,0		
	Tolueno			25,0
	Xileno	35,0	45,5	20,0
	Total	100,0	100,0	100,0
Parâmetros de solubilidade	δD	16,35	16,73	16,74
	δP	3,65	2,78	3,00
	δH	4,59	5,32	4,57
	δG	17,36	17,77	17,61
Tolonate HDB 75 MX	Distância normalizada inicial	0,65	0,66	0,68
	50% massa evaporada	0,64	0,67	0,66
	90% massa evaporada	0,61	0,52	0,64
Poliéster padrão	Distância normalizada inicial	1,01	1,01	1,01
	50% massa evaporada	1,01	1,02	1,01
	90% massa evaporada	1,00	0,93	1,01

Condições de evaporação:
25g/m² /Temperatura - 25°C/Umidade Relativa do Ar - 70%/Velocidade do Ar - 0,0667 — Substrato – Metálico

- Outra consideração importante é que, durante a evaporação, eles continuam mantendo as mesmas distâncias em relação às duas superfícies, garantindo dessa forma uma boa solubilidade das resinas durante a evaporação, favorecendo dessa forma todos os fatores para ocorrência de uma boa formação de filme.
- As Figuras 8.17, 8.18 e 8.19 apresentam a evaporação seletiva das formulações dos 3 sistemas solventes avaliados.

8. Solventes e suas aplicações

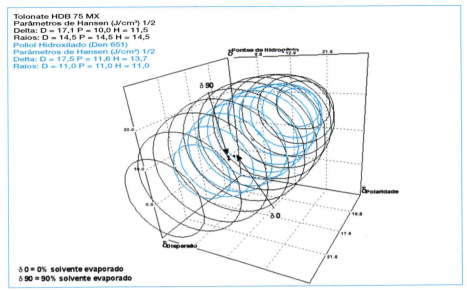

Figura 8.16. Evolução dos parâmetros de solubilidade do sistema solvente na superfície de solubilidade da resina poliéster.

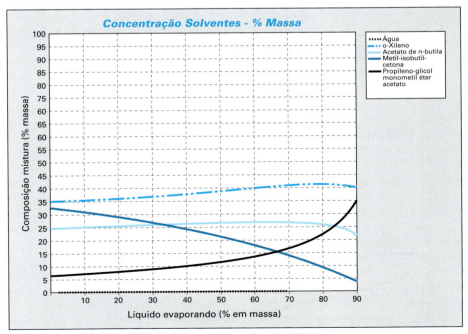

Figura 8.17. Evaporação individual dos solventes presentes na formulação 1.

216 Solventes industriais

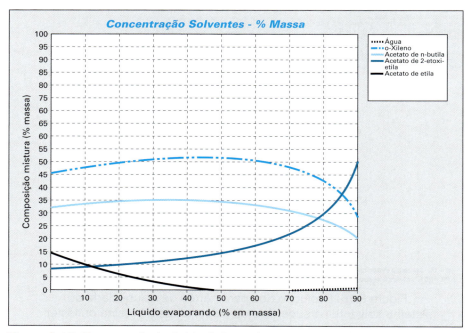

Figura 8.18. Evaporação individual dos solventes presentes na formulação 2.

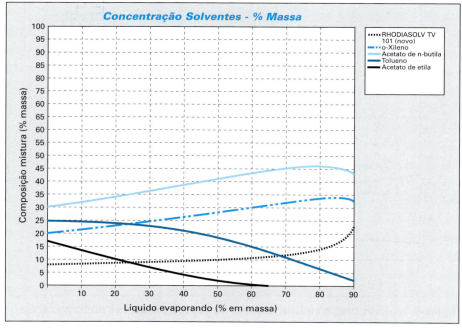

Figura 8.19. Evaporação individual dos solventes presentes na formulação 3.

8.4. Tintas industriais

Além da pintura e repintura automotiva, outras aplicações importantes que envolvem a utilização de tintas na indústria seriam:

- *Can Coating*
- *Coil Coating*
- Manutenção industrial
- Revestimento de embarcações

8.4.1. *Coil Coating*

Esse tipo de tinta é utilizado para aplicação em chapas metálicas que serão posteriormente rebobinadas e conformadas nos formatos específicos de suas aplicações. O processo de aplicação, em geral, é contínuo com alta velocidade de aplicação, podendo chegar a 200 metros por minuto.

O método mais comum de aplicação da tinta líquida à chapa metálica é através de cilindros de transferência. O método de aplicação consiste inicialmente na limpeza e no tratamento da chapa metálica, seguidos da aplicação dos *primers* e finalmente na aplicação dos *topocoats*. Após a aplicação, a tinta precisa ser curada rapidamente, produzindo um filme seco e duro entre tempos que variam entre 10 e 60 segundos, e então resfriada.

Essas chapas metálicas serão posteriormente utilizadas nas montagens para suas finalidades específicas, ou seja, será necessário um manuseio adicional, exigindo algumas propriedades do filme de tinta formado, para resistir a conformações, como por exemplo para a produção de revestimentos de vigas metálicas para telhados de construções até filtros de óleo para automóveis.

As resinas mais comuns utilizadas para formulação das tintas são:

- Amino-alquídicas;
- Vinil-alquídicas;
- Acrílicas reticuladas;
- Sistemas PU.

Em virtude das características das aplicações das chapas, existe uma série de propriedades que a tinta necessita apresentar, como:

- Estabilidade ao cisalhamento;
- Cura rápida;
- Bom equilíbrio entre flexibilidade e dureza;
- Resistência ao intemperismo.

Pela Tabela 8.7, avaliando-se a distância normalizada entre o sistema solvente e a resina melamínica, verifica-se que existe uma grande interação entre elas. A simulação apresentada no exemplo representa a evaporação do sistema solvente nas condições ambientais. Se assim fosse, seria extremamente lenta a evaporação total do solvente por dois motivos: os solventes apresentam taxa de evaporação lenta e existe uma grande afinidade entre eles e a resina, o que dificulta sua eliminação completa.

Tabela 8.7. Composição, parâmetros de solubilidade iniciais e evolução da solubilidade durante a evaporação de um sistema solvente para uma resina melamínica

	Composição do sistema solvente	Valores em % m/m
Solventes	Butilglicol	60,0
	AB9	40,0
	Total	100,0
Parâmetros de solubilidade	δD	15,97
	δP	4,52
	δH	7,65
	δG	18,28
Melamina padrão	Distância normalizada inicial	0,04
	50% massa evaporada	0,18
	90% massa evaporada	0,19

Condições de evaporação:
25g/m² / Temperatura - 25°C / Umidade Relativa do Ar - 70% / Velocidade do Ar - 0,0667 — Substrato – Metálico

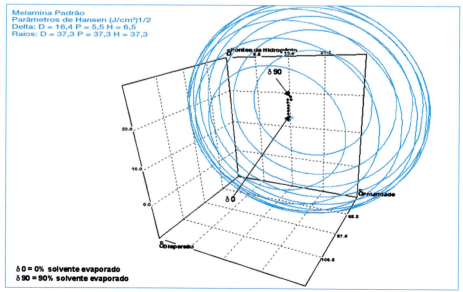

Figura 8.20. Evolução dos parâmetros de solubilidade do sistema solvente na superfície de solubilidade da resina melamínica.

Contudo, como foi apresentado, estes sistemas são curados em estufa para eliminação rápida do solvente da superfície do filme.

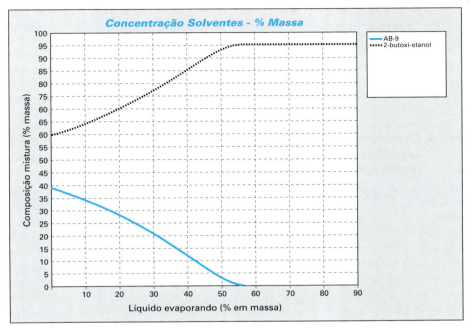

Figura 8.21. Evaporação individual dos solventes presentes na formulação de uma resina melamínica.

8.4.2. Can Coating

A função desta tinta é para pintura de vários tipos de tambores e contêineres, utilizados para aplicações diversas, incluindo armazenamento de alimentos. O que determina o tipo de revestimento necessário para a embalagem é:

- a natureza do produto que será armazenado
- o tipo da construção do container
- o método de manufatura e de enchimento do container.

Por exemplo, para o armazenamento de alimentos, o que deve ser levado em consideração principalmente é a possibilidade de absorção por parte do alimento, de substâncias do revestimento que possam impactar na sua qualidade. Assim sendo, para esta aplicação específica existem revestimentos previamente aprovados pela FDA (Federal and Drugs Administration), que apresentam resistência química e ácidos, e podem ser esterilizados.

As principais resinas utilizadas nestes mercados são as fenólicas, epoxídicas, vinílicas e alquídicas. As resinas fenólicas são utilizadas em *can coating,* pois apresentam excelente resistência química em geral, principalmente a solventes. As resinas vinílicas exibem excelente resistência química e flexibilidade, mas baixa resistência ao calor e à abrasão. A utilização de resinas base epóxi apresenta excelente desempenho na maioria das propriedades, comparado aos sistemas utilizados, e por isso elas apresentam uma posição de destaque neste mercado, possuindo aplicação inclusive no armazenamento de alimentos.

A Tabela 8.8 dá um exemplo de formulação de sistema solvente utilizado neste mercado.

Tabela 8.8. Composição, parâmetros de solubilidade iniciais e evolução da solubilidade durante a evaporação de um sistema solvente para uma resina epóxi

	Composição do sistema solvente	Valores em % m/m
Solventes	Etilglicol	20,0
	Butanol	25,0
	Xileno	40,0
	AB9	15,0
	Total	100,0
Parâmetros de solubilidade	δD	16,77
	δP	4,21
	δH	8,15
	δG	19,12
Epóxi padrão	Distância normalizada inicial	0,78
	50% massa evaporada	0,71
	90% massa evaporada	0,86

Condições de evaporação:
25g/m^2/Temperatura - 25°C/Umidade Relativa do Ar - 70%/Velocidade do Ar - 0,0667 — Substrato – Metálico

As Figuras 8.22 e 8.23 apresentam a evolução dos parâmetros de solubilidade do sistema solvente e a composição do sistema no filme polimérico durante a evaporação.

8. Solventes e suas aplicações

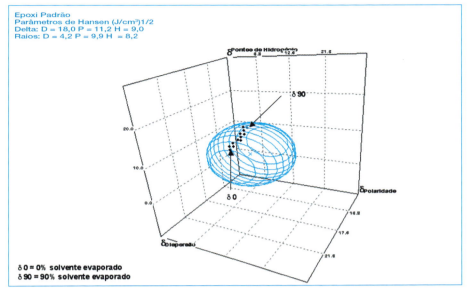

Figura 8.22. Evolução dos parâmetros de solubilidade do sistema solvente na superfície de solubilidade da resina epóxi.

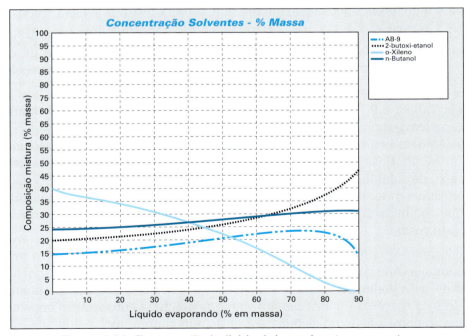

Figura 8.23. Evaporação individual dos solventes presentes na formulação de uma resina epóxi.

8.4.3. Manutenção industrial

A pintura industrial é o processo que tem por objetivo depositar um filme de tinta sobre uma superfície metálica, de concreto ou de alvenaria com a finalidade de proteção do patrimônio, segurança, higiene, produtividade, marketing, economia e qualidade.

Sobre superfícies metálicas, o filme da tinta tem a função de proteger o substrato, isolando-o do meio agressivo, através das suas propriedades de aderência, impermeabilidade e flexibilidade. Os *primers,* além da necessidade de apresentar alta impermeabilidade, também necessitam conter em suas formulações pigmentos anticorrosivos.

Com relação ao concreto, o filme deve resistir à alcalinidade do cimento, que quando novo tem pH de 12 a 13. No caso de concreto armado, o filme tem a finalidade de impermeabilização dos poros, para evitar, por exemplo, a absorção de água para seu interior, por efeito de capilaridade. Existem situações, como no caso das indústrias alimentícias e farmacêuticas e também hospitais, em que há necessidade de garantir ambientes livres de umidade e de fácil limpeza, possibilitando uma descontaminação eficiente, em que a tinta tem um papel fundamental na garantia dessas propriedades. Por exemplo, existem tintas que apresentam propriedades antimofo, impedindo o desenvolvimento de microorganismos em sua superfície.

A Tabela 8.9 apresenta dois exemplos de sistemas de resinas utilizados em tintas industriais. Cada sistema apresenta uma diferença importante de desempenho e custo em função das características das resinas e dos sistemas solventes adotados.

Pela Tabela 8.9, verifica-se que as resinas alquídicas, que apresentam como característica principal suas longas cadeias de carbono, têm baixa polaridade e em função dessa característica, os solventes mais adequados são os aromáticos e também os alifáticos, que apresentam características semelhantes. Na verdade, o parâmetro de solubilidade mais importante que governa este sistema é a dispersão (δD). Assim sendo, o etanol presente está exercendo a função de um diluente, visto que seu impacto no desempenho do sistema solvente é pequeno considerando-se esta resina.

Realizando-se a mesma avaliação para o sistema PU 2K, verifica-se a presença de grupos que apresentam características polares e com tendência à formação de ligação de hidrogênio nas cadeias, principalmente dos isocianatos e do poliuretano formado pela reação do poliisocianato com o poliol. Esta constituição impacta diretamente na constituição do sistema solvente, que contém ésteres de alta, média e baixa taxa de evaporação.

Neste sistema de resinas, além da dispersão, as forças de polaridade e ligação de hidrogênio exercem um peso importante para a definição do sistema solvente.

Tabela 8.9. Composição, parâmetros de solubilidade iniciais e evolução da solubilidade durante a evaporação de sistemas solvente para um sistema PU 2K e um sistema alquídico

Composição do sistema solvente		Sistema alquídico	Sistema PU 2K
Solventes	Acetato de etila		23,0
	Acetato de butila		40,0
	Acetato de etilglicol	7,0	7,0
	Etanol	25,0	
	Tolueno	38,0	17,0
	Xileno	30,0	13,0
	Total	100,0	100,0
Parâmetros de solubilidade	δD	17,25	16,45
	δP	3,36	3,40
	δH	7,28	7,28
	δG	19,02	17,72
		Alquídica curta em óleo de soja	Tolonate HDB
	Distância normalizada inicial	0,27	0,61
	50% massa evaporada	0,32	0,61
	90% massa evaporada	0,29	0,46
			Poliol
	Distância normalizada inicial		1,05
	50% massa evaporada		1,05
	90% massa evaporada		0,85

Condições de evaporação:
25g/m^2/Temperatura - 25°C/Umidade Relativa do Ar - 70%/Velocidade do Ar - 0,0667 — Substrato – Metálico

Outro ponto a se destacar é que no caso da resina alquídica, por se tratar de um sistema monocomponente, existe um grau de liberdade maior para a composição do sistema solvente, conforme mostrado nas Figuras 8.24 e 8.25, em relação ao sistema PU 2K, que o sistema solvente necessariamente necessita solubilizar ambas as resinas durante todas as etapas da evaporação.

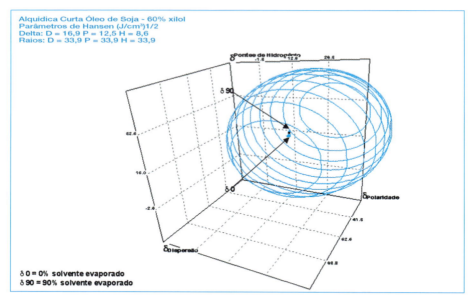

Figura 8.24. Evolução dos parâmetros de solubilidade do sistema solvente na superfície de solubilidade da resina alquídica.

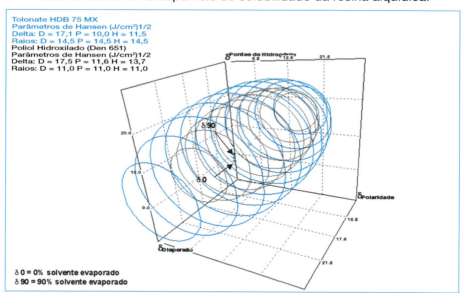

Figura 8.25. Evolução dos parâmetros de solubilidade do sistema solvente na superfície de solubilidade do sistema PU 2K.

Quando comparadas as evoluções dos sistemas solventes das duas tintas, durante a evaporação, verifica-se que no caso da resina alquídica há um aumento na concentração do xileno, que é um solvente verdadeiro para ela, enquanto no sistema PU 2K, o aumento de concentração ocorre para o acetato de butila, que por sua vez apresenta grande poder de solvência para o poliisocianato e para o poliéster.

8. Solventes e suas aplicações 225

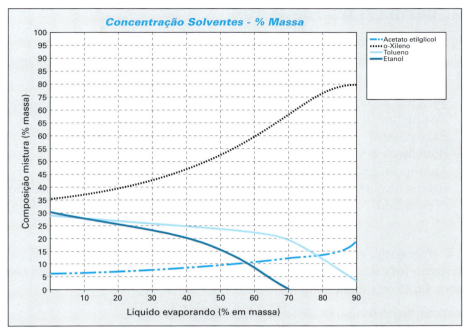

Figura 8.26. Evaporação individual dos solventes presentes na formulação da resina alquídica.

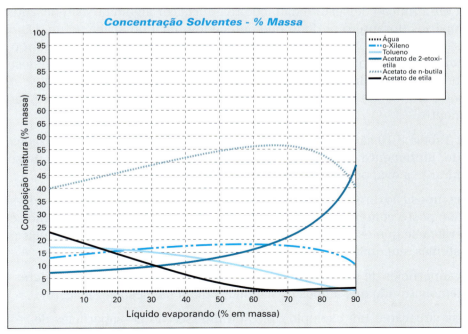

Figura 8.27. Evaporação individual dos solventes presentes na formulação do sistema PU 2K.

8.4.4. Verniz para madeira

A função dos vernizes nas superfícies da madeira está relacionada à melhoria da aparência e da resistência a intempéries. As principais propriedades para os acabamentos de madeira são listadas abaixo:

- Secagem rápida: o substrato se torna rapidamente manuseável e estocável;
- Boa molhabilidade: para ressaltar as cores da madeira;
- Baixo custo;
- Bom fluxo: o verniz penetra na madeira e não colmata os poros;
- Aparência: aparência suave mesmo em baixos níveis de brilho;
- Baixos níveis de brilho: acabamentos acetinados são bastante utilizados neste mercado.

Os acabamentos com nitrocelulose preenchem bem esses critérios. Já os sistemas PU estão fora em termos de custo e dependendo da formulação, em secagem mais lenta, fluxo ou molhabilidade do substrato são piores.

A exposição ao tempo pode levar à sua fotodegradação.

Um sistema de revestimento para madeira compreende um *primer*, um *undercoat* e um *topcoat*. A principal função do *primer* é uma ligação adequada entre o substrato e a camada subseqüente do acabamento. Além disso, eles também deveriam ter a função de selante da madeira e fornecer alguma resistência adicional a intempéries durante o período que antecede o final do acabamento. Os *undercoats* são utilizados para obter a espessura e a opacidade requerida para o filme. Já os *topcoats* são aplicados para obter as propriedades de superfície desejadas, como brilho e durabilidade. Para essas finalidades existem sistemas *base água* e *base solvente*, sendo que a utilização de cada um depende das necessidades do acabamento.

Na Tabela 8.10 são apresentadas algumas formulações típicas utilizadas neste mercado, juntamente com uma avaliação da evolução dos parâmetros de solubilidade durante a evaporação do sistema solvente.

A composição de ambos sistemas solventes é muito parecida, alterando-se apenas o composto com baixa taxa de evaporação, também conhecido como retardador. Verifica-se que os parâmetros de solubilidade são praticamente iguais para os dois sistemas, em qualquer instante da evaporação.

As superfícies de solubilidade das resinas são apresentadas nas Figuras 8.28 e 8.29, demonstrando que ambos os sistemas atuam na mesma região.

Essa situação é um exemplo típico de intersecção de superfícies de resposta, em que há necessidade de o sistema solvente estar posicionado na intersecção entre elas tanto no instante inicial como em qualquer momento durante a evaporação do sistema solvente. Essa condição é fundamental para uma boa miscibilidade entre as resinas, com conseqüente boa formação de filme, garantindo dessa forma suas propriedades mecânicas e em termos de aparência. Considerando-se os dois sistemas, pode-se verificar que o sistema atua no limite da superfície de solubilidade da resina nitrocelulose, e próximo ao centro da resina maléica.

Tabela 8.10. Composição, parâmetros de solubilidade iniciais e evolução da solubilidade durante a evaporação de um sistema solvente para um sistema nitro-maleica

Composição do sistema solvente		Formulação 1	Formulação 2
Solventes	Etanol		13,0
	Acetato de etila	15,0	16,0
	Metil-isobutil-cetona	17,0	8,0
	Tolueno	10,0	33,0
	Xileno	30,0	25,0
	Butilglicol	23,0	
	Diacetona álcool		5,0
	Total	100,0	100,0
Parâmetros de solubilidade	δD	16,88	16,99
	δP	3,74	3,60
	δH	6,47	5,98
	δG	18,46	18,36
Nitrocelulose BT 1464½" AN ETA	Distância normalizada inicial	0,97	0,61
	50% massa evaporada	1,07	0,61
	90% massa evaporada	1,01	0,46
Maléica 60% em xilol	Distância normalizada inicial	0,27	0,28
	50% massa evaporada	0,36	0,40
	90% massa evaporada	0,35	0,23

Condições de evaporação:
25g/m^2/Temperatura - 25°C/Umidade Relativa do Ar - 70%/Velocidade do Ar - 0,0667

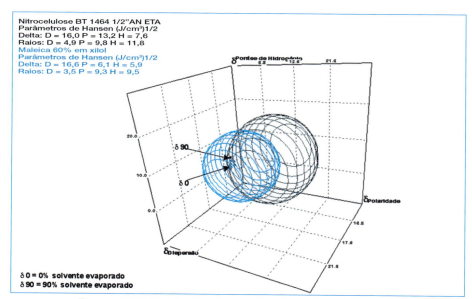

Figura 8.28. Evolução dos parâmetros de solubilidade do sistema solvente para o sistema de resinas Nitro/Maléica – Formulação 1.

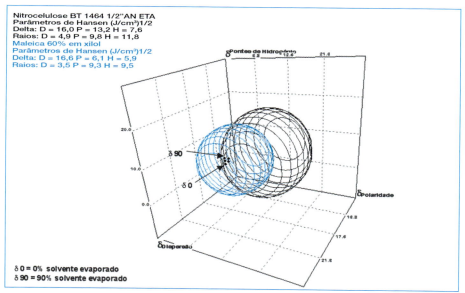

Figura 8.29. Evolução dos parâmetros de solubilidade do sistema solvente para o sistema de resinas Nitro/Maléica – Formulação 2.

A evolução da composição dos sistemas solventes são apresentados nas Figuras 8.30 e 8.31.

8. Solventes e suas aplicações 229

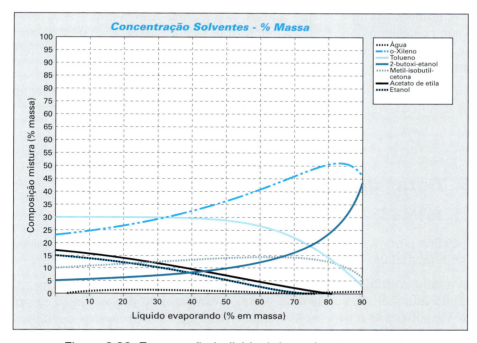

Figura 8.30. Evaporação individual dos solventes presentes da resina nitro-maléica – Formulação 1.

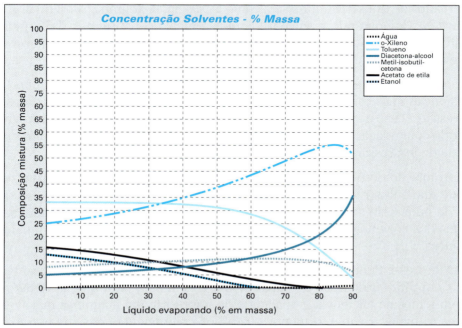

Figura 8.31. Evaporação individual dos solventes presentes da resina nitro-maléica – Formulação 2.

Pelos gráficos verifica-se que ambos os sistemas apresentam praticamente a mesma composição no filme da tinta, em termos quantitativos, com 90% da massa de solvente evaporada, variando-se apenas o retardador, que em um caso é o butilglicol e no outro a diacetona álcool.

Como nos dois casos as distâncias normalizadas são as mesmas, o desempenho dos dois sistemas, e em última instância, dos dois retardadores, é o mesmo.

8.4.5. Tintas de impressão

8.4.5.1. Introdução

A área gráfica cumpre papel importante na perpetuação e registro do desenvolvimento da humanidade.

O mercado de embalagens vem se tornando ano a ano mais exigente. A expansão do mercado mundial fez surgir uma grande variedade de processos de impressão, capaz de responder às novas necessidades. Neste caso, os processos de impressão e as tintas precisaram acompanhar o desenvolvimento e as novas tendências do mercado.

Os solventes continuam sendo utilizados em grandes quantidades nos principais mercados de tintas de impressão, como litografia, flexografia, rotogravura, *offset* e *silkscreen*. Comparando o solvente com os demais constituintes da formulação, pigmentos, resinas sintéticas, aditivos, cargas, os solventes orgânicos têm o volume mais elevado e geralmente o menor custo.

O poder solvente e a volatilidade são propriedades extremamente importantes que influenciam nas características das tintas que são utilizadas nos diferentes tipos de impressão. O uso do solvente nas tintas litográficas, *offset*, flexografia, rotogravura é discutido com relação à influência das propriedades do solvente na estabilidade, na facilidade de impressão e secagem da tinta impressa no substrato.

A formulação de tintas flexográficas e rotogravura usadas para imprimir embalagens de alimentos requer a escolha cuidadosa dos solventes, afim de evitar problemas de odor e de solventes residuais no material impresso. Neste item, as propriedades dos solventes e a eficiência do equipamento de secagem são igualmente importantes.

Dois fatores influenciaram o progresso na tecnologia da tinta: a necessidade de imprimir em diferentes tipos de substratos e a demanda para que as tintas imprimam com a mesma eficiência e qualidade de impressão em máquinas mais velozes. Solventes, o maior volume, o menor custo dos componentes das tintas têm papel importante para se encontrar soluções para estas exigências.

As tendências deste mercado indicam para a eliminação completa de materiais petroquímicos, diminuição da influência à saúde humana e segurança, incluindo legislação sobre problemas de poluição ambiental. Neste sentido, o conceito de tintas cura Ultravioleta e base água deverá ser revisto.

8.4.5.2. A função dos solventes nas tintas de impressão

Os solventes têm a função de dissolver as resinas utilizadas na preparação da tinta, formação polimérica de filme, dar formas aos veículos e às soluções pigmentadas originando as tintas. Os solventes também ajudam na molhabilidade e na dispersão dos pigmentos.

A evaporação do sistema solvente é o principal mecanismo de secagem nos processos de impressão flexográfica, rotogravura, litografia e *offset*.

A absorção do solvente ou sistema solvente nos poros de papéis e filmes é normal para todos os processos de impressão, mas a contribuição real para a secagem depende do substrato e do processo de impressão. Por exemplo, a combinação entre a absorção e a oxidação é fundamental para uma secagem rápida nos processos litográficos impressos em papéis revestidos.

A propriedade mais importante do solvente é seu poder de solvência, seguido pela taxa da evaporação, que controla a secagem, e pela estabilidade na máquina de impressão. Os efeitos do solvente no substrato impresso também são importantes. O solvente residual na embalagem impressa, após a secagem final, pode causar odores que são indesejados neste mercado, principalmente o de alimento. Nesta aplicação, a utilização de solvente com baixos níveis de odor é desejado.

8.4.5.3. Flexografia

A Associação Técnica Flexográfica nos Estados Unidos define a flexografia como sendo um método de impressão rotativa direta que utiliza chapas de borracha ou fotopolímero resilientes com uma imagem em relevo, as quais podem ser fixadas em cilindros com vários comprimentos de repetição.

A flexografia começou na década de 20 nos Estados Unidos e é considerada um método de impressão novo e que está em rápida transformação. Nesta época era chamada de impressão com anilina. A partir de 1952, o processo passou a ser chamado impressão flexográfica.

A tinta é aplicada por um rolo dosador, do qual o excesso de tinta é removido por lâminas raspadoras, capazes de transportar tintas fluidas ou em pasta a virtualmente qualquer substrato.

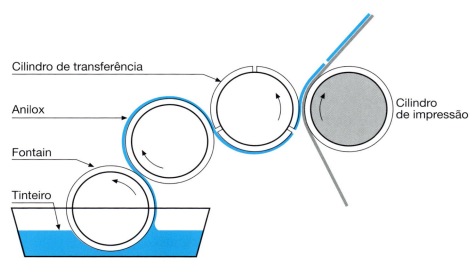

Figura 8.32. Esquema simplificado de impressão flexográfica.

Devido à característica das tintas líquidas utilizadas e forma em alto relevo, o sistema de impressão flexográfico é um dos mais versáteis que existem, podendo fazer a impressão em diversos substratos, tais como papel, plásticos, sacos de ráfia, papelão ondulado, cerâmica, etc. (com a utilização de máquinas especialmente fabricadas para cada utilização).

A impressão em substratos impermeáveis pode ser obtida devido ao fato da tinta ser líquida e de secagem extremamente rápida (com auxílio de aquecedores e ventiladores instalados no percurso do substrato após a impressão).

A limpeza deve ser realizada com o mesmo solvente utilizado na tinta, facilitando assim a remoção da tinta na superfície da chapa e garantindo a compatibilidade do solvente com a chapa. A tinta nunca deverá secar completamente sobre o clichê. Nas paradas da máquina, deve-se aproveitar para fazer a limpeza, utilizando uma escova de cerdas macias.

Mesmo de um dia para outro, a chapa deverá ser completamente limpa, removendo-se principalmente a tinta que penetra nos textos negativos ("vazados") e nas letras pequenas. O excesso de tinta sobre o clichê é um dos inimigos mais comuns da impressão flexográfica de qualidade.

Os solventes habitualmente utilizados em tintas flexográficas incluem os álcoois (etílico, isopropílico, n-butílico, isobutílico), ésteres (acetato de etila, acetato de propila, acetato de isopropila) etilglicol, propileno glicol monometil éter, diacetona álcool.

Os solventes são os principais responsáveis para garantir uma perfeita transferência entre o anilox e o fotopolímero. Este processo deve ser balanceado, ou seja, a secagem deve ser ajustada para que a imagem seja impressa no substrato com a qualidade desejada e secagem ideal para que se tenham níveis de solventes residuais adequados ao mercado final da impressão.

Na Tabela 8.11, apresentam-se alguns exemplos de formulações típicas de mercado, avaliadas segundo o conceito de parâmetro de solubilidade — Hansen, utilizando a ferramenta SOLSYS® - Design de Sistemas Solventes — Rhodia. Os parâmetros de solubilidade das resinas foram determinados conforme descrito no item 8.3.1.1. O sistema de resina considerado para esta avaliação foi o nitrocelulose-fumárica.

O sistema solvente utilizado na formulação da Tabela 8.11, mostra a distância normalizada, a 90% de massa evaporada, próxima do limite do volume de solubilidade para a resina nitrocelulose-fumárica. A solubilidade inicial do sistema solvente apresenta boa performance de solubilização perante as resinas.

Tabela 8.11. Composição do sistema solvente, parâmetro de solubilidade e distância normalizada de um sistema de resina Nitrocelulose-Fumárica

	Composição do sistema solvente	Valores em % m/m
Solventes	Etanol	52,0
	Acetato de etila	18,0
	Isopropanol	20,0
	Butanol	6,0
	Propilenoglicol Monometil Éter	4,0
	Total	100,0
Parâmetros de solubilidade	δD	15,79
	δP	7,41
	δH	16,17
	δG	23,79
Nitrocelulose padrão	Distância normalizada inicial	0,76
	50% massa evaporada	0,85
	90% massa evaporada	0,83
Fumárica padrão	Distância normalizada inicial	0,75
	50% massa evaporada	1,01
	90% massa evaporada	0,90

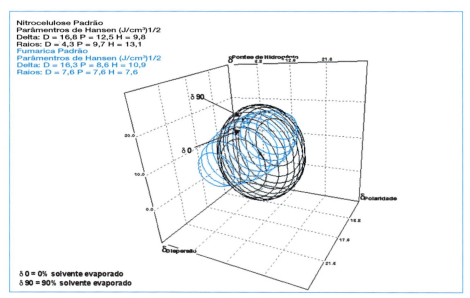

Figura 8.33. Posicionamento do sistema solvente na superfície de solubilidade do sistema de resina Nitrocelulose-Fumárica.

No mercado de tintas de impressão, as formulações são propositadamente formuladas no limite da superfície de solubilidade, facilitando desta forma a eliminação dos solventes, diminuindo a possibilidade de retenção de solvente na impressão final. Neste caso, a rápida evaporação do sistema favorece para que não ocorram defeitos no filme.

Este gráfico indica também a evolução dos valores das forças de δD, δP e δH durante a evaporação do sistema solvente. Deste modo é possível avaliar os possíveis defeitos na formação final do filme.

Utilizando duas ou mais resinas na preparação da tinta, deve se considerar a superfície de solubilidade dos polímeros envolvidos, para escolher o melhor sistema solvente, atendendo, desta forma, às necessidades de solubilidade e evaporação dos polímeros em questão.

A Figura 8.34 mostra a evaporação dos solventes individuais durante a secagem e formação do filme, indicando a concentração em cada etapa da evaporação. Neste gráfico é possível avaliar a influência de cada solvente na performance do filme.

Devemos salientar neste caso que a entrada de água que observamos no gráfico é proveniente da umidade relativa considerada nas condições atmosféricas da simulação. Este fenômeno ocorrerá nos demais gráficos de evaporação do sistema solvente que apresentaremos.

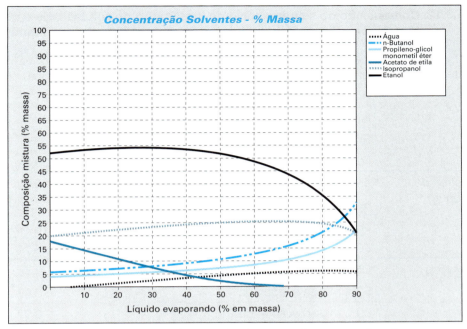

Figura 8.34. Composição do sistema solvente em função da massa de solvente evaporado.

Na Tabela 8.12 avaliaremos outro sistema solvente considerando o mesmo sistema de resinas.

Conforme discutimos no exemplo anterior, o sistema solvente utilizado neste caso também apresenta distância normalizada próxima do limite do volume de solubilidade para a resina fumárica. Esta é uma particularidade do mercado de tintas de impressão.

O gráfico da Figura 8.35 também mostra a evolução dos valores da forças de δD, δP e δH durante a evaporação do sistema solvente.

Quanto maior for o comportamento não-ideal da solução de uma mistura de solventes, maior será a taxa de evaporação deste sistema. Esta propriedade é fundamental para o mercado de impressão flexográfica e rotográfica

A Figura 8.36 mostra a evaporação dos solventes individuais durante a secagem e formação do filme. Desta forma podemos avaliar qual o solvente estará presente nesta fase. O acetato de etila evapora quase que completamente com 60% do sistema solvente evaporado.

Na Tabela 8.13 trabalharemos com outro sistema solvente, mantendo o mesmo par de resina.

Tabela 8.12. Composição do sistema solvente, parâmetro de solubilidade e distância normalizada de um sistema de resina Nitrocelulose-Fumárica

Composição do sistema solvente		Valores em % m/m
Solventes	Etanol	55,0
	Acetato de etila	21,0
	Isopropanol	18,0
	Etilglicol	6,0
	Total	100,0
Parâmetros de solubilidade	δD	15,82
	δP	7,60
	δH	15,99
	δG	23,75
Nitrocelulose padrão	Distância normalizada inicial	0,74
	50% massa evaporada	0,83
	90% massa evaporada	0,77
Fumárica padrão	Distância normalizada inicial	0,72
	50% massa evaporada	1,02
	90% massa evaporada	0,96

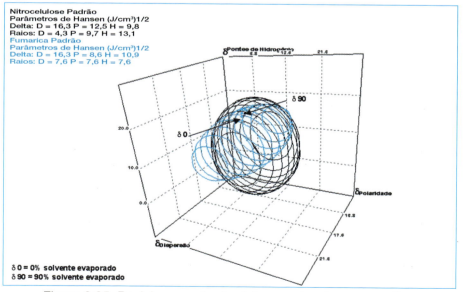

Figura 8.35. Posicionamento do sistema solvente na superfície de solubilidade do sistema de resina Nitrocelulose-Fumárica.

8. Solventes e suas aplicações

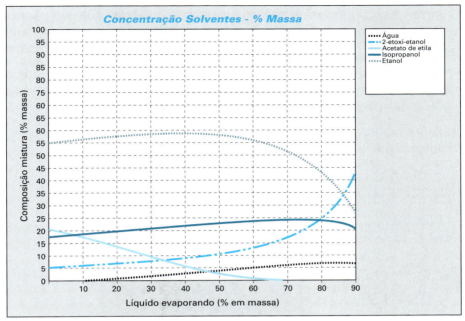

Figura 8.36. Composição do Sistema Solvente em função da massa de solvente evaporado.

Tabela 8.13. Composição do sistema solvente, parâmetro de solubilidade e distância normalizada de um sistema de resina Nitrocelulose-Fumárica

Composição do sistema solvente		Valores em % m/m
Solventes	Etanol	52,0
	Acetato de etila	18,0
	Isopropanol	25,0
	Diacetona álcool	5,0
	Total	100,0
Parâmetros de solubilidade	δD	15,80
	δP	7,47
	δH	16,02
	δG	23,71
Nitrocelulose padrão	Distância normalizada inicial	0,75
	50% massa evaporada	0,83
	90% massa evaporada	0,71
Fumárica padrão	Distância normalizada inicial	0,73
	50% massa evaporada	0,98
	90% massa evaporada	0,74

Conforme discutimos nos exemplos anteriores, o sistema solvente, para aplicação em tintas de impressão, é definido tendendo ao limite da superfície de solubilidade do sistema polimérico. Neste caso, também observamos esta característica.

O gráfico da Figura 8.37 mostra que apesar da variação nos valores de δD, δP, δH o sistema solvente permanece dentro da superfície de solubilidade durante toda a evaporação do sistema solvente e formação do filme.

A rápida evaporação do sistema solvente favorece a formação do filme e dificulta as imperfeições que eventualmente poderiam ocorrer.

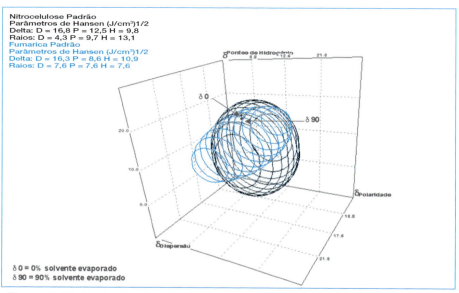

Figura 8.37. Evolução dos parâmetros de solubilidade do sistema solvente na superfície de solubilidade das resinas nitrocelulose e fumárica.

A Figura 8.38 com gráfico de evaporação do sistema solvente é importante, pois através dele podemos identificar os solventes presentes nos vários estágios da formação do filme e relacioná-los com a variação das forças de δD, δP, δH. Esta avaliação nos permite compreender os possíveis defeitos do filme.

Os três próximos exemplos foram feitos com o sistema de resina Nitrocelulose-Poliamida. Este conjunto de resina é muito utilizado no segmento de tintas de impressão.

O sistema solvente estudado neste caso mostra que a distância normalizada está ligeiramente fora da superfície de solubilidade para a resina Poliamida a 50% de massa evaporada. Nesta etapa da formação do filme existe a possibilidade de precipitação da tinta. A rápida evaporação do sistema solvente e formação do filme desfavorecem a ocorrência deste problema.

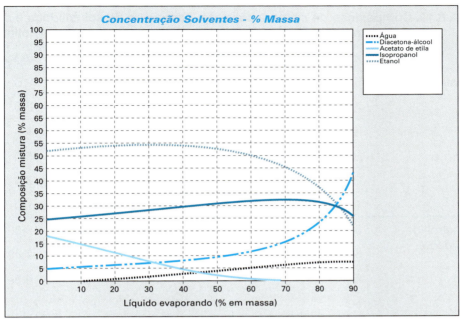

Figura 8.38. Evaporação do sistema solvente.

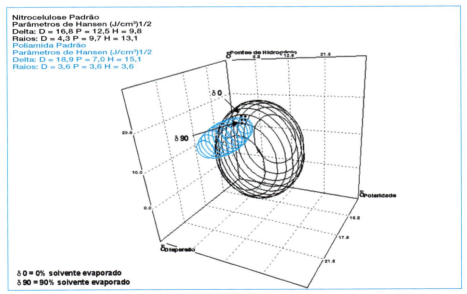

Figura 8.39. Posicionamento do sistema solvente na superfície de solubilidade das resinas poliamida e nitrocelulose.

O gráfico da Figura 8.39 mostra a evolução dos valores das forças de δD, δP, δH durante a evaporação do sistema solvente.

Tabela 8.14. Composição do sistema solvente, parâmetro de solubilidade e distância normalizada de um sistema de resina Nitrocelulose-Poliamida

Composição do sistema solvente		Valores em % m/m
Solventes	Etanol	52,0
	Acetato de etila	12,0
	Isopropanol	14,0
	Butanol	15,0
	Propilenoglicol monometil éter	7,0
	Total	100,0
Parâmetros de solubilidade	δD	15,80
	δP	7,48
	δH	16,59
	δG	24,10
Nitrocelulose padrão	Distância normalizada inicial	0,77
	50% massa evaporada	0,84
	90% massa evaporada	0,81
Poliamida padrão	Distância normalizada inicial	0,99
	50% massa evaporada	1,22
	90% massa evaporada	0,92

A Figura 8.40 mostra a evaporação dos solventes individuais durante a secagem e formação do filme. Desta forma, podemos avaliar qual o solvente está influenciando nas diferentes etapas da formação do filme.

A 90% de massa evaporada, observamos que o butanol é o solvente majoritário, seguido do propilenoglicol monometil éter. Eles são os principais responsáveis por garantir a solubilidade final e formação do filme.

Devemos lembrar novamente que a água observada na figura é proveniente das condições atmosféricas utilizadas na simulação dos dados.

A Tabela 8.15 mostra outro sistema solvente para o mesmo conjunto de resina nitrocelulose-poliamida.

8. Solventes e suas aplicações

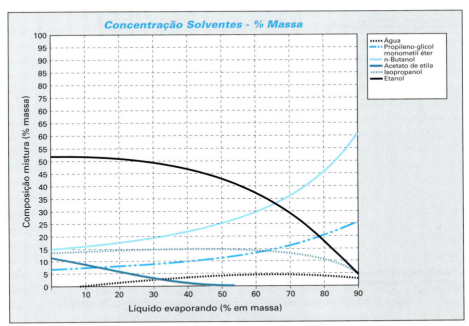

Figura 8.40 Evaporação do sistema solvente durante a secagem do filme.

Tabela 8.15. Composição do sistema solvente, parâmetro de solubilidade e distância normalizada de um sistema de resina Nitrocelulose-Poliamida

	Composição do sistema solvente	Valores em % m/m
Solventes	Etanol	55,0
	Acetato de etila	17,0
	Isopropanol	19,0
	Butanol	5,0
	Diacetona álcool	4,0
	Total	100,0
Parâmetros de solubilidade	δD	15,81
	δP	7,51
	δH	16,23
	δG	23,87
Nitrocelulose padrão	Distância normalizada inicial	0,75
	50% massa evaporada	0,83
	90% massa evaporada	0,73
Poliamida padrão	Distância normalizada inicial	0,95
	50% massa evaporada	1,28
	90% massa evaporada	0,92

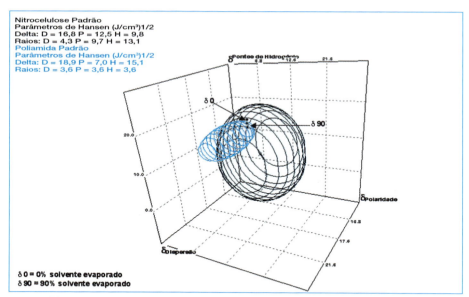

Figura 8.41. Posicionamento do sistema solvente na superfície de solubilidade das resinas nitrocelulose e poliamida.

Este gráfico mantém a mesma tendência dos anteriores, mostrando que o sistema solvente está ligeiramente fora do volume de solubilidade para a resina de poliamida a 50% de massa evaporada.

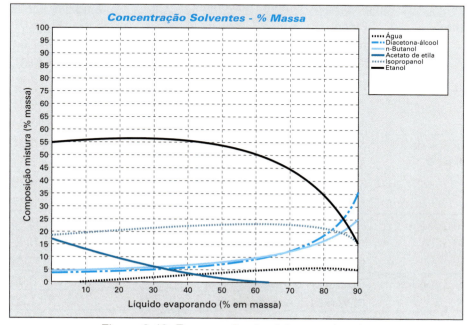

Figura 8.42. Evaporação do sistema solvente.

Os solventes utilizados na formulação do sistema solvente são mostrados na Figura 8.42 com gráfico indicando, conforme já mostrado anteriormente, a concentração de cada solvente durante a secagem do filme. O acetato de etila é totalmente eliminado com 60% do sistema solvente evaporado.

A Tabela 8.16 mostra o sistema solvente com a distância normalizada dentro do volume de solubilidade para a resina nitrocelulose, indicando que neste caso o polímero está com boa solubilidade para esta resina.

Tabela 8.16. Composição do sistema solvente, parâmetro de solubilidade e distância normalizada de um sistema de resina Nitrocelulose-Poliamida

Composição do sistema solvente		Valores em % m/m
Solventes	Etanol	58,0
	Acetato de etila	17,0
	Isopropanol	19,0
	Etilglicol	6,0
	Total	100,0
Parâmetros de solubilidade	δD	15,82
	δP	7,72
	δH	16,45
	δG	24,09
Nitrocelulose padrão	Distância normalizada inicial	0,75
	50% massa evaporada	0,84
	90% massa evaporada	0,77
Poliamida padrão	Distância normalizada inicial	0,98
	50% massa evaporada	1,37
	90% massa evaporada	1,27

No caso da resina poliamida a solubilidade inicial está no limite do volume de solubilidade. No decorrer da evaporação do sistema solvente, podemos observar que a distância normalizada sai do volume de solubilidade indicando uma baixa solubilidade do polímero conforme observado na Figura 8.43. Novamente devemos salientar que a formação do filme é favorecida pela rápida evaporação do sistema solvente, porém neste caso pode ocorrer precipitação da resina.

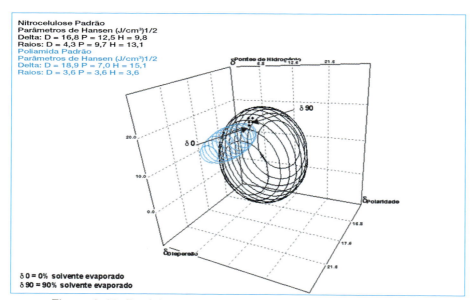

Figura 8.43. Posicionamento do sistema solvente na superfície de solubilidade das resinas.

Como já mencionado anteriormente, o mercado de tintas de impressão trabalha com as formulações propositadamente formuladas no limite do volume de solubilidade, facilitando desta forma a eliminação dos solventes, diminuindo a possibilidade de retenção de solvente na impressão final.

Este gráfico indica também a evolução dos valores das forças de δD, δP e δH durante a evaporação do sistema solvente. Deste modo, é possível avaliar os possíveis defeitos na formação final do filme.

A Figura 8.44 mostra a evaporação dos solventes individuais durante a secagem e formação do filme. Desta forma podemos avaliar qual solvente está presente durante a formação do filme.

Analisando os gráficos de superfície de solubilidade e evaporação de sistema solvente, podemos observar que o etilglicol e etanol são os principais solventes a 90% de massa evaporada, desta forma podemos concluir que são eles os que mais influenciam na solubilidade final do sistema de resina.

Os três próximos exemplos foram feitos com o sistema de resina Nitrocelulose-Poliuretânica, outro sistema de resina utilizado neste mercado.

8. Solventes e suas aplicações

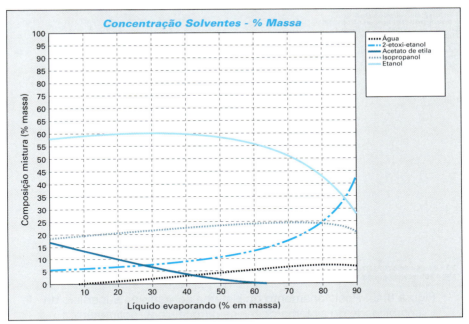

Figura 8.44. Evaporação do sistema solvente.

Tabela 8.17. Composição do sistema solvente, parâmetro de solubilidade e distância normalizada de um sistema de resina Nitrocelulose-Poliuretânica

Composição do sistema solvente		Valores em % m/m
Solventes	Etanol	47,0
	Acetato de etila	15,0
	Isopropanol	28,0
	Butanol	6,0
	Propilenoglicol monometil éter	4,0
	Total	100,0
Parâmetros de solubilidade	δD	15,79
	δP	7,30
	δH	16,29
	δG	23,84
Nitrocelulose padrão	Distância normalizada inicial	0,77
	50% massa evaporada	0,84
	90% massa evaporada	0,83
Resina poliuretânica padrão	Distância normalizada inicial	0,58
	50% massa evaporada	0,73
	90% massa evaporada	0,65

246 Solventes industriais

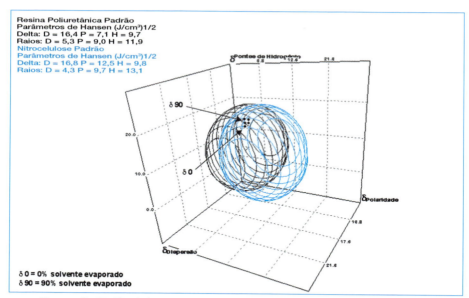

Figura 8.45. Posicionamento do sistema solvente na superfície de solubilidade do sistema de resina nitrocelulose-poliuretânica.

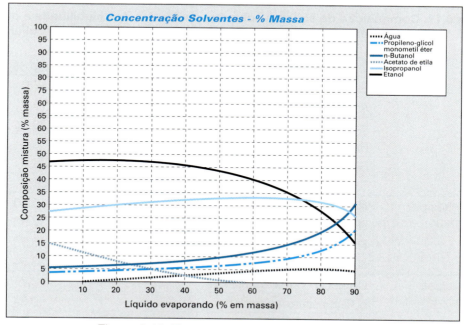

Figura 8.46. Evaporação do sistema solvente.

O gráfico, Figura 8.45, mantém a mesma tendência dos demais, mostrando que o sistema solvente tende ao limite do volume de solubilidade para a resina de nitrocelulose. No caso da resina poliuretânica, a distância normalizada a 90% de massa evaporada é de 0,65, indicando que a resina apresenta uma excelente interação com o sistema solvente, porém este efeito aumenta a tendência à retenção de solvente na embalagem final.

Este gráfico, Figura 8.46, como os anteriores, mostra a saída dos solventes puros durante a secagem e formação do filme. A 90% de massa evaporada, os solventes isopropanol, etanol, butanol e propilenoglicol monometil éter ainda estão presentes. O acetato de etila foi praticamente eliminado a 60% de massa evaporada.

Neste sistema solvente avaliaremos uma formulação contendo diacetona álcool como único solvente pesado no conjunto de solventes utilizados.

Tabela 8.18. Composição do sistema solvente, parâmetro de solubilidade e distância normalizada de um sistema de resina Nitrocelulose-Poliuretânica

Composição do sistema solvente		Valores em % m/m
Solventes	Etanol	56,0
	Acetato de etila	18,0
	Isopropanol	22,0
	Diacetona álcool	4,0
	Total	100,0
Parâmetros de solubilidade	δD	15,80
	δP	7,55
	δH	16,20
	δG	23,86
Nitrocelulose padrão	Distância normalizada inicial	0,75
	50% massa evaporada	0,83
	90% massa evaporada	0,75
Resina poliuretânica padrão	Distância normalizada inicial	0,58
	50% massa evaporada	0,76
	90% massa evaporada	0,66

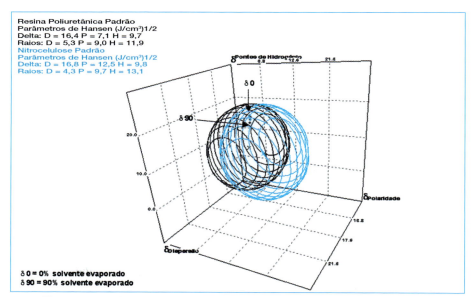

Figura 8.47. Posicionamento do sistema solvente na superfície de solubilidade para o sistema de renina nitrocelulose - PU.

Este gráfico, Figura 8.48, indica também a evolução dos valores da forças de δD, δP e δH durante a evaporação do sistema solvente. Deste modo, é possível avaliar os possíveis defeitos na formação final do filme.

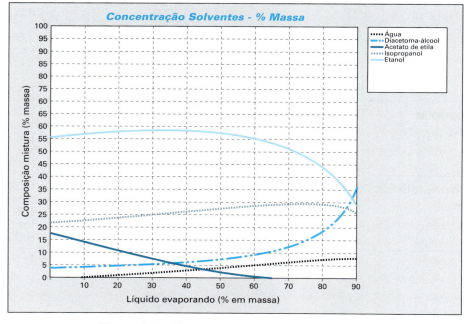

Figura 8.48. Evaporação do sistema solvente.

8. Solventes e suas aplicações

A resina PU apresenta melhor solubilidade que a nitrocelulose neste sistema solvente.

A performance do sistema solvente precisa ser avaliada na intersecção das resinas utilizadas na formulação.

A Figura 8.48 mostra a evaporação dos solventes individuais durante a secagem. Desta forma podemos avaliar qual solvente está presente durante a formação do filme e possíveis interferências. A diacetona álcool, etanol e isopropanol são os solventes responsáveis pelas características finais do filme, pois eles estão presentes no final da secagem.

O sistema solvente sugerido na Tabela 8.19 apresenta valores de distância normalizada dentro da superfície de solubilidade das resinas nitrocelulose e poliuretânica.

Tabela 8.19. Composição do sistema solvente, parâmetro de solubilidade e distância normalizada de um sistema de resina Nitrocelulose-Poliuretânica

Composição do sistema solvente		Valores em % m/m
Solventes	Etanol	54,0
	Acetato de etila	19,0
	Isopropanol	20,0
	Etilglicol	7,0
	Total	100,0
Parâmetros de solubilidade	δD	15,83
	δP	7,62
	δH	16,13
	δG	23,85
Nitrocelulose padrão	Distância normalizada inicial	0,74
	50% massa evaporada	0,83
	90% massa evaporada	0,74
Resina poliuretânica padrão	Distância normalizada inicial	0,57
	50% massa evaporada	0,76
	90% massa evaporada	0,71

O gráfico da Figura 8.49 mostra a evolução dos valores δD, δP e δH durante a secagem do filme, que apresenta sempre os solventes dentro da superfície da solubilidade.

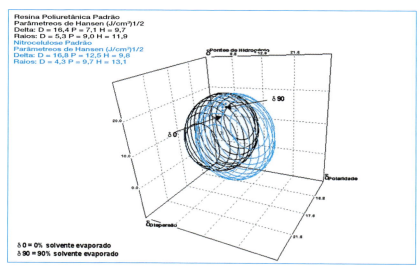

Figura 8.49. Posicionamento do sistema solvente na superfície de solubilidade para o sistema de resina nitrocelulose-poliuretânica.

Os solventes utilizados na formulação do sistema solvente são mostrados no gráfico da Figura 8.50 indicando, conforme já mostrado anteriormente, a concentração de cada solvente durante a secagem do filme.

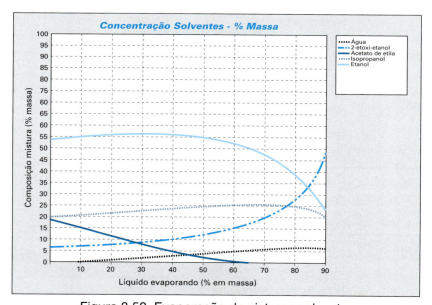

Figura 8.50. Evaporação do sistema solvente.

Os principais substratos impressos são: nas embalagens flexíveis celofane, polietileno, polipropileno, náilon, poliéster, alumínio, papel, papelão ondulado, papéis para presentes, toalhas de papel, faixas promocionais, entre outros.

8.4.5.4. Rotogravura

Trata-se de um processo de impressão direta, cujo nome deriva da forma cilíndrica e do princípio rotativo das impressoras utilizadas. Difere dos outros métodos pela necessidade de que todo o original tenha de passar por um processo de reticulagem, incluindo o texto. A impressão é rotativa e se dá em diversos tipos de superfície.

O primeiro projeto de uma máquina com matriz de impressão apresentando o grafismo gravado foi patenteado em 1784 por Thomas Bell. Porém, o primeiro projeto de um equipamento rotativo de impressão a utilizar este tipo de processo data de 1860, e deve-se a Karl Klic, que é considerado o pai da Rotogravura.

Na Rotogravura, a impressão aplica quantidade de tintas em diferentes partes do impresso. Isso é possível graças à gravação de células em um cilindro revestido com cobre e cromo.

A gravação pode ser química ou eletromecânica. A gravação química é mais antiga, mas ainda utilizada por algumas empresas. Já a gravação eletromecânica, que é feita com a vibração de um pequeno diamante na superfície do cilindro revestido com cobre que fica girando em um equipamento apropriado, é a mais precisa e mais utilizada. Recentemente, a gravação a laser representou um grande avanço neste setor.

A tonalidade da imagem é determinada pela profundidade das células: as profundas contêm mais tinta, assim imprimem tons mais escuros; as rasas, com menos tinta, resultam em tons mais claros. Depois de ser gravada no cilindro revestido com cobre, a imagem é recoberta com cromo para dar maior durabilidade.

As tintas para rotogravura são fluidas com uma viscosidade muito baixa que lhes permita que sejam extraídas dos alvéolos dos cilindros e transferidas para o substrato. A fim de secar a tinta e eliminar os solventes residuais, o substrato é introduzido em estufas intermediárias.

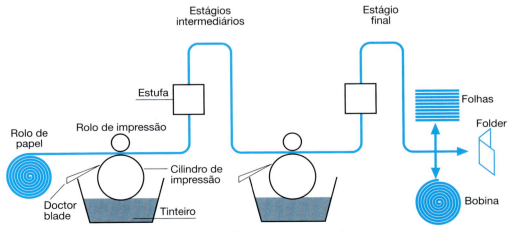

Figura 8.51. Esquema simplificado de impressão em rotogravura.

Figura 8.52. Rotogravura.

A tinta secará antes que o substrato receba a próxima impressão. Isto se faz necessário para que ocorra a sobreimpressão sem marchar ou borrar. Conseqüentemente, as estufas são colocadas após cada estação de impressão. As tintas de flexografia e rotogravura são muito similares e os constituintes são essencialmente os mesmos.

Os solventes apresentam como característica principal tornar a resina fluida, de modo a poder entrar e sair dos alvéolos do cilindro impressor. Outra característica consiste também em penetrar ligeiramente na superfície do substrato, carregando consigo a resina e permitindo que esta possa agarrar-se ao substrato.

Após a impressão propriamente dita, é desejável que o solvente seja eliminado rapidamente, ocorrendo desta forma a formação do filme. O solvente deve estar praticamente isento no produto impresso.

Apesar de o solvente retido na embalagem final ser praticamente inexistente, ele desempenha papel extremamente importante em todos os estágios anteriores à impressão.

Como já dissertado no Capítulo 7 um dos critérios de escolha do solvente é a solubilidade da resina utilizada para promover a adesão da tinta ao substrato. O solvente da tinta pode, ainda, ser composto por dois ou três solventes diferentes com características específicas.

Geralmente, o solvente verdadeiro da resina, que prontamente a dissolve, tem facilidade em ficar retido quando o filme da tinta está seco, este fenômeno ocorre pela afinidade físico-química que o conjunto resina-solvente apresenta. Nestes casos, faz-se necessária a adição de co-solventes ou diluentes para diminuir esta interação e facilitar a eliminação dos solventes retidos na impressão final.

Os co-solventes ou diluentes não são capazes de solubilizar sozinhos as resinas. Assim, a escolha do solvente deve considerar:

- O tipo de resina;
- A velocidade da impressora;
- Restrições impostas pelo produto acabado.

A evaporação do solvente tem fundamental importância na rotogravura, mas alguns pontos precisam ser observados, se o solvente libera-se muito rapidamente, a tinta seca no interior dos alvéolos, e não ocorre a transferência da tinta para o substrato, além de promover o entupimento dos alvéolos. Se o solvente libera-se mais lentamente, temos problemas de arrancamento, rugas, pegajosidade e, em determinados níveis, a retenção do solvente na impressão pode ocasionar bolor no produto final.

As restrições das quantidades dos solventes retidos são características de cada cliente final.

Seguem na Tabela 8.10 alguns exemplos de formulações típicas de mercado, avaliadas segundo o conceito de parâmetro de solubilidade – Hansen, utilizando a ferramenta SOLSYS® — Design de Sistemas Solventes — Rhodia. Os parâmetros de solubilidade das resinas foram determinados conforme descrito no item 8.3.1.1. O sistema de resina considerado para esta avaliação foi o nitrocelulose-fumárica.

Tabela 8.10. Composição do sistema solvente, parâmetro de solubilidade e distância normalizada de um sistema de resina Nitrocelulose-Fumárica

Composição do sistema solvente		Valores em % m/m
Solventes	Etanol	20,0
	Acetato de etila	80,0
	Total	100,0
Parâmetros de solubilidade	δD	15,80
	δP	6,00
	δH	9,64
	δG	19,46
Nitrocelulose padrão	Distância normalizada inicial	0,70
	50% massa evaporada	0,68
	90% massa evaporada	0,67
Fumárica padrão	Distância normalizada inicial	0,37
	50% massa evaporada	0,31
	90% massa evaporada	0,45

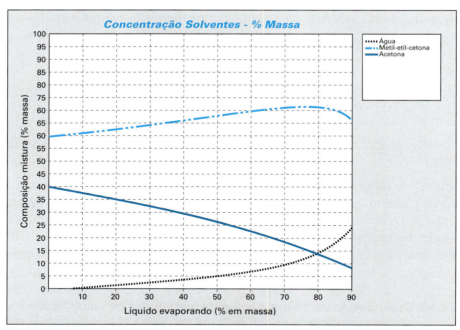

Figura 8.53. Posicionamento do sistema solvente na superfície de solubilidade da resina.

A rotogravura apresenta a mesma característica da flexografia, ou seja, a distância normalizada do sistema solvente encontra-se dentro do volume de solubilidade para as resinas nitrocelulose e fumárica, indicando que o sistema solvente apresenta boa performance em solubilidade para as resinas envolvidas.

A solubilidade é muito importante, pois é necessário garantir que a tinta tenha uma viscosidade baixa o suficiente para entrar e sair dos alvéolos com eficiência. Cabe lembrar que a solubilidade e viscosidade são diretamente proporcionais.

No mercado de tintas de impressão, as formulações são propositadamente formuladas com a distância normalizada tendendo ao limite do volume de solubilidade, ou seja, mais próxima de 1, facilitando desta forma a eliminação dos solventes, diminuindo a probabilidade de retenção na impressão final.

No caso da resina fumárica, os valores de distância normalizada estão mais próximos do centro do volume de solubilidade, indicando uma excelente interação com o sistema solvente. Isso pode dificultar a saída dos solventes, aumentando a tendência à retenção.

No caso da rotogravura, isso é menos crítico devido à secagem que ocorre entre as impressões, forçando a saída destes solventes.

O gráfico da Figura 8.54 mostra a evaporação dos solventes individuais durante a secagem e formação do filme, indicando a concentração em cada etapa da evaporação. Neste gráfico é possível avaliar a influência de cada solvente na performance do filme.

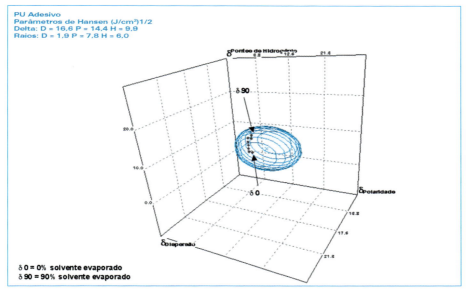

Figura 8.54. Evaporação do sistema solvente.

Devemos salientar neste caso que a entrada de água que observamos no gráfico é proveniente da umidade relativa considerada nas condições atmosféricas da simulação. Este fenômeno ocorrerá nos demais gráficos de evaporação do sistema solvente que apresentaremos.

O gráfico da Figura 8.55 mantém a mesma tendência do anterior, mostrando que o sistema solvente está dentro do volume de solubilidade para a resina de nitrocelulose e poliuretânica.

Na Tabela 8.11 podemos observar que a resina poliuretânica apresenta excelente solubilidade no sistema solvente proposto e aumenta a distância normalizada no decorrer da evaporação. Isso dificulta a retenção de solvente, já que a 90% de massa evaporada temos uma distância normalizada de 0,87.

Como já foi discutido anteriormente, estando próximos do limite do volume de solubilidade, maior a facilidade para a saída dos solventes durante o final da secagem do filme.

Vale lembrar que no caso da rotogravura as estufas intermediárias têm a função de facilitar a saída destes solventes.

Tabela 8.11. Composição do sistema solvente, parâmetro de solubilidade e distância normalizada de um sistema de resina Nitrocelulose-Poliuretânica

Composição do sistema solvente		Valores em % m/m
Solventes	Etanol	30,0
	Acetato de etila	60,0
	Isopropanol	10,0
	Total	100,0
Parâmetros de solubilidade	δD	15,80
	δP	6,43
	δH	11,78
	δG	20,73
Nitrocelulose padrão	Distância normalizada inicial	0,68
	50% massa evaporada	0,70
	90% massa evaporada	0,91
Resina poliuretânica padrão	Distância normalizada inicial	0,24
	50% massa evaporada	0,41
	90% massa evaporada	0,87

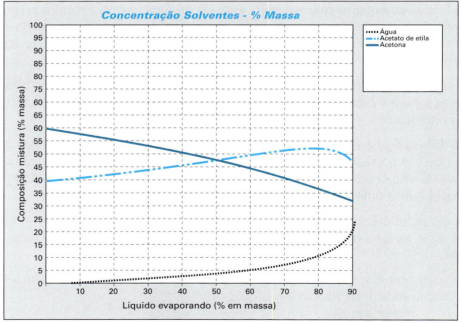

Figura 8.55. Posicionamento do sistema solvente na superfície de solubilidade.

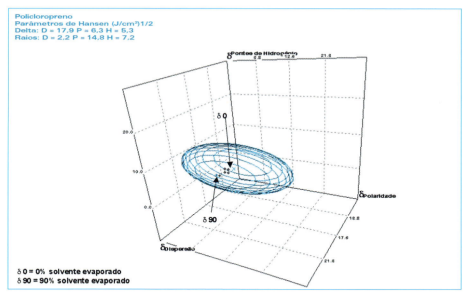

Figura 8.56. Evaporação do sistema solvente.

Este gráfico, Figura 8.56, indica também a evolução dos valores da forças de δD, δP e δH durante a evaporação do sistema solvente. Deste modo é possível avaliar os efeitos na formação final do filme.

Os solventes habitualmente utilizados em rotogravura incluem os álcoois (etílico, isopropílico), acetato de etila. Etilglicol, propileno glicol monometil éter, diacetona álcool também podem ser encontrados.

8.4.5.5. Serigrafia

Serigrafia ou *silk-screen* é um processo de impressão, no qual a tinta é vazada pela pressão de um rodo, através de uma tela preparada, normalmente de seda ou náilon. A tela é esticada em um bastidor de madeira ou aço.

A tinta é depositada sobre a tela e com um rodo de borracha aplica-se a tinta na área de grafismo em movimentos para trás, com a matriz levantada do suporte. Abaixa-se a matriz e puxa-se o rodo para frente, com certa pressão, fazendo com que a tinta seja depositada no suporte.

O processo pode ser utilizado para impressão em variados tipos de materiais (papel, plástico, borracha, madeira, vidro, tecido, etc.), superfícies (cilíndrica, esférica, irregular, clara, escura, opaca, brilhante, etc.), espessuras ou tamanhos, com diversos tipos de tintas ou cores. Também pode ser feito de forma mecânica (por pessoas) ou automática (por máquinas).

Além dos equipamentos e insumos adequados, o processo de serigrafia exige mão-de-obra especializada e qualificada, a fim de garantir o trabalho de impressão. Assim, é muito importante utilizar o tipo certo de tinta para cada superfície (substrato).

Os solventes mais utilizados neste mercado são: isoforona, ciclo-hexanona, tolueno, xileno, metil isobutil cetona, solventes aromáticos C9, 2-butóxi etanol, diésteres.

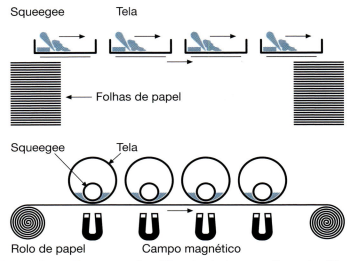

Figura 8.57. Esquema simplificado de impressão serigráfica.

8.4.5.6. *Offset*

A impressão *offset* consegue-se através de uma chapa de impressão metálica, flexível e fina, projetada para envolver o cilindro de impressão, o qual é tratado quimicamente, de forma que a área com imagem rejeite a solução de água e aceite a tinta. O inverso deve acontecer com a área sem imagem.

Na impressão *offset* são usadas máquinas rolativas e compostas de três cilindros; o cilindro de chapa, em volta do qual se envolve a chapa; o cilindro de borracha ou caucho, no qual a imagem é transferida; e o cilindro de pressão, que pressiona o papel ou plástico contra o cilindro de borracha.

Na impressão de termoplásticos (rígidos ou flexíveis), é usado o processo de impressão, *offset* a seco, no qual é usado somente a tinta e a gravação na chapa é feita em alto relevo, de forma a ser transferida a tinta para a chapa e então ao cilindro de caucho e este ao suporte (plástico).

As principais características da impressão *offset* são:

- Pode imprimir trabalhos de vários formatos em branco e preto ou em cores a custos relativamente baixos;
- Requer mais atenção do que tipografia ou rotogravura, para manter a uniformidade da imagem no decorrer da impressão;
- As chapas de impressão têm custo baixo, e são rapidamente confeccionadas se comparadas aos demais métodos;
- As chapas podem ser de alumínio, aço inoxidável ou resinas especificas.
- Qualidade de impressão excelente.

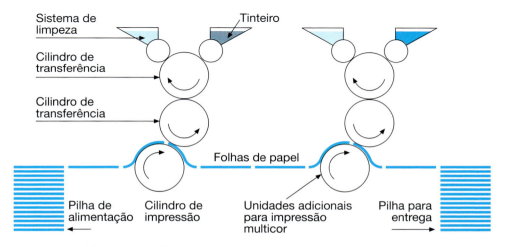

Figura 8.58. Esquema simplificado de impressão *offset*.

8.5. Adesivos

Os adesivos apresentam uma gama de aplicações desde em embalagens flexíveis e de tecidos até em aplicações estruturais como em colagem de peças automobilísticas. Já os selantes são utilizados para prevenir a passagem de gás e/ou líquido entre duas superfícies, sendo designados para preencher, enrijecer e conferir alguma flexibilidade a espaços. Em alguns casos também são utilizados, devido às suas propriedades adesivas. Entre as várias classes de adesivos, destacam-se os adesivos base solvente que serão tratados neste capítulo.

Uma dessas classes é representada pelos "adesivos de contato". Essa classe se caracteriza pela aplicação do adesivo em ambas superfícies a serem coladas. Após a aplicação, uma parte do solvente é evaporada, as superfícies são unidas e o adesivo une as partes. Esses adesivos de contato são, na sua maioria, baseados em borracha de policloropreno (neopreno). Um mercado para esse tipo de adesivo é o moveleiro e de carpetes. Um outro mercado importante é o de colas para sapato. Adesivos *base sol-*

vente e sensíveis à pressão são geralmente utilizados, também, em borrachas naturais, blocos de copolímero estireno, borrachas estireno-butadieno e polímeros acrílicos.

Na maioria dos adesivos *base solvente*, o solvente é adicionado para reduzir a viscosidade do sistema, e melhorar a aplicação além do tempo de secagem. Adesivos geralmente são feitos com misturas de solvente que permitem otimizar o tempo de secagem.

Uma enorme variedade de solventes pode ser usada, mas os mais usuais são tolueno, heptano, acetona, acetato de etila, metil etil cetona, clorofórmio, nafta e óleo mineral. A variedade de solventes utilizados na indústria de adesivos é menor que na indústria de tintas e revestimentos, porque, em adesivos, a aparência não é um fator importante. Superfícies revestidas à *base solvente* geralmente contêm uma mistura de solventes de baixa e alta pressão de vapor e, de acordo com a taxa de evaporação, o filme é formado refletindo na sua aparência final. Em adesivos utiliza-se solventes leves, que evaporam rápido, uma vez que o tempo de secagem é um parâmetro importante. Em revestimentos, xileno (solvente pesado) e tolueno (solvente leve), têm a sua importância, enquanto que em adesivos e selantes, xileno é pouco usado. O mesmo acontece para acetato de etila e MEK (leves) e acetato de butila e MIBK (pesados). Além disso, em adesivos, ao contrário de revestimentos, não é necessário reduzir a viscosidade antes da aplicação. Abaixo serão apresentados alguns exemplos de formulações desenvolvidas para o mercado de adesivos base PU. A Tabela 8.22 apresenta uma dessas formulações utilizadas no mercado.

Tabela 8.22. Composição, parâmetros de solubilidade iniciais e evolução da solubilidade durante a evaporação de um sistema solvente para um adesivo base PU

	Composição do sistema solvente	Valores em % m/m
Solventes	Acetona	40,0
	Metil etil cetona	60,0
	Total	100,0
Parâmetros de solubilidade	δD	15,80
	δP	9,56
	δH	5,86
	δG	19,37
PU adesivo	Distância normalizada inicial	1,00
	50% massa evaporada	0,84
	90% massa evaporada	0,84

Condições de evaporação:
25g/m² /Temperatura - 25°C/Umidade Relativa do Ar - 70%/Velocidade do Ar - 0,0667.

Verifica-se que neste caso foram utilizados somente dois solventes no sistema desenvolvido. Pela avaliação dos parâmetros de solubilidade e das distâncias normalizadas, verifica-se que o sistema solvente mantém uma boa solubilidade da resina em qualquer instante da evaporação, conforme também pode ser avaliado na Figura 8.59.

Outro ponto importante a ser destacado é que o sistema solvente apresenta evaporação extremamente rápida, e além disso, a formulação é desenvolvida para atuar próxima ao limite de solubilidade da resina PU, ou seja, ela apresenta uma interação mínima com a resina para promover sua solubilização e uma boa formação de filme, mas próxima o suficiente do limite de solubilidade indicando baixa interação entre o solvente e a resina, diminuindo a probabilidade de sua retenção no filme.

Como para um adesivo as propriedades mecânicas são as mais importantes no filme formado, quanto menos solvente retido, menos solvente haverá entre as cadeias poliméricas do adesivo, e por consequência, maior será o assentamento entre elas, favorecendo o aumento da cristalinidade, que, por sua vez, é responsável pelas propriedades mecânicas do adesivo.

A solubilidade no limite no instante inicial também garante o ajuste de viscosidade necessária para a aplicação do adesivo, normalmente realizada com pincel.

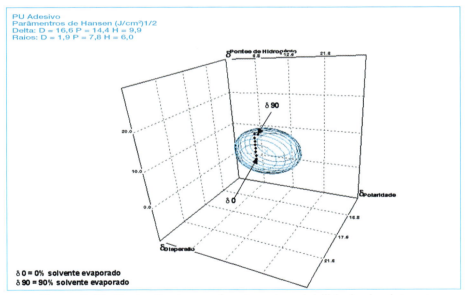

Figura 8.59. Evolução dos parâmetros de solubilidade do sistema solvente para o adesivo base PU.

Um ponto importante a ser também destacado é a absorção de água pelo sistema, durante a evaporação. Relembrando, essa absorção é função da umidade relativa do ambiente em que o adesivo foi aplicado e também da higroscopicidade dos solventes envolvidos. Neste caso em particular, verifica-se que a quantidade de água absorvida não foi desprezível, e ela também contribui para a solubilidade da resina em qualquer instante da evaporação (Figura 8.60).

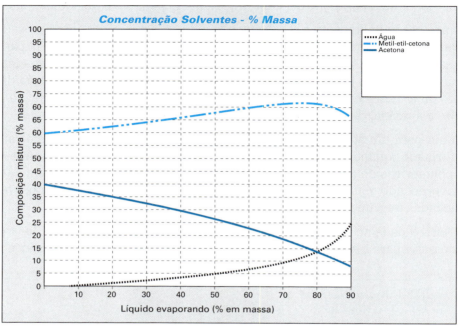

Figura 8.60 Evaporação individual dos solventes presentes na formulação do adesivo base PU.

A Tabela 8.23 apresenta outra formulação também utilizada para sistemas base PU.

Tabela 8.23. Composição, parâmetros de solubilidade iniciais e evolução da solubilidade durante a evaporação de um sistema solvente para um adesivo base PU		
Composição do sistema solvente		Valores em % m/m
Solventes	Acetona	60,0
	Acetato de etila	40,0
	Total	100,0
Parâmetros de solubilidade	δD	15,62
	δP	8,36
	δH	7,08
	δG	19,08
PU adesivo	Distância normalizada inicial	1,00
	50% massa evaporada	0,95
	90% massa evaporada	1,00

Condições de evaporação: 25g/m²/Temperatura - 25°C/Umidade Relativa do Ar - 70%/Velocidade do Ar - 0,0667.

As mesmas observações com relação à velocidade de evaporação e os limites de solubilidade podem também ser realizadas neste caso. Verifica-se pelas distâncias normalizadas que o sistema atua no limite de solubilidade, garantindo uma boa solubilização da resina, e permitindo a rápida evaporação do solvente devido à interação relativamente baixa com a resina. Este fato também garante uma viscosidade adequada para a aplicação do adesivo.

As Figuras 8.61 e 8.62 representam a evolução da solubilidade na superfície de solubilidade da resina e a evolução do sistema solvente durante a evaporação.

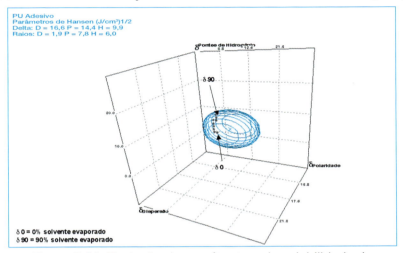

Figura 8.61. Evolução dos parâmetros de solubilidade do sistema solvente para o Adesivo base PU.

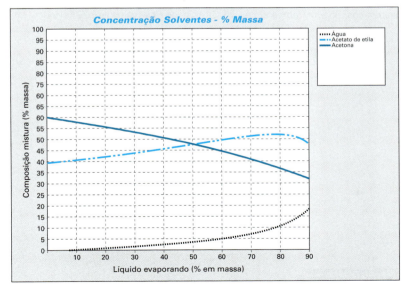

Figura 8.62. Evaporação individual dos solventes presentes na formulação do adesivo base PU.

Outro caso a ser apresentado é o dos adesivos *base policloropreno*. Neste caso a avaliação é um pouco mais complexa, pelo fato de que normalmente nestes sistemas há uma mistura de resinas, normalmente *base policloropreno* de viscosidades diferentes, além de resinas fenólicas que contribuem para a resistência mecânica do adesivo.

Na Tabela 8.24 e Figuras 8.63 e 8.64 são apresentados exemplos de solubilização de uma resina policloropreno.

Tabela 8.24. Composição, parâmetros de solubilidade iniciais e evolução da solubilidade durante a evaporação de um sistema solvente para um adesivo base Policloropreno

Composição do sistema solvente		Valores em % m/m
Solventes	Solvente para borracha	8,0
	Hexano	7,0
	Acetona	15,0
	Tolueno	70,0
	Total	100,0
Parâmetros de solubilidade	δD	17,25
	δP	2,54
	δH	2,50
	δG	17,61
Policloropreno	Distância normalizada inicial	0,57
	50% massa evaporada	0,56
	90% massa evaporada	0,56

Condições de evaporação: 25g/m² /Temperatura - 25°C/Umidade Relativa do Ar - 70%/Velocidade do Ar - 0,0667

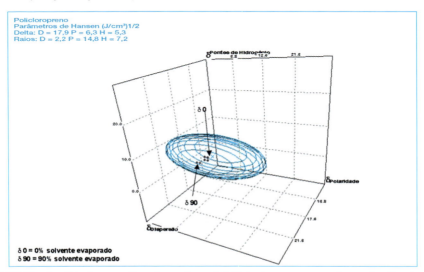

Figura 8.63 Evolução dos parâmetros de solubilidade para uma formulação do sistema solvente de uma borracha, base policloropreno.

8. Solventes e suas aplicações 265

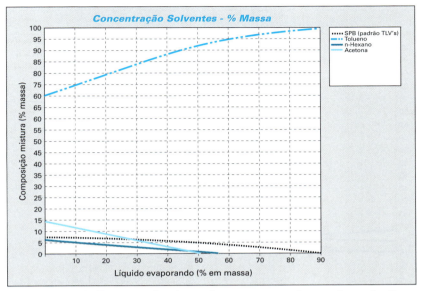

Figura 8.64. Evaporação dos solventes presentes na formulação da borracha policoropreno.

Outro exemplo é apresentado na Tabela 8.25 e Figuras 8.65 e 8.66.

Tabela 8.25. Composição, parâmetros de solubilidade iniciais e evolução da solubilidade durante a evaporação de um sistema solvente para um adesivo base Policloropreno

Composição do sistema solvente		Valores em % m/m
Solventes	Solvente para borracha	16,0
	Cilcohexano	24,0
	Acetona	25,0
	Acetato de etila	20,0
	Tolueno	15,0
	Total	100,0
Parâmetros de solubilidade	δD	16,32
	δP	3,87
	δH	3,64
	δG	17,16
Policloropreno	Distância normalizada inicial	0,78
	50% massa evaporada	0,72
	90% massa evaporada	0,62

Condições de evaporação: 25g/m²/Temperatura - 25°C/Umidade Relativa do Ar - 70%/Velocidade do Ar - 0,0667

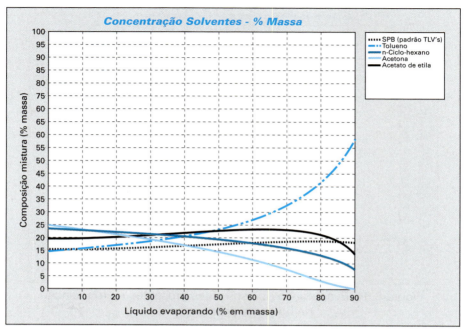

Figura 8.65. Evaporação dos solventes presentes na formulação da borracha policloropreno.

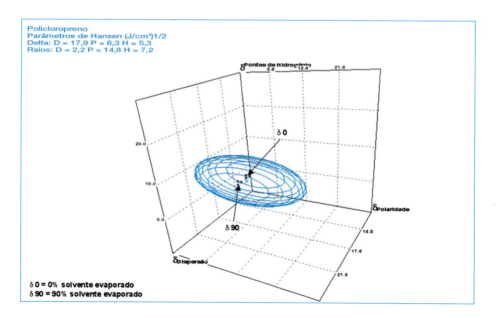

Figura 8.66. Evolução dos parâmetros de solubilidade para uma formulação do sistema solvente para o sistema solvente de uma borracha policloropreno.

8.6. Coalescente

A Coalescência é o processo pelo qual as partículas do látex entram em contato umas com as outras, unindo-se para dar forma a uma película continua e homogênea.

As propriedades físicas e mecânicas de filmes poliméricos são afetadas pela natureza do polímero e também pelas condições e métodos de preparação.

8.6.1. Preparação de filmes poliméricos

8.6.1.1. A formação do filme

A formação de um filme de látex origina-se da coalescência das partículas individuais de látex, que são normalmente aproximadas por forças de estabilização, eletrostáticas ou estéricas, resultantes de cadeias poliméricas com carga. Essas forças são aumentadas pela evaporação contínua da fase aquosa.

A formação de um filme transparente e livre de rachaduras depende da temperatura mínima para formação do filme (TMFF) do polímero, que é dependente da resistência da partícula à deformação e em menor extensão da viscosidade do polímero. Se o filme é formado acima da TMFF, a coalescência das partículas de látex deve ocorrer. Entretanto, abaixo da TMFF um filme descontínuo ou um pó compacto deve se formar.

A tendência é que a TMFF seja próxima da Tg de um dado polímero, mas existem vários polímeros em que a TMFF encontra-se acima ou abaixo de Tg. Ambas Tg e TMFF são influenciadas pelas características das moléculas.

O processo de secagem do solvente pode ser descrito por uma curva sigmóide, sendo dividida em três estágios. O processo pode ser complicado, em virtude de ser um processo não uniforme (diferentes áreas do filme podem apresentar diferentes taxas de secagem).

Estágio 1

A água evapora da superfície do látex, concentrando-o, a taxa de evaporação é a mesma da água sozinha, ou a água de uma solução diluída de surfactante mais eletrólito, tal como a que constitui a fase aquosa de um látex. Este estágio é o mais longo dos três, o polímero atinge de 60 a 70% do volume total e a área de superfície da interface líquido-ar começa a diminuir como resultado da disjunção ou formação do filme sólido.

Inicialmente, as partículas se movem com um movimento browniano, mas neste caso, devido à dupla camada elétrica, surge uma significante interação, um vez que um volume crítico de água foi evaporado.

Estágio 2

Essa etapa começa a partir do momento em que as partículas estão em contato irreversível. A taxa de evaporação por unidade de área do látex molhado permanece constante, mas a taxa total de evaporação diminui extremamente durante esse estágio.

Reduzindo-se a taxa de evaporação, pode-se obter um filme de melhor qualidade, pois se permite que as partículas possuam mais tempo para se compactarem numa estrutura ordenada. Em altas temperaturas, as partículas adquirem energia suficiente para superar a repulsão entre elas e o filme se forma, antes que as partículas estejam ordenadas.

Estágio 3

Esse estágio começa com a formação inicial do filme contínuo. A água restante deixa o filme inicialmente através de algumas canaletas restantes entre as partículas e pela difusão através do próprio polímero. É durante esse estágio que o látex torna-se mais homogêneo e adquire suas propriedades mecânicas. A taxa com a qual a água é removida pode ser reduzida pela adição de filmes que são impermeáveis ou hidrofílicos.

A secagem também dependerá da espessura do filme e do índice de sólidos do látex, um filme com poucos sólidos deverá secar mais rápido que um filme que contenha muito líquido, apesar da quantidade mais baixa da água a ser removida do último.

Quando a fase aquosa evapora, três regiões distintas podem ser observadas, uma região seca, uma molhada e outra intermediária com látex floculado. Essas regiões variam de acordo com Tg do polímero e podem ser observadas em um filme circular, no qual se apresentam como bandas concêntricas. No caso de polímeros com baixas Tg, as regiões floculada e seca são contínuas, visto que para polímeros duros, rachaduras radiais finas são aparentes. As regiões floculadas possuem alguma força mecânica resultante das forças de Van der Waals.

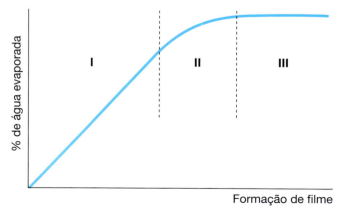

Figura 8.67. Estágios da formação de filme.

Podemos avaliar a constante de velocidade (r_c) de secagem com relação ao tamanho da partícula de látex, usando uma equação para secagem não uniforme. Se as três regiões descritas anteriormente forem expressas em termos da área que ocupam no filme ($A1$ = látex molhado, $A2$ = região floculada, e $A3$ = região seca, na qual se assume taxa de evaporação nula) temos a seguinte equação:

$$r_c = \frac{1}{A1+A2}\frac{dW}{dt}$$

onde W é o peso bruto do filme, e t é o tempo.

A taxa de evaporação (r_c) aumenta com o tamanho da partícula. A taxa de aumento com o raio da partícula é resultado da diferença de água existente na dupla camada ou da área de superfície da partícula disponível para a adsorção do surfactante. Estudos mostram que filmes preparados com partículas maiores são de qualidade inferior aos preparados com partículas menores, pois apresentam baixa resistência à corrosão, devido a maior porosidade. Isso é explicado pelo fato de as partículas maiores apresentarem menor coalescência.

Várias teorias descrevem a formação de filmes poliméricos, dentre elas podemos destacar a sinterização seca, a sinterização molhada e a teoria capilar.

- Sinterização seca: é dirigida pela tensão na superfície ar-polímero, e discute o processo de coalescência em termos da viscosidade do polímero. Essa viscosidade resulta do estresse por cisalhamento causado pela diminuição na área de superfície polímero-particula, o que reduz a energia de superfície do polímero. Considera-se que as forças agindo no interior da partícula (esferas de raio R) são expressas pela equação de Young-Laplace:

$$P_i - P_e = \frac{2\gamma}{R}$$

(P_i = pressão interna; P_e = pressão externa, γ = tensão interfacial polímero-ar, R = raio de curvatura da esfera).

A extensão da coalescência é então relatada pela seguinte equação:

$$\theta^2 = \frac{3\gamma t}{2\pi\eta r}$$

(θ = ângulo visto na Figura 61; γ = tensão superficial; t = tempo; η = coeficiente de viscosidade do polímero; r = raio da partícula).

- Sinterização molhada: dirigida pela tensão interfacial polímero-água, levando à deformação das partículas durante a secagem. Considera-se que quando as forças agem contra e a favor da coalescência das partículas de látex, deve existir uma desigualdade na qual a força capilar, Fc (resultante da superfície de tensão da água intersticial, causada pela formação de um pequeno raio de curvatura entre as partículas e água evaporada) deve superar a forças de resistência à deformação, Fg, das esferas de látex.

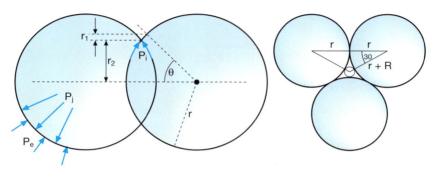

Figura 8.68. Seção transversal de partículas de látex sinterizada.

A coalescência do látex também pode ser explicada qualitativamente da seguinte forma: com a evaporação da água o látex torna-se mais concentrado, a floculação ocorre à medida que as forças repulsivas entre as partículas são superadas. Partículas na interface ar-látex estão então sujeitas a forças capilares e conseqüentemente à coalescência, levando à compactação e a deformação das partículas sob a superfície. Água no interior do filme deve então difundir através das camadas superiores para escapar e isso gera uma força compressiva adicional na superfície do filme. E o mecanismo é baseado na sinterização molhada. A fonte de energia para fusão das partículas era o aquecimento resultante da evaporação da água.

Nas teorias acima, considera-se que as partículas de látex deformadas são mantidas unidas por forças físicas, mas estudos mostram que essas forças sozinhas são insuficientes para ocasionar as propriedades físicas e mecânicas de um filme. Pode-se analisar a formação do filme da seguinte forma: a evaporação do solvente aproxima as moléculas de polímero, possibilitando a deformação devida às forças capilares, num estágio final o filme adquire uma força mecânica, pois as moléculas de solvente migram entre as moléculas de polímero, essa corrente de difusão do solvente aumenta a homogeneidade do polímero. Este processo de interdifusão entre as cadeias de polímero é denominada auto-adesão.

8.6.1.2. Solvente de um filme

A taxa de evaporação de um solvente depende de $t^{1/2}$ em um processo controlado, ou limitado pela difusão. Entretanto a remoção dos traços finais de solvente do filme é um problema, atribuído ao fato que o polímero pode ser plastificado pelo solvente. Temperaturas elevadas (para ajudar na difusão do solvente), vácuo e tempos longos de secagem são usados para superar o problema. A remoção dos traços finais é importante no que diz respeito à toxicidade e também às propriedades de permeabilidade do filme.

8.6.1.3. Componentes orgânicos voláteis na solução aquosa

É comum, a adição de solventes orgânicos voláteis a solução aquosa, pois ajudam na coalescência reduzindo a elasticidade e promovendo um movimento da cadeia polimérica, o que proporciona um melhor revestimento do filme. A remoção de tais compostos orgânicos depende do tamanho e da polaridade das moléculas. Quanto mais polar o composto mais facilmente ele se livraria da rede hidrofílica da água evaporando, e uma menor quantidade de resíduos de solvente restaria no filme. A taxa inicial de evaporação da água não é dependente do solvente, mas ela pode ser reduzida se o aditivo for higroscópico ou interagir com a água, formando ligações de hidrogênio, e nesse caso não se trata de uma difusão controlada.

8.6.1.4. Aditivos

Os filmes poliméricos podem conter vários aditivos, que variam dos surfactantes estabilizadores aos plastificantes que formam a película. E também corantes adicionados aos filmes para serem utilizados em pinturas.

O plastificante ou coalescente é adicionado para facilitar a deformação das partículas de látex, de modo a proporcionar a formação do filme em uma dada temperatura. Os plastificantes são geralmente usados para enrijecer o filme, mas em alguns casos podem ser utilizados para controlar a permeabilidade da película.

Durante a secagem do filme, é necessário que o coalescente proporcione o contato entre as partículas e conseqüentemente facilite a formação do filme, conferindo boa aparência e alta durabilidade. Estas propriedades estão relacionadas com o característica do coalescente em diminuir a temperatura de transição vítrea e da TMFF (Temperatura Mínima de Formação de Filme) (Figura 8.69).

Os coalescentes normalmente são solventes médio e pesados que melhoram a formação do filme de uma dispersão, mas que não permanecem no sistema após a secagem completa.

As tintas decorativas são reconhecidas pela sua boa aparência depois de aplicada, porém outros fatores também precisam ser considerados tais como: durabilidade, acabamento, cobertura, facilidade de aplicação, alastramento, entre outros.

Estas propriedades são resultantes da composição da tinta que inclui várias matérias-primas, como cargas, espessantes, pigmentos, tensoativos, e entre elas a atuação dos coalescentes tem grande importância para as propriedades finais do filme.

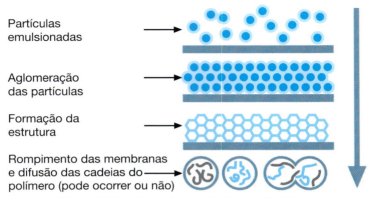

Figura 8.69. Mecanismo de formação filme.

Os coalescentes precisam conferir à formulação de uma tinta látex características de alto desempenho e serem compatíveis com uma ampla variedade de resinas emulsionadas disponíveis no mercado.

8.7. Solvente em processos

Em processos químicos industriais, os solventes podem ser empregados em várias etapas operacionais tais como operações de separação (extração líquida, extração sólida, destilação extrativa, destilação azeotrópica e absorção de gases), reações, lavagem e muitas outras.

Na seleção de um solvente, o processo como um todo deve ser considerado: eficiência de átomos, uso energético, demanda ou não de fontes renováveis, custo de transporte, recuperação do solvente e os aspectos de impacto ambiental (Figura 8.70).

Os solventes comumente empregados nos processos químicos podem ser oriundos da petroquímica ou de fontes renováveis. Com o aumento da consciência da necessidade por tecnologias mais sustentáveis para a produção de químicos e fármacos, o uso de meios alternativos tem sido focado em alguns processos. Entres os solventes alternativos estão a água e um grupo chamado de solventes neotéricos, tais como fluidos supercríticos, solventes perfluorados, e solventes iônicos também chamados de líquidos iônicos à temperatura ambiente.

Os líquidos iônicos apresentam peculiares propriedades, tais como baixa pressão de vapor, habilidade em dissolver materiais orgânicos, inorgânicos e poliméricos, e alta estabilidade térmica. Podem ser aplicados em reações orgânicas e catalíticas e em processos de separação e eletroquímicos. Os fluidos supercríticos são solventes que podem ser empregados por todos os tipos de separação e como meio reacional. Os fluidos supercríticos têm como vantagens a mudança das suas propriedades em função da pressão e temperatura. Pelo alívio da pressão, eles podem ser facilmente removidos e reciclados, levando à separação do soluto ou dos produtos da reação. Entre os fluidos supercríticos, o dióxido de carbono tem encontrado muitas aplicações industriais.

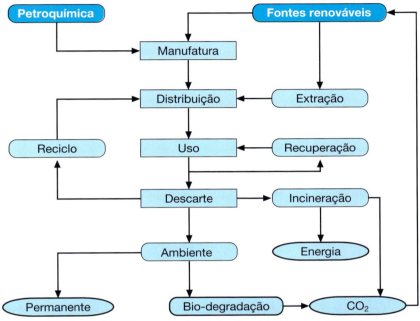

Figura 8.70. Diagrama do ciclo de vida de um solvente.

Solventes perfluorados são não-polares, hidrofóbicos, quimicamente inertes, não-tóxicos e com altas densidades. Eles usualmente possuem uma limitada miscibilidade, dependente da temperatura, com solventes orgânicos convencionais, formando sistemas de solventes bifásicos com tais substâncias. Com diferentes solubilidades para reagentes, catalisadores e produtos, tais solventes bifásicos orgânico/fluorado podem facilitar a separação de produtos da mistura reacional. Tais sistemas podem tornar-se monofásicos a elevadas temperaturas, os quais podem servir como meio reacional homogêneo. Depois de completar a reação, a mistura reacional é resfriada e, novamente, formam-se duas fases.

Dependendo do papel do solvente no processo, a sua avaliação pode ser realizada do ponto de vista microscópico ou macroscópico. Nas operações que envolvem transporte de calor e, em reações endotérmicas e exotérmicas, os solventes são tratados macroscopicamente como uma massa contínua, onde as suas constantes físicas macroscópicas, tais como ponto de ebulição, pressão de vapor, densidade, pressão coesiva, índice de refração, permissibilidade relativa, condutividade térmica, tensão superficial e outras, devem ser consideradas. Por outro lado, os solventes são tratados como moléculas individuais, ou seja, de um ponto de vista microscópico, quando a interação soluto-solvente é importante. Esta interação pode influenciar na velocidade das reações e na posição do equilíbrio químico. Os solventes do ponto de vista molecular podem ser caracterizados pelo momento dipolar, pela polarizabilidade eletrônica, pela capacidade doadora de ligação hidrogênio (HBD – hydrogen-bond donor) e aceptora de ligação hidrogênio (HBA – hydrogen-bond acceptor), pela capacidade de doadores de pares de elétrons (EPD – electron-pair donor) e de aceptores de pares de elétrons (EPA – electron-pair acceptor) e outras. De acordo com a extensão das interações intermoleculares soluto-solvente, podem existir solventes altamente estruturados (por exemplo, água com suas fortes pontes de hidrogênio bem direcionadas, formando uma rede intermolecular com cavidades) e solventes menos estruturados (por exemplo, hidrocarbonetos com suas fracas forças de dispersão não direcionadas, preenchendo os espaços vazios em uma maneira mais regular).

A escolha do solvente pode permitir a elaboração de um processo mais eficiente em termos energéticos e de consumo de químicos. Devido ao efeito de solvatação, um equilíbrio químico ou um caminho mecânico podem ser alterados ou uma energia de ativação reduzida, a qual pode permitir que o processo proceda com maior seletividade, a uma menor temperatura, ou com uma reduzida exotermicidade e, concomitantemente, com menor requerimento de resfriamento. Neste processo de escolha, além de as propriedades dos solventes serem estudadas e avaliadas em muitos detalhes, a processabilidade, reatividade e os aspectos de segurança devem ser considerados. Para otimização de todas estas informações, algoritmos para seleção de solventes têm sido propostos. Uma discussão sobre a seleção de solventes em processos está apresentada no item 8.7.6.

8.7.1. Extração em fase líquida

8.7.1.1. Definições

A extração em fase líquida, algumas vezes chamada de extração por solvente, é um processo de separação dos componentes de uma solução pelo contato com outro líquido insolúvel ou parcialmente solúvel. A exigência mínima para a extração em fase líquida é a do contato íntimo entre os líquidos imiscíveis ou parcialmente miscíveis para que possa ocorrer a transferência de massa dos constituintes de um líquido (ou fase) para outro, seguida pela separação física dos dois líquidos. Qualquer dispositivo em que se realiza este processo é um estágio. A eficiência deste processo depende da distribuição desigual dos componentes entre as duas fases líquidas e pode ser aumentada pelo uso de múltiplos contatos.

A solução, cujos componentes devem ser separados, é a alimentação do processo. O líquido adicionado à alimentação para efetuar a extração é o solvente. Quando o solvente é constituído primordialmente por uma substância ele é um solvente simples.

Quando em sua composição entra mais de uma substância, para que tenha propriedades especiais, é um solvente misto. A solução residual da alimentação pobre em solvente, com um ou mais de um soluto removido pela extração, é o refinado. A solução rica em solvente, contendo o soluto ou os solutos extraídos, é o extrato. Dois solventes imiscíveis, em que se distribuem os constituintes de uma solução, é um solvente duplo; nesta extração não são mais apropriadas as designações de extrato e refinado.

A recuperação do solvente do extrato e também do refinado, apesar de o teor de solvente ser relativamente baixo, é quase sempre necessária nos processo de extração, devido às considerações econômicas e ambientais. Esta recuperação é usualmente realizada por destilação (Figura 71a). A operação de destilação dependerá fortemente das características dos solventes (ponto de ebulição, solubilidade, volatilidade relativa e da formação de azeótropos). A Figura 71b esquematiza o processo usando a extração em fase líquida para a recuperação do solvente. Este é um caso típico, como por exemplo, o empregado no processo de lixiviação para extração de urânio. A recuperação do urânio no líquido da lixiviação do minério é realizada por extração em fase líquida.

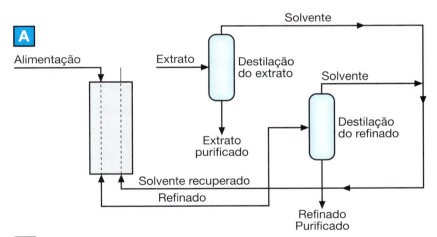

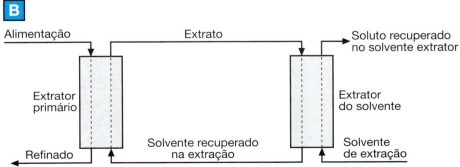

Figura 8.71. Fluxograma esquemático dos processos de extração em fase líquida com a recuperação do solvente por [a] destilação e [b] extração.

O conhecimento exato das relações de equilíbrio entre as fases é vital para as considerações quantitativas dos processos de extração. As quantidades necessárias do solvente (e o refluxo, quando usado) são determinadas por estes dados. A formação estável de duas fases líquidas em contato uma com a outra é uma condição essencial para o processo. Quando um solvente tem uma seletividade elevada para um componente, ele deve ser uma substância em que os outros componentes têm coeficientes de atividade elevados e de onde estes solutos são excluídos quando há o equilíbrio entre as fases.

Considerando um sistema simples, a solução apresenta três componentes: a solução que se deseja separar, a qual é constituída por dois componentes, A denominado inerte, B o soluto; e S o solvente. O equilíbrio de fases para este sistema simples pode ser representado por diagramas de equilíbrio ternários, conforme a Figura 8.72. Estes gráficos representam isotermas numa pressão suficiente para manter o sistema inteiramente líquido. O diagrama do Tipo I (Figura 8.72a), com uma lacuna de imiscibilidade que tangencia apenas um lado, é o mais comum. Os pares de líquidos A-B e B-S são completamente solúveis: A e S dissolvem-se de forma limitada, formando as soluções mutuamente saturadas representadas por G e H. A adição de B a esta mistura tende a fazer A e S mais solúveis. No ponto crítico (ponto de entrelaçamento) P, as duas fases se tornam uma só. O soluto B se distribui entre as fases saturadas, formando soluções em equilíbrio como as nomeadas por M e N, unidas pela linha de amarração. Nesta linha de amarração, o coeficiente de distribuição K é dado pela equação 4.

$$K = \frac{X_{BN}}{X_{BM}} \quad \text{ou} \quad K' = \frac{x_{BN}}{x_{BM}} \tag{4}$$

onde:, X_{BN} indica a fração ponderal, e x_{BN} é a fração molar de B na solução N.

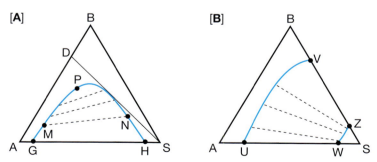

Figura 8.72. Extração - diagramas de fase triangulares [A] Tipo I e [B] Tipo II.

A condução de uma extração por solvente pode ser realizada mediante qualquer método em que se efetue a transferência de massa entre as fases diversas. Os processos industriais normalmente empregam o contato contínuo em contracorrente, em vários estágios, numa seqüência de misturadores e decantadores, ou em torres providas de bandejas ou pratos; ou então o contato diferencial em contracorrente, contínuo, em uma torre recheada ou com agitação mecânica. Nos estudos em escala de laboratório, é comum efetuar a operação descontínua, com correntes paralelas, ou o contato simples em diversas etapas.

8.7.1.2. Características desejáveis do solvente

As características que devem ser avaliadas na escolha de um solvente para a extração em fase líquida são as seguintes:

1. Seletividade: Um dos atributos mais importantes de um bom solvente S é a sua capacidade de extrair B, preferencialmente, de uma mistura A e B, de modo que a razão entre B e A no extrato, depois da remoção do solvente, seja diferente da razão entre estes componentes no refinado livre de solvente. A Figura 8.73 ilustra o efeito de uma extração num só estágio. A alimentação F em contato com o solvente S, cuja quantidade é suficiente para formar a mistura de duas fases Q, produz o equilíbrio entre o extrato E (rico em S) e o refinado R (rico em A), sobre a linha de amarração RE. O ponto E' representa o refinado livre do solvente, com a mesma razão entre B e A que em R. A seletividade $\beta_{B,A}$ do solvente S na separação de B e A, sobre a linha de amarração é dada pela equação 8.2.

$$\beta_{B,A} = \frac{x_{BS}/x_{AS}}{x_{BA}/x_{AA}} = \frac{X_{BS}/X_{AS}}{X_{BA}/X_{AA}} = \frac{K_B}{K_A} \tag{5}$$

onde: x_{BS} é a fração molar de B na solvente S, X_{BS} é a fração ponderal e x_{BS}/x_{BA} é a razão de B para A em E ou em E'. K é o coeficiente de distribuição.

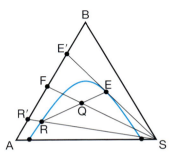

Figura 8.73. Seletividade do solvente S na separação entre A e B.

Considerando que em um sistema ternário as três substâncias estão presentes em ambas as fases em equilíbrio, a atividade α de cada substância deve ser a mesmas nas duas fases, desde que o estado de referência (padrão) seja o mesmo. Garante-se esta circunstância, escolhendo o solvente puro, na pressão e na temperatura do sistema, como o estado de referência. Neste caso, sendo as fases ricas em A e no solvente S, teremos:

$$\alpha_{AA} = \alpha_{AS} \qquad \alpha_{BA} = \alpha_{BS} \qquad \alpha_{SA} = \alpha_{SS} \qquad (6)$$

onde: α_{BA} é a atividade de B em A.

Levando-se em consideração a definição dos coeficientes de atividade γ (equação 6), a equação 5 pode ser representada pela equação 7.

$$\beta_{B,A} = \frac{\gamma_{AS}}{\gamma_{BS}} \frac{\gamma_{BA}}{\gamma_{AA}} \qquad (7)$$

A seletividade é uma medida numérica do grau de separação da alimentação inicial F. A separação só ocorrerá quando $\beta_{B,A}$ for diferente da unidade, e será tanto melhor quanto a seletividade for maior que a unidade.

2. Recuperabilidade. Normalmente, o solvente deve ser recuperado do extrato e do refinado para reúso. A destilação é o meio usual para este propósito. Se a destilação for empregada, o solvente não deverá formar azeótropo com o soluto extraído e a mistura deverá apresentar alta volatilidade relativa para reduzir os custos de recuperação. A substância no extrato (solvente ou soluto) que está em menor quantidade deverá ser mais volátil com o objetivo de reduzir o custo de aquecimento. Se o solvente tiver que ser vaporizado, seu calor latente de vaporização deverá ser baixo.

3. Coeficiente de distribuição. O coeficiente de distribuição do componente extraído é preferivelmente grande, pois assim reduzem-se a quantidade de solvente e o número de estágios de extração para uma razão fixa entre o solvente e a alimentação. Este coeficiente influencia diretamente a seletividade (equação 4).

4. Capacidade. Refere-se à capacidade de um solvente dissolver o soluto extraído. Nos sistemas do Tipo I (Figura 8.72a), o solvente S pode dissolver uma quantidade infinita de B, e isto leva a menores exigências para o solvente, do que nos sistemas do Tipo II, ou nos sistemas em que B é um sólido cuja solubilidade em S é um fator limitante.

5. Solubilidade do solvente. Nos sistemas do tipo I é desejável um elevado grau de insolubilidade entre A e S. Isto leva a uma grande seletividade (K_A é pequeno). Na Figura 8.74, para ambos os sistemas apresentados apenas as soluções AB na faixa de concentração situada entre D e A podem ser separadas pelo uso do solvente S ou

S', pois somente elas formarão duas fases imiscíveis com o solvente. A diminuição da solubilidade de A no solvente, o qual pode ser observado pela ampliação do intervalo de imiscibilidade no triângulo de composição – Figura 8.74, proporciona, em geral, um aumento do domínio das concentrações da alimentação que podem ser utilizadas. Os custos com recuperação do solvente são menores quando a insolubilidade é maior. Nos sistemas do tipo II não existem limitações, no entanto, a capacidade do solvente será limitada.

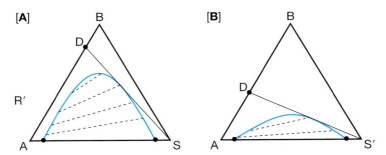

Figura 8.74. Influência da solubilidade do solvente na extração.

6. Densidade. A diferença de densidade entre as fases em equilíbrio é essencial, pois a velocidade de escoamento dos líquidos em contato, através do extrator, assim como a separação final entre as fases, são diretamente afetadas por este fator. Nos sistemas do Tipo I a diferença de densidade, em geral, diminui monotonicamente com o crescimento da concentração de B, chegando a zero no ponto crítico.

7. Tensão interfacial. Deve ser preferivelmente grande, o que favorece a coalescência da emulsão tornando mais difícil a dispersão de um líquido em outro. A coalescência das gotículas dispersas do líquido é de grande importância para o processo de extração. Quanto maior for a miscibilidade entre as fases, menor será a tensão superficial; nos sistemas do Tipo I este parâmetro cai a zero no ponto de entrelaçamento.

8. Reatividade química. O solvente deverá ser quimicamente estável e inerte em relação aos outros componentes do sistema e, em relação aos materiais da construção.

9. Outros fatores. São desejáveis as seguintes propriedades dos solventes a baixa viscosidade, (para serem mais elevadas as velocidades de transferência de massa e a separação das dispersões) a inflamabilidade, a baixa toxidez e o baixo custo.

8.7.1.3. Áreas de aplicação

A extração em fase líquida é capaz de separações que são impossíveis pelos métodos ordinários de destilação, pois opera primordialmente de acordo com os tipos químicos dos componentes. Assim, por exemplo, hidrocarbonetos aromáticos e parafínicos, com intervalos de ebulição idênticos, podem ser separados por extração em fase líquida com dietilenoglicol como solvente.

Algumas soluções que podem ser fracionadas por destilação, mas cujo tratamento por este procedimento é caro, podem ser separadas com mais comodidade por intermédio da extração líquida. Como exemplo pode-se citar a destilação de uma solução diluída de ácido acético em água, a qual envolve a vaporização de grandes quantidades de água, com uma taxa de refluxo alta, tornando-se cara, pois o calor latente de vaporização da água é elevado. A extração do ácido por acetato de etila, seguida pela destilação da nova solução, constitui em um processo mais barato. Analogamente, a evaporação dispendiosa de água para a recuperação de um soluto não-volátil pode ser evitada pela extração do soluto por um solvente de menor calor latente de vaporização.

A cristalização fracionada, a qual é dispendiosa, pode ser evitada, como por exemplo, na separação do nióbio em solução, pela extração em fase líquida.

No caso de substâncias termo-sensíveis, como por exemplo, a penicilina, elas pode ser separada das misturas em que se formam por extração com um solvente apropriado, em baixa temperatura.

8.7.2. Destilação extrativa

8.7.2.1. Definições

A destilação extrativa refere-se a uma forma de destilação envolvendo a adição de um solvente, o qual modifica o equilíbrio Líquido-Vapor dos componentes a serem separados, de maneira que a separação torna-se mais fácil. O solvente modifica a volatilidade de cada componente, um diferente do outro, por seus efeitos sobre as propriedades da fase líquida. Estes efeitos podem vir da formação de complexos que se associam ou a alteração de estruturas associadas existentes, de modo que a volatilidade relativa dos componentes na presença do solvente difere daquela da mistura livre de solvente.

A destilação extrativa é aplicada a sistemas binários com pontos de ebulição próximos, cuja tendência é a formação de azeótropos e a sistemas multicomponentes, onde a ordem das volatilidades dos componentes não corresponde à distribuição desejada dos componentes entre produtos.

A Figura 8.75 apresenta um fluxograma típico de um processo de destilação extrativa. O solvente escolhido deve ser menos volátil que qualquer dos dois componentes A e B e, para manter sua concentração elevada ao longo da maior parte da coluna, é necessário introduzi-lo sempre acima do estágio de entrada da alimentação virgem. Usualmente, entra alguns pratos abaixo do mais alto, sendo a diferença de prato ditada pela necessidade de reduzir a concentração do solvente a um nível insignificante no vapor ascendente, antes de retirar o produto de topo.

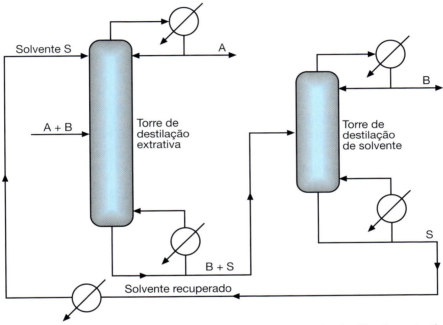

Figura 8.75. Fluxograma simplificado de um processo de destilação extrativa.

A taxa de transferência do solvente líquido de prato para prato é relativamente constante, em virtude de sua pequena volatilidade. É desejável ter concentrações do solvente nas bandejas bem elevadas (tipicamente 65/90 mol%) para tornar máxima a diferença entre as volatilidades dos componentes que se deseja separar. Para assegurar que a concentração do solvente seja mantida na faixa de solubilidade total é necessário, no entanto, conhecer as solubilidades mútuas. O perfil de concentração do solvente na coluna é controlado pela manipulação das taxas de entrada e das entalpias do solvente, da alimentação virgem e das correntes de refluxo.

A recuperação do solvente é mais simples na destilação extrativa que na destilação azeotrópica. O solvente escolhido não forma um azeótropo com as outras substâncias no produto de cauda da torre de destilação extrativa e a sua recuperação pode ser feita por uma destilação fracionada.

Equilíbrio de fases

A não idealidade das misturas é o princípio físico que permite a destilação extrativa ser uma alternativa viável a outros métodos de separação. A não-idealidade é expressa qualitativamente pelo coeficiente de atividade da fase líquida e pelo coeficiente de fugacidade da fase vapor. A baixas pressões, os coeficientes de fugacidade são usualmente próximos de 1 (ideal) e a não-idealidade do sistema é estabelecida pelos coeficientes de atividade da fase líquida.

A fração molar de i na fase vapor (y_i) em equilíbrio com x_i é dada por:

$$y_i = \frac{\gamma_i f_i^0 x_i}{\phi_i P} \quad (8)$$

onde:
y_i = fração molar de i na fase vapor
x_i = fração molar de i na fase líquida
f_i^0 = fugacidade de i no estado padrão
γ_i = coeficiente de atividade de i
ϕ_i = coeficiente de fugacidade de i
P = pressão total

Se se considerar que $f_i^0 = P_i^0$ onde P_i^0 = pressão de vapor do componente puro i, tem-se:

$$y_i = \frac{\gamma_i P_i^0 x_i}{P} \quad (9)$$

Definição de volatilidade relativa:

$$\alpha_{ij} = \frac{\left(\dfrac{y_i}{x_i}\right)}{\left(\dfrac{y_i}{x_j}\right)} \quad (10)$$

$$\alpha_{ij} = \frac{\gamma_i P_i^0}{y_i P_j^0} \quad (11)$$

$$\beta_{ij} \text{ ideal} = \frac{\gamma_i}{\gamma_j} \quad (12)$$

Em alguns casos, uma mudança significativa na pressão de operação e, por isso, na temperatura, muda α_{ij} o suficiente para eliminar o azeótropo.

Em adição à volatilidade relativa, o parâmetro β_{ij}, seletividade, é usado para caracterizar a não-idealidade de misturas:

$$\beta_{ij} \text{ ideal} = \frac{\gamma_i}{\gamma_j} \quad (13)$$

(coeficiente de atividade dos componentes-chaves na presença do solvente).

Como exemplo considere a mistura binária acetona e metanol. Esta mistura forma um azeótropo binário a 80 mol% de acetona (20 mol% de metanol).

Na composição do azeótropo têm-se:

$$\alpha_{AM} = 1,0 \qquad \beta_{AM} = 0,7$$
$$\gamma_A = 1,1 \qquad \gamma_M = 1,5$$

Se for adicionada água a esta mistura ocorrerá uma mudança no equilíbrio de fases desta mistura binária. O sistema ternário à mesma composição relativa que o azeótropo binário com a adição de H_2O a 60 mol% passará a ter as seguintes características:

$$\alpha_{AM} = 3,3 \qquad \beta_{AM} = 2,4$$
$$\gamma_A = 1,8 \qquad \gamma_M = 0,7$$

Observa-se um aumento de α e de β substancial. Assim, a adição de água à mistura acetona/metanol favorece a separação da mistura azeotrópica.

Efeito da concentração do solvente na seletividade

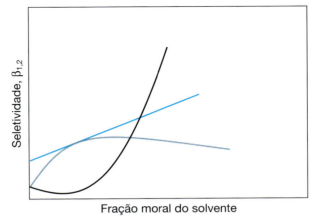

Figura 8.76. Influência do solvente na seletividade.

1) A seletividade comumente aumenta quase linearmente com a concentração do solvente.

2) A seletividade aumenta mais que linearmente com a concentração do solvente (alta concentração do solvente pode causar imiscibilidade).
3) A seletividade apresenta um ponto de máximo (usual).

8.7.2.2. Características desejáveis do solvente

O número de solventes possíveis para uma destilação extrativa é geralmente muito maior que os convenientes à destilação azeotrópica, pois as restrições sobre a volatilidade são muito menores. As seguintes restrições devem ser consideradas na escolha do solvente:

- O solvente deve ebulir em uma temperatura suficiente mais elevada que os componentes da alimentação a serem separados para impedir a formação de azeótropo;
- O ponto de ebulição do solvente não deve ser tão elevado que torne irrazoavelmente alta a necessidade de dispêndio de calor sensível no ciclo do solvente;
- Alta seletividade, ou habilidade em alterar o equilíbrio líquido-vapor da mistura original o suficiente para permitir fácil separação, tendo o compromisso de empregar pequena quantidade de solvente;
- Alta capacidade, ou habilidade em dissolver os componentes na mistura a ser separada;
- Recuperabilidade: o solvente deve ser totalmente separado da mistura;
- Outras restrições podem ser consideradas como: custo, estabilidade química, corrosão e toxicidade.

8.7.3. Destilação azeotrópica

8.7.3.1. Definições

Assim como a destilação extrativa, a destilação azeotrópica envolve a adição de um terceiro componente a um sistema binário para facilitar a separação do sistema por destilação. O componente adicionado modifica os coeficientes de atividade da fase líquida e, conseqüentemente, o equilíbrio líquido-vapor dos outros dois componentes numa direção favorável.

Como princípio de ambas as destilações, tem-se que na destilação extrativa a volatilidade do solvente deve ser menor que a dos componentes da alimentação a serem separados, já na destilação azeotrópica a volatilidade do solvente (arrastador) deve ser maior ou intermediária às dos componentes da alimentação. Na destilação extrativa, o solvente não pode formar azeótropo com os componentes da mistura a ser separada. Por outro lado, na destilação azeotrópica, o solvente deve formar um azeótropo com o componente a ser retirado no topo e este azeótropo deve ser heterogêneo.

A destilação azeotrópica é recomendada para misturas que formam azeótropos ou para misturas com pontos de ebulição próximos.

Um azeótropo é uma mistura de dois ou mais componentes voláteis tendo composições do líquido e do vapor idênticos no equilíbrio e sua composição não muda quando a destilação procede. A mistura azeotrópica pode ebulir a uma temperatura maior ou menor do que seus componentes. Assim, os azeótropos podem ser classificados como azeótropos de mínimo e de máximo. Os azeótropos de ebulição mínimos são os mais comuns.

Outra classificação dos azeótropos está relacionada à fase condensada. Quando o azeótropo é condensado e a fase líquida é homogênea, ou seja, há completa miscibilidade, o azeótropo é denominado homogêneo. No entanto, quando há separação das fases líquidas, o azeótropo é denominado heterogêneo.

O azeótropo heterogêneo pode ser mais fácil de separar do que muitas misturas mais ideais. A grande imiscibilidade das fases líquidas, provenientes do vapor, permite completa separação dos componentes, que antes formavam um azeótropo homogêneo. Esta separação pode ser realizada através de uma segunda coluna de destilação ou através de um decantador.

Para a separação do azeótropo homogêneo, é necessário alterar de alguma maneira as suas propriedades. Há quatro processos para atingir este objetivo:

- Destilação extrativa;
- Destilação com ajuste de pressão;
- Formação de um azeótropo ternário heterogêneo;
- Formação de um azeótropo binário heterogêneo.

No processo de destilação azeotrópica um solvente (chamado arrastador) é adicionado à mistura original para formar um azeótropo, com um ou mais componentes da mistura, e este azeótropo é removido, seja como produto de topo, seja como produto de cauda.

8.7.3.2. Características desejáveis do solvente

O solvente (arrastador) deverá formar um azeótropo com as seguintes características:

- Baixo ponto de ebulição;
- Novo azeótropo deverá ser suficientemente volátil para ser totalmente separado do constituinte remanescente;
- Possibilitar o uso de baixa quantidade de solvente para reduzir o calor empregado na vaporização;
- Deverá ser preferencialmente heterogêneo, o que simplificaria muito a recuperação do solvente.

Em adição, um solvente satisfatório deverá ser:

- Barato e disponível
- Quimicamente estável
- Não corrosivo
- Não tóxico

Deverá apresentar também:

- Baixo calor latente de vaporização
- Baixa viscosidade
- Baixo ponto de congelamento

8.7.3.3. Comparação entre a destilação extrativa e azeotrópica

A destilação extrativa é geralmente considerada mais interessante do que a destilação azeotrópica principalmente por duas razões: (i) há uma maior possibilidade de escolha do solvente, pois o processo não demanda a formação de um azeótropo, e (ii) geralmente menor quantidade de solvente deve ser volatilizada.

No entanto, a destilação azeotrópica passa a ser interessante quando a impureza volatilizada é o menor constituinte da alimentação e a composição azeotrópica é favorecida. Por exemplo, na desidratação do etanol a partir de uma solução 85,6% molar etanol-água, a destilação azeotrópica com n-pentano é mais econômica do que a destilação extrativa usando etileno glicol. O reverso pode ser verdadeiro para uma alimentação de álcool mais diluída.

8.7.4. Absorção de gases

8.7.4.1. Definições

A absorção de um gás é uma operação unitária em que um ou mais de um componente de uma mistura gasosa são dissolvidos em um líquido. A absorção pode ser um fenômeno puramente físico ou pode envolver a solubilização da substância no líquido seguida por uma reação com um ou mais constituintes deste.

O equipamento usado para efetuar o contato contínuo entre um vapor e um líquido pode ser uma torre cheia com um recheio sólido, ou uma torre vazia em que se faz a aspersão de um líquido, ou uma torre com bandejas de borbulhamento ou com crivos ou válvulas apropriadas. Em geral, o gás e líquido escoam em contracorrente para que seja maior a diferença de concentração e, portanto, maior a velocidade de absorção.

Em um projeto de uma torre de absorção são necessários os dados sobre o equilíbrio líquido-vapor do sistema, para que se determine a quantidade do líquido necessária para absorver uma determinada quantidade dos componentes solúveis do gás. Os dados de equilíbrio necessários para os cálculos de absorção incluem a solubilidade do gás no solvente.

8.7.4.2. Características desejáveis do solvente

Se o propósito principal da operação de absorção é produzir uma solução específica, o solvente é escolhido de acordo com a natureza do produto.

Se o objetivo da absorção for a remoção de algum constituinte de um gás, então existe a possibilidade de escolha entre alguns solventes e as seguintes propriedades deverão ser consideradas:

1. Solubilidade do gás. A solubilidade do gás deve ser alta, aumentando assim a taxa de absorção e diminuindo a quantidade de solvente necessária. Geralmente, solventes de uma natureza química similar a do soluto à ser absorvido irão proporcionar boa solubilidade. Uma reação química do solvente com o soluto normalmente resultará em uma alta solubilidade do gás, mas se o solvente for ser recuperado, a reação deverá ser reversível.

2. Volatilidade. O solvente deve ter uma pressão de vapor baixa, ou seja, ser pouco volátil, para que o gás que sai da coluna de absorção, normalmente saturado de solvente, não proporcione uma grande perda deste. Se necessário, um segundo líquido menos volátil pode ser usado para recuperar a porção evaporada do primeiro.

3. Baixa corrosividade.

4. Baixo custo.

5. Viscosidade. Baixa viscosidade é preferencial, pois resulta em maior taxa de absorção, melhora as características de inundação na torre de absorção, há menor perda de carga na bomba e boas características de transferência de calor.

6. Outros fatores. Sempre que possível, o solvente deve ser não-tóxico, não-inflamável, quimicamente estável e apresentar baixo ponto de congelamento.

8.7.5. Reações

Em reações, os solventes podem ter diversas funções. Os solventes podem ser usados como meio reacional para manter os reagentes juntos, como um reagente para reagir com um soluto quando ele não pode ser dissolvido, e como um arrastador, para conduzir compostos químicos em solução para seu ponto de uso em quantidades requeridas.

Como meio reacional, um solvente pode ser usado para alguns propósitos. Por exemplo, em reações endotérmicas, o calor pode ser fornecido através de um solvente inerte aquecido tendo uma alta capacidade calorífica, enquanto em reações exotérmicas, o calor liberado pode ser removido pela ebulição ou absorção do solvente. Se reações envolvem reagentes sólidos, os solventes poderiam ser usados para criar uma solução (meio reacional) através da qual os reagentes sólidos podem ser mantidos em contato. Os solventes também podem ser empregados para influenciar indiretamente a reação pela remoção de um ou mais produtos do meio reacional.

8.7.5.1. Efeito do solvente na velocidade das reações

O solvente influencia a velocidade das reações e este efeito depende de suas características. Em reações ativadas termicamente, o solvente pode diminuir a velocidade da reação pela redução da energia livre dos reagentes no estado de transição ou podem aumentar a velocidade estabilizando a energia do estado de transição (Figura 8.77). Estes efeitos termodinâmicos ou estáticos resultam da energia de interação entre as moléculas do solvente e as espécies da reação. Espécies carregadas dissolvidas em um solvente polar é um exemplo característico de como estas estabilizações de energia são geradas. As espécies carregadas polarizarão as moléculas de solvente à sua volta orientando as moléculas de solvente dipolares, de forma que um decréscimo na energia livre do sistema é produzido. Esta estabilização de energia, freqüentemente chamada energia de solvatação, é a força motriz para a dissolução das moléculas. Solventes que não possuem um potencial apreciável para estabilizar as moléculas do soluto (ex. solventes não-polares) dissolverão pobremente tais espécies e, em tais casos, outros processos competitivos (ex. aglomeração e precipitação) irão prevalecer sobre a solvatação.

A energia livre de Gibbs, G, está plotada no eixo y e a reação (avaliada em três posições: reagente, produtos e complexo ativado) está plotada no eixo x. As diferenças da energia livre, ΔG_I e ΔG_{II}, são as energias de ativação para as reações nos solventes I e II respectivamente. A energia livre de Gibbs padrão, $\Delta G_I°$ e $\Delta G_{II}°$, são as diferenças de energia livre no equilíbrio para os reagentes e produtos nos solventes I e II respectivamente.

A solvatação não é limitada a espécies carregadas. Se uma espécie em reação tem um momento eletrostático significativo (exemplo, dipolo, quadrupolo), então a dissolução destas espécies em um solvente polar conduzirá também a uma estabilização das espécies e as moléculas do solvente se ajustarão ao campo elétrico das espécies. Ao contrário, uma fraca estabilização ocorrerá se as espécies forem dissolvidas em um solvente não-polar, onde a energia de interação entre o solvente e as espécies é mínima. Conseqüentemente, a velocidade da reação pode ser experimentalmente ajustada pela seleção de um apropriado solvente [14].

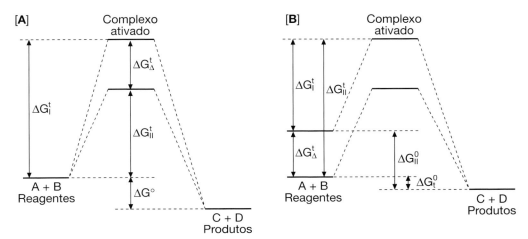

Figura 8.77. Influência estática do solvente na velocidade de reação. [A] Diferentes velocidades de reação devido à solvatação preferencial do complexo ativado. [B] Diferentes velocidades de reação devido à estabilização preferencial dos reagentes.

Os efeitos das interações do solvente são importantes para muitas reações, incluindo reações de transferência de elétrons. A Figura 8.78 ilustra os efeitos da energia de estabilização em uma reação modelo de transferência de elétrons: $D + A \rightarrow D^+ + A^-$. Para ambos os reagentes e produtos, as curvas de energia livre construídas relacionam a energia livre do sistema (soluto + solvente) versus a flutuação na reação. Simulações computacionais sugerem que estas curvas de energia livre são mais bem descritas como parábolas. A reação pode então ser vista como uma transferência da população da base da curva da energia livre dos reagentes para a base da curva dos produtos, sobre a energia de ativação, $\Delta G\dagger$. A energia de ativação é determinada pela diferença na energia livre da base da curva dos reagentes à intersecção das curvas. A teoria de Marcus é um modelo comumente usado para descrever reações de transferência de elétrons, o qual relaciona a velocidade de reação, k_{ET}, à magnitude da energia de ativação que os reagentes deverão transpor.

$$k_{ET} \propto \exp\left(\frac{-\Delta G^\dagger}{RT}\right) \qquad (14)$$

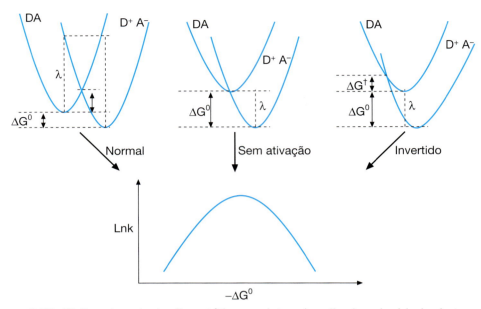

Figura 8.78. Efeitos da solvatação estática na determinação da velocidade de transferência eletrônica segundo a teoria de Marcus. Três exemplos de sistemas de transferência de elétrons são mostrados: normal, sem ativação e invertido com suas correspondentes regiões nas curvas da velocidade de reação versus a energia livre de Gibbs.

Visto que a teoria de Marcus descreve a velocidade da reação como um processo ativado termicamente sobre a energia de ativação, então se esta diminui a velocidade de reação aumenta. Um método de variar $\Delta G^{\dagger}$ é preferencialmente transferir a estabilização de energia, $\Delta G°$, dos produtos sobre os reagentes (isto é, uma curva é verticalmente deslocada). Através das curvas parabólicas de energia livre, $\Delta G^{\dagger}$ pode ser relacionado a $\Delta G°$ e a uma energia de reorganização, λ, que quantifica a magnitude da estabilização requerida pelo solvente para acomodar a reação.

$$\Delta G^{\dagger} = \frac{(\Delta G^0 + \lambda)^2}{4\lambda} \qquad (15)$$

A curva de ln k_{ET} vs. $-\Delta G°$ exibe regiões da reação controladas pelos efeitos do solvente: uma região normal onde o aumento de $\Delta G°$ aumenta a velocidade da reação, uma região sem ativação onde a velocidade é maximizada, e uma região invertida onde o aumento de $\Delta G°$ resultará no decréscimo da velocidade de reação [30]. Portanto, a estabilização de energia conferida pelo solvente possui um papel importante na velocidade das reações de transferência de elétrons.

O tratamento das reações de transferência de energia pela teoria de Marcus presume que o solvente relaxa apreciavelmente mais rápido do que o tempo de reação e, então, apenas as propriedades estáticas do solvente afetam a velocidade de reação.

No caso de reações rápidas ou quando se usam solventes refrigerantes (*supercooled liquids*), as considerações adiabáticas devem ser deixadas e efeitos não-adiabáticos devem ser incorporados na descrição das velocidades de reação. Tais efeitos originários da dinâmica do solvente podem afetar apreciavelmente as propriedades da reação. Por exemplo, flutuações térmicas do solvente podem prover a necessidade de energia térmica para os reagentes para superar a grande barreira da ativação, e também atuam como um calor para as espécies produtos que surgem. Estas propriedades temporais afetam a velocidade da reação ou pela probabilidade de superar a energia de ativação ou, no caminho inverso, pela probabilidade de redução dos produtos ultrapassar a barreira para formar os reagentes.

Os efeitos dinâmicos do solvente são especialmente importantes na descrição de reações, nas quais as escalas de tempo são comparadas com a escala de tempo dos solventes. A dinâmica dos solventes tem sido um fator-chave na compreensão de muitas reações rápidas incluindo reações de transferência de elétrons e energia. O estudo de Kramers mostrou que a compreensão da dinâmica dos solventes é importante para o entendimento e otimização da velocidade das reações químicas em soluções.

8.7.5.2. O papel dos solventes em reações bioquímicas

A biocatálise tem se tornado uma alternativa vantajosa para a transformação química de uma variedade de compostos com aplicações nas indústrias alimentícia, de ração, química e farmacêutica. Entretanto, não é necessariamente fácil obter desejados níveis de desempenho em velocidade, produtividade e seletividade da reação. Uma das estratégias para otimização do desempenho biocatalítico é o uso de meios não-convencionais, ou seja, sistemas não-aquosos ou orgânico-aquoso.

As principais vantagens do uso de solventes orgânicos em biocatálise comparadas ao tradicional sistema aquoso enzimológico podem ser resumidas como:

(i) Aumento da solubilidade de substratos não-polares e produtos;
(ii) Inversão do equilíbrio termodinâmico em favor da sínteses e não da hidrólise, permitindo reações usualmente não favorecidas em sistemas aquosos (por exemplo, transesterificação, tioesterificação, aminólise);
(iii) Alterações drásticas na enantiosseletividade da reação quando um solvente orgânico é mudado para outro;
(iv) Supressão de reações laterais indesejáveis dependentes da água;
(v) Eliminação da contaminação microbial na mistura reacional (1,5–14).

Os sistemas orgânicos restritos de água usados em biocatálise podem ser classificados como sistema homogêneo ou heterogêneo. Uma revisão sobre os sistemas homogêneos foi escrita por Torres e Castro e por Castro e Knubovets e, para sistemas heterogêneos por Nadia Krieger e colaboradores. Os sistemas heterogêneos incluem sistemas macro-heterogêneos líquido-líquido, no qual a água representa de 1 a 5% do meio reacional, sistemas macro-heterogêneos líquido-sólido e sistemas micro-heterogêneos.

Apesar das vantagens que o sistema biocatalítico apresenta em meio orgânico, as enzimas são desnaturadas ou inativas na presença de solventes orgânicos, e a atividade catalítica de enzimas que são estáveis em ambientes não-aquosos é geralmente menor do que em sistemas aquosos. Para contornar este problema, numerosos estudos estão sendo realizados para melhorar a atividade enzimática e a estabilidade em meio não-aquoso, usando várias estratégias como, por exemplo, engenharia da proteína, ligação covalente de compostos anfipáticos (PEG, aldeídos e imidoésteres), interações não-covalentes com lipídios ou surfactantes, microemulsão água em óleo ou miscelas reversas, imobilização em apropriados suportes insolúveis (suportes porosos inorgânicos, polímeros e peneiras moleculares) e a utilização de enzimas em pó lifolizadas ou ligadas em cristais suspensos em solventes orgânicos.

A estabilidade enzimática é menor em solventes miscíveis em água, tais como acetona e éteres, do que em solventes hidrofóbicos, tais como alcanos ou halo-alcanos. Em reações em meio aquoso, o aumento da velocidade reacional é observada principalmente devido à estabilização de complexo ativado polarizado pela ponte de hidrogênio e um decréscimo da superfície hidrofóbica das moléculas reagentes durante o processo de ativação. Nos solventes orgânicos hidrofóbicos ocorre a crucial ligação da água a partir da superfície enzimática, enquanto em solventes orgânicos hidrofílicos esta ligação é dificultada. Como resultado, uma aceitável estabilidade de enzimas em solventes orgânicos hidrofílicos é rara. Duas enzimas são razoavelmente estáveis em solventes orgânicos hidrofílicos: a lipase do Pseudomonas mendocina PK12CS, a qual mantém uma boa atividade em 10% de etanol, e a lipase do Bacillus megaterium CCOC-P2637, a qual é estável em frações maiores de 80% de etanol e acetona e, 100% de isopropanol.

Nos sistemas biocatalíticos não-aquosos homogêneos, o solvente deve solubilizar as enzimas. A solubilidade das enzimas depende drasticamente do solvente principalmente da sua hidrofobicidade. Grande número de enzimas é solúvel em solventes próticos, o que sugere a importância dos solventes propensos a formarem pontes de hidrogênio. Apenas um pequeno número de solventes dissolve as enzimas a um nível de 1 mg/ml ou maior.

Algumas sínteses em sistema biocatalítico não aquoso bem sucedidas são as sínteses de éster e peptídeo, a produção de substitutos da manteiga de cacau. Quatro dos quinze processos industriais usando hidrólise citados por Krisha são conduzidos na presença de solventes orgânicos: a sínteses da amina chiral e álcoois em acetato de MTBE-etilmetóxi, a síntese de um medicamento anticolesterol em tolueno, a geração de um intermediário na síntese do Diltiazem na mistura tolueno-água e as sínteses do palmitato e do miristato de isopropila em 2-propanol.

Atualmente, as principais aplicações industriais de sistemas enzimológicos não-aquosos são baseados no uso de enzimas suspensas (lifolizadas e ligadas a cristais) e enzimas imobilizadas, ambas representam sistemas biocatalíticos heterogêneos. Entretanto, biocatálises heterogêneas em solventes orgânicos apresentam algumas desvantagens: velocidade de reação baixa as quais são difíceis de controlar e problemas de reprodutibilidade em larga escala. No sistema homogêneo estes problemas não ocorrem, devido à ausência de uma interface solvente orgânico-água e à eliminação das limitações difusionais para os substratos e produtos. Além disso, a concentração de substrato e produtos na superfície da enzima pode ser facilmente controlada em sistemas homogêneos, o que favorece a velocidade da reação e previne a inibição enzimática. Por outro lado, nos sistemas homogêneos as etapas de separação e purificação dos produtos são mais difíceis.

Entre todos os desenvolvimentos para potencializar o uso industrial em larga escala de sistemas biocatalíticos em meio não-aquoso pode-se citar os desenvolvimentos de sistemas micro-homogêneos, que combinam princípios de biocatálise homogênea e heterogênea, como sendo uma dos melhores aproximações ao desenvolvimento de catalisadores enzimáticos robustos para aplicações industriais. Um notável sistema que contempla este casamento, sistema homogêneo e heterogêneo, é o sistema HIP (hydrophobic ion pairing) plástico. Plástico biocatalítico é um biocatalisador obtido pela incorporação de enzimas recoberta de íons surfactantes em materiais plásticos. Estes sistemas apresentam excelente atividade e estabilidade, que se tornam atrativas do ponto de vista industrial. Plásticos biocatalíticos podem ser comparados a enzimas imobilizadas em sistema aquoso, então a alta velocidade inicial no ambiente micro-homogêneo pode combinar com fácl reciclagem do biocatalisador e purificação dos produtos de reação, devido à macro-heterogeneidade do sistema. Este sistema potencializa aplicações em grande escala.

8.7.5.3. O papel dos solventes alternativos nas reações

O dióxido de carbono supercrítico (scCO_2) apresenta potencialidades como solvente em sínteses em indústrias de alto valor como farmacêuticas e química fina. Além dos benefícios ambientais, o scCO_2 pode possibilitar um aumento na diaestero- e enantiosseletividade comparadas aos processos em solventes convencionais. Fino controle da solubilidade de reagentes e produtos, o que poderá conduzir a uma separação seletiva do produto. Além disso, reações podem ser conduzidas a pressões subcríticas utilizando ou a acidez de Lewis do CO_2 ou a acidez de Brønsted do ácido carbônico formado em soluções aquosas sob atmosfera de CO_2.

Embora, o scCO_2 apresente algumas vantagens como solvente em reações, ele apresenta algumas limitações como solvente, devido à sua baixa solubilidade em vários compostos orgânicos e em soluções aquosas. Outro aspecto que limita seu uso é o econômico, as reações requerem reatores de alta pressão e altos custos de energia e o custo do CO_2 depende da possibilidade de ter uma estação fornecedora próxima ao reator para se tornar economicamente viável. Em princípio, reatores contínuos são particularmente atrativos para tais reações em alta pressão, os quais possibilitam maximizar a intensificação de processos e ajudam a minimizar os custos.

Os problemas de solubilidade de moléculas polares em CO_2 têm sido minimizados através da adição de um co-solvente (como por exemplo, metanol) ou surfactante. Outra possibilidade de favorecer a solubilidade é através da modificação dos compostos, normalmente pelo aumento da lipofilicidade ou adição de cadeias perfluorinadas ou grupos silanos.

Dentre alguns exemplos comerciais onde o CO_2 é usado como um solvente de reação pode-se citar a produção de polímeros fluorados. Thomas Swan Ltd. na Inglaterra possui um reator contínuo plug-flow para reações de hidrogenação e alquilações em grande escala, reações envolvendo gases leves: hidrogênio, CO e oxigênio. Uma revisão sobre as perspectivas do uso de CO_2 na indústria farmacêutica foi apresentada em 2004 por Beckman.

Os líquidos iônicos apresentam peculiares propriedades, tais como baixa pressão de vapor, habilidade em dissolver materiais orgânicos, inorgânicos e poliméricos, e alta estabilidade térmica. Estas características têm tornado os líquidos iônicos mais conhecidos como um solvente alternativo.

Os líquidos iônicos são sais com baixa temperatura de fusão (tipicamente <100°C) obtidos pela combinação de grandes cátions orgânicos com uma variedade de ânions. Há um número enorme de combinações possíveis, o que propicia um grande potencial para os líquidos iônicos. Além destas combinações, têm sido desenvolvido líquidos iônicos funcionalizados através da incorporação de grupos funcionais adicionais nos cátions e/ou nos ânions, conduzindo a líquidos iônicos com propriedades específicas. O interesse nas propriedades dos líquidos iônicos vem expandindo rapidamente. No entanto, há vários estudos concentrados em sua preparação, propriedades físico-quimicas e uso como meio reacional, pois há pouco conhecimento das suas propriedades e da sua reatividade. A compreensão de como a reatividade química é influenciada pelas diferentes classes de líquidos iônicos é provavelmente a chave para se obter um aprimoramento tecnológico mais seguro com substanciais benefícios ambientais e econômicos.

Uma importante revisão foi escrita por Chiape e Pieraccini, na qual as propriedades dos mais usados líquidos iônicos e sua reatividade em sínteses foram discutidas, dando ênfase ao efeito dos líquidos iônicos nos aspectos mecanístico de algumas reações orgânicas.

Alguns líquidos iônicos são comercialmente avaliados e encontram várias aplicações industriais.

O primeiro uso em grande escala de um líquido iônico foi introduzido pela BASF AG, Ludwigshafen/Alemanha, em 2002, usando 1-metilimidazona para remover o cloreto de hidrogênio que é formado na produção de alcoxifenilfosfanos (precursor para fotoinibidor).

Solventes perfluorados devido à sua boa solubilidade de gases (por exemplo, até 57 mL de O_2 podem ser dissolvido em 100 mL de perfluoro(metilciclo-hexano), em contraste a apenas 3 mL de O_2 em 100 mL de água em condições normais de temperatura e pressão) podem ser empregados como bons meios para reações de oxidação aeróbicas e têm sido testados como sangue artificial. Estudos com sistemas bifásicos fluorados mostram várias aplicações em sínteses orgânicas.

Os solventes perfluorados apresentam um uso limitado, devido à sua solubilidade atribuída à sua característica apolar.(apresentam melhor uso em sistemas bifásicos). Embora, quimicamente inertes e não tóxicos, apresentam características de serem bioacumulativos.

8.7.6. Método de seleção de solventes em processos

Neste item uma revisão bibliográfica sobre metodologias de seleção de solventes em processos é discutida assim como algumas ferramentas e métodos para ajudar a responder aos critérios de seleção são apresentados.

Importantes considerações devem ser confrontadas no desenvolvimento de processos na indústria química: características químicas e físico-químicas, reatividade, processabilidade, recuperação, fontes de fornecimento e os aspectos ambientais, como ilustrado graficamente na Figura 8.79.

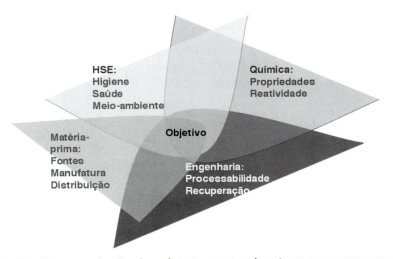

Figura 8.79. Objetivo na seleção de solventes: um solvente que promova a reatividade química e beneficie o processamento minimizando o uso de material e energia e, também minimize impactos de HSE.

Muitas metodologias e aproximações para facilitar a seleção de solventes para processos têm sido desenvolvidas. Muitas delas focam a otimização do desempenho do solvente baseado apenas nas propriedades físico-químicas das quais se espera que impactem positivamente no desempenho do processo onde ele será usado. Algumas metodologias conciliam na otimização ambos os critérios de ótimas propriedades e custos. No entanto, alguns estudos têm demonstrado que o uso de metodologias de seleção de solventes através da integração solvente-processo é bastante eficiente. Nestas metodologias, a seleção do melhor candidato considera, além das propriedades químicas e físico-químicas, as restrições do processo e as ambientais.

De uma maneira genérica, podemos agrupar a seleção de solventes em quatro etapas:

1. Definição do problema;
2. Definição dos critérios de seleção;
3. Seleção dos candidatos solventes;
4. Validação dos resultados.

Etapa 1. Definição do problema

A primeira etapa na seleção de solventes é definir qual é o problema e identificar a direção requerida para resolvê-lo. Uma questão adicional neste ponto é se o uso de solvente é necessário, ou seja, se o objetivo pode ser alcançado por outra forma, como por exemplo, uma separação física ou uma reação sem solvente.

Um exemplo desta primeira etapa poderia ser um problema definido como um produto fora da especificação. A direção identificada para solucioná-lo poderia ser a extração dos contaminantes do produto.

Um segundo exemplo poderia ser um processo que envolve uma reação com solvente que não está atendendo as restrições ambientais. Uma possível solução identificada seria a substituição do solvente.

Etapa 2. Definição dos critérios de seleção

Nesta etapa, os requisitos que são necessários a serem alcançados pelo solvente são definidos. Os seguintes critérios podem ser empregados:

- Propriedades físicas e químicas
- Características de HSE
- Propriedades operacionais
- Restrições funcionais
- Avaliação econômica

As propriedades dos solventes puros e as funcionais e, também, as propriedades da interação solvente-soluto têm um papel importante na seleção e avaliação dos solventes para serem adicionados ao processo.

As propriedades dos componentes puros como, por exemplo, o ponto de ebulição, de fusão, a pressão de vapor e os componentes do processo possibilitarão verificar o estado físico do solvente nas condições do processo.

As propriedades dos componentes puros, as quais dependem da temperatura e/ou pressão, como a viscosidade, pressão de vapor, entalpia e calor de vaporização, serão importantes nas definições das condições de processo.

As propriedades de HSE dos componentes puros são empregadas para uma prévia seleção dos candidatos a solventes que atendem as restrições de higiene, saúde e ambientais, pois elas não afetam diretamente a necessidade do solvente.

As propriedades da interação solvente-soluto são as propriedades da solução, onde a quantidade de soluto e de solvente na mistura tem um papel junto com a pressão e/ou temperatura nas condições operacionais.

A propriedade mais comum é a solubilidade do soluto em função da composição da mistura assim como a seletividade do solvente na solubilização dos componentes do processo. Em reações, a solubilidade dos reagentes e dos produtos é importante. Em alguns casos, o solvente deverá ser mais seletivo aos produtos do que aos reagentes, como é o caso de uma reação que não é isolada e que é seguida por outras reações adicionais no mesmo vaso reacional. Em outras situações, é melhor tornar o produto totalmente imiscível ou parcialmente imiscível no sistema solvente. Por exemplo, o solvente dissolve os reagentes e promove a precipitação do produto.

Outras propriedades da interação solvente-soluto úteis na seleção são ponto de saturação em função da temperatura e pressão, viscosidade da solução e coeficiente difusional.

As propriedades funcionais são as propriedades que definem o desempenho do solvente, como, por exemplo, a quantidade de soluto removida ou dissolvida no solvente, a perda de solvente do processo de extração, a velocidade e a produtividade da reação, comportamento do soluto em função da velocidade de evaporação, e outras.

Considerando o primeiro exemplo apresentado na descrição da primeira etapa, nesta segunda etapa os seguintes requisitos foram definidos: o solvente deverá dissolver alta quantidade de contaminante, mas pequena do produto, ser imiscível com o produto, líquido nas condições operacionais, não-tóxico, deverá ser disponível a um custo aceitável e, se possível, já ser usado na unidade fabril.

Uma vez definidos os requisitos necessários ao solvente, é preciso dispor de uma quantificação das propriedades definidas. Estas propriedades podem ser obtidas experimentalmente, através de base de dados ou através de estimativas por modelos.

Algumas bases de dados mais conhecidas estão apresentadas na Tabela 8.26. As propriedades dos compostos puros são mais fáceis de serem obtidas, no entanto, as propriedades da interação soluto-solvente e as propriedades funcionais não são tão simples. É difícil encontrar dados que foram obtidos para o mesmo sistema soluto-solvente que se está trabalhando e, também as propriedades funcionais nas mesmas condições do processo. A maioria das propriedades soluto-solvente e propriedades funcionais dos solventes pode ser predita por modelos. Na Tabela 8.27, estão apresentados algumas ferramentas para predição de propriedades.

Tabela 8.26. Lista das mais conhecidas bases de dados

Nome	Endereço	Comentário
CambridgeSoft ChemFinder	http://chemfinder.cambridgesatt.com	Base de dados e índice de hiperlink para milhares de compostos
CRC Handbook of Chemistry and Physics	http://www.hbcpnetbase.com	Base de dados de milhares de compostos orgânicos, inorgânicos e polímeros assim como dados de HSE
DECHEMA Chemistry Data Series	http://www.dechema.de/CDS.html	Coleção de dados de solubilidade
SOLV-DB	http://solvdb.ncms.org	Coleção de dados de propriedades de solventes e suas respectivas propriedades de HSE.
Integrated Solvent Substitution Data System (ISSDS)	http://es.epa.gov/issds/	Sistema de bases de dados para acessar propriedades de solventes alternativos.
Solvents Database	http://chemtec.org/cd/ct_23.html	Base de dados de solventes, contendo dados em muitas aplicações.
DIPPR	http://www.aiche.org/TechnicalSocieties/DIPPR/About/Mission.aspx	Dados termofísicos
Knovel Solvents - A Properties Database	http://www.knovel.com/knovel2/Toc.jsp?BookID=635	Base de dados incluindo propriedades físicas, e químicas de mais de 1100 solventes
Solvents Database	http://www.williamandrew.com/titles/1463.htm	Base de dados incluindo propriedades físicas, e químicas de mais de 1100 solventes
TAPP - Thermochemical and Physical Properties Database	http://www.chempute.com/tapp.htm	Base de dados de propriedades físicas e termoquímicas de compostos químicos puros
The NIST Webbook	http://webbook.nist.gov	Fonte de dados termofísicos e termoquímicos
SciGlass 6.5	http://www.esm-software.com/sciglass/	Base de dados de propriedades físico-químicas e termodinâmicas

Tabela 8.27. Lista de ferramentas para predição de propriedades de solventes

Nome	Principais características	Endereço ou referência
Métodos de contribuição de grupos	Predição de propriedades físicas e físico-químicas	[128-129]
ASPEN PLUS	Software que permite cálculo de propriedades físico-químicas e termodinâmicas de compostos puros e misturas	http://www.aspentech.com
COSMO-RS	Software que permite cálculo de propriedades físico-químicas e termodinâmicas de compostos puros e misturas	COSMO-RS é implementado no COSMOtherm disponível em http://www.cosmologic.de
PREDICT Plus 2000	Software para Predição de propriedades físico-químicas e termodinâmicas	http://www.mwsoftware.com/dragon/brftour.html
SciGlass 6.5	Software para predição de propriedades físico-químicas e termodinâmicas	http://www.esm-software.com/sciglass/
Quantitative structure-property relationships (QSPR)	Software para predição de propriedades de polímeros	http://www.polymerexpert.biz/products.html

Etapa 3. Seleção dos candidatos solventes

Na terceira etapa, selecionam-se os possíveis solventes candidatos que possam atender os requisitos fixados. Esta seleção pode ser baseada em três caminhos:

Benchmarking: Algumas vezes é possível selecionar os candidatos a solvente por analogias a similares processos, ou com base na intuição química e nas experiências técnicas.

Pesquisa em base de dados: Busca por compostos que atendam os requisitos fixados. Deve-se primeiramente começar pelas propriedades dos compostos puros, depois pelas propriedades de HSE e finalmente pelas propriedades funcionais dos solventes.

Simulação: Pode-se calcular compostos que encontram os critérios. Há duas distintas aproximações computacionais:

- Gerar uma predefinida lista de candidatos e classificá-los segundo os critérios.
- Empregar modelagem molecular. O emprego de métodos de modelagem molecular para gerar e avaliar estruturas químicas que atendam as propriedades desejadas.

Nesta etapa para a seleção dos candidatos a solventes, pode-se empregar algoritmos com grau de complexidade variado, dependendo do processo e de sua escala. Alguns algoritmos baseiam-se apenas nas propriedades dos solventes que se espera atender o processo, outros algoritmos com resultados mais acurados se baseiam na integração das propriedades do solvente com o processo.

Etapa 4. Verificação dos resultados

A etapa final na seleção de solventes é verificar se os candidatos sugeridos realmente atuam como o esperado. Uma validação computacional pode ser efetuada; por exemplo, pela simulação da etapa do processo de extração. A validação experimental do candidato solvente é requerida para todos os estágios do desenvolvimento do processo, desde o laboratório e escala-piloto até os testes industriais.

Note que para um dado problema nem todas as etapas necessitam ser realizadas. A base de dados talvez seja necessária para todas as quatro etapas. Na seleção de candidatos a solventes, se forem encontrados muitos candidatos, o critério de seleção deve ser refinado e a etapa 3 repetida para reduzir o número de alternativas. Por outro lado, se poucas ou nenhuma alternativa forem encontradas, a definição dos critérios de seleção poderia ser relaxada.

Referências

Knochel, P. Modern Solvents in Organic Synthesis. Top. Curr. Chem. 206, 1-152, 1999.

Adams, D. J.; Dyson, P. J.; Tavener, S. J. Chemistry in Alternative Reaction Media. Wiley: Chichester, 2004.

Mikami, K., Green Reaction Media in Organic Synthesis. Blackwell Publishing: Oxford, U.K., 2005.

Jessop, P. G.; Leitner, W. Chemical Synthesis Using Supercritical Fluids. Wiley-VCH: Weinheim, 1999.

Noyori, R. Supercritical Fluids. Chem. Rev. 99, 353-634, 1999.

Wells, S. L.; DeSimone, J. M. CO_2 Technology Platform: An Important Tool for Environmental Problem Solving. Angew. Chem. 113, 534-544, 2001.

Leitner, W. Supercritical Carbon Dioxide as a Green Reaction Medium for Catalysis. Acc. Chem. Res. 35, 746-756, 2002.

Eckert, C. A.; Liotta, C. L.; Bush, D.; Brown, J. S.; Hallett, J. P. Sustainable. Reactions in Tunable Solvents. J. Phys. Chem. B 108, 18108-18118, 2004.

Horva´th, I. T.; Ra'bai. J. Science. 266, 72-75, 1994.

Horva´th, I. T. Fluorous Biphase Chemistry. Acc. Chem. Res. 31, 641-650, 1998.

Betzemeier, B.; Knochel, P. Perfluorinated Solvents - a Novel Reaction Medium. Top. Curr. Chem. 206, 61-78, 1999.

Gladysz, J. A.; Curran, D. P.; Horva´th, I. T. Handbook of Fluorous Chemistry. Wiley-VCH: Weinheim, 2004.

Riess, J. G.; Le Banc, M. Solubility and Transport Phenomena in Perfluorochemicals Relevant to Blood Substitution and Other Biomedical Applications. Pure Appl. Chem. 54, 2383-2406, 1982.

Reichardt, C. Solvents and Solvent Effects in Organic Chemistry. 3rd updated and enlarged edition; Wiley-VCH: Weinheim, 2003.

Buncel, E.; Stairs, R.; Wilson, H. The Role of the Solvent in Chemical Reactions. Oxford University Press: Oxford, New York, 2003.

Fawcett, W. R. Liquids, Solutions, and Interfaces - from Classical Macroscopic Descriptions to Modern Microscopic Details. Oxford University Press: Oxford, New York, 2004.

Marcus, Y. The Properties of Solvents. Wiley: Chichester, New York, 1998.

Marcus, Y. Solvent Mixtures - Properties and Selective Solvation. M. Dekker: New York, Basel, 2002.

Wypych, G. Handbook of Solvents (+ Solvent Data Base on CDROM). ChemTec Publishing: Toronto, and William Andrew Publishing: New York, 2001.

Cheremisinoff, N. P. Industrial Solvents Handbook. 2nd ed.. M. Dekker: New York, 2003.

Nelson W. M. Green Solvents for Chemistry: Perspectives and Practice. Oxford University Press: New York, 2003.

Robert H. Perry, Secil H. Chilton. Manual de Engenharia Química. 5a. Edição. Editora Guanabara II, Rio de Janeiro, 1980.

Robert E. Treybal. Mass Transfer Operation. 3a. ed. MacGraw Hill Book Company, Singapure, 1981.

J. Linnanto, V. M. Helenius, J. A. I. Oksanen, T. Peltola, J. L. Garaud, and J. E. I. Tommola. Journal of Physical Chemistry A. 102, 4337-4349, 1998.

R. A. Marcus. Journal of Chemical Physics. 24, 1956.

J. S. Bader, R. A. Kuharski, and D. Chandler. Journal of Chemical Physics. 93, 230-236, 1990.

J. S. Bader and D. Chandler. Journal of Physical Chemistry. 96, 6423-6427, 1992.

P. J. Rossky, J. Schnitker, and R. A. Kuharski. Journal of Chemical Physics. 949-65, 1986.

R. A. Kuharski, J. S. Bader, D. Chandler, M. Sprik, M. L. Klein, and R. W. Impey. Journal of Chemical Physics. 89, 3248-3257, 1988.

G. L. Closs and J. R. Miller. Science. 240, 1988.

P. F. Barbara, G. C. Walker, and T. P. Smith. Science. 256, 975-981, 1992.

P. F. Barbara, T. J. Meyer, and M. A. Ratner. Journal of Physical Chemistry. 100, 13148-13168, 1996.

S. Speiser. Chemical Reviews. 96, 1953-1976, 1996.

V. Sundstrom, T. Pullerits, and R. van Grondelle. Journal of Physical Chemistry B. 103, 2327-2346, 1999.

H. A. Kramers. Physica A. 7, 1940.

G. R. Castro and Tatyana Knubovets. Homogeneous Biocatalysis in Organic Solvents and Water-Organic Mixtures. Critical Reviews in Biotechnology. Vol. 23, N. 3, 195–231, 2003.

Sebastián Torres and Guillermo R. Castro. Non-Aqueous Biocatalysis in Homogeneous Solvent Systems. Non-Aqueous Biocatalysis. Food Technol. Biotechnol. Vol.42, N.4, 271–277, 2004.

Nadia Krieger, Tej Bhatnagar, Jacques C. Baratti, Alessandra M. Baron, Valéria M. de Lima and David Mitchell. Non-Aqueous Biocatalysis in Heterogeneous Solvent Systems. Food Technol. Biotechnol. Vol. 42, N. 4, 279–286, 2004.

G. R. Castro1and Tatyana Knubovets. Homogeneous Biocatalysis in Organic Solvents and Water-Organic Mixtures. Critical Reviews in Biotechnology. Vol. 23, N.3, 195–231, 2003.

H. Ogino, H. Ishikawa. J. Biosci. Bioeng. 91, 109–116, 2001.

M. T. Ru, J. S. Dordick, J. A. Reimer, D. S. Clark. Biotechnol. Bioeng. 63, 233–241, 1999.

G. Pencreac'h, J. C. Baratti. Enzyme Microb. Technol. 28, 473–479, 2001.

F. H. Arnold. Chem. Eng. Sci. 51, 5091–5102, 1996.

F. H. Arnold. Adv. Biochem. Eng. Biotechnol. 58, 1–14, 1997.

F. H. Arnold. Nature. 409, 253–257, 2001.

S. H. Krishna. Biotechnol. Adv. 20, 239–267, 2002.

H. Ogino, H. Ishikawa, J. Biosci. Bioeng. 91, 109–116, 2001.

A. B. Salleh, M. Basri, M. Taib, H. Jasmani, R. N. Rahman, M. B. Rahman, C. N. Razak. Appl. Biochem. Biotechnol. 102, 349–357, 2002.

N. Kamiya, M. Inoue, M. Goto, F. Nakashio. Biotechnol Progr. 16, 52–58, 2000.

L. M. Pera, M. D. Baigori, G. R. Castro. Indian J. Biotechnol. 2, 356–361, 2003.

M. Persson, E. Wehtje, P. Adlercreutz. Chembiochem. 3, 566–571, 2002.

A. X. Yan, X. W. Li, Y. H. Ye. Appl. Biochem. Biotech. 101, 113–129, 2002.

V. P. Torchilin, K. Martinek. Enzyme Microb. Technol. 1, 74–82, 1979.

Blokzijl, W.; Engberts, J. B. F. N. Hydrophobic Effects – Opinions and Facts. Angew. Chem. 105, 1610-1648, 1993.

A. Zaks, A. M. Klibanov, J. Biol. Chem. 263, 3194–3201, 1988.

H. Sztajer, H. Lünsdorf, H. Erdmann, U. Menge, R. Schmid. Biochim. Biophys. Acta. 1124, 253–261, 1992.

S. Hazarika, P. Goswami, N. N. DuttA. Chem. Eng. J. 85, 61–68, 2002.

U. K. Jinwal, U. Roy, A. R. Chowdhury, A. P. Bhaduri, P.K. Roy. Bioorg. Med. Chem. 11, 1041–1046, 2003.

V. M. G. Lima, N. Krieger, D. A. Mitchell, J. C. Baratti, I. Filippis, J. D. Fontana. J. Mol. Catal. B-Enzym. 31, 53–61, 2004.

P. Adlercreutz. Biocatalysis in Non-Conventional Media. In:Applied Biocatalysis, A. J. J. Straathof, P. Adlercreutz (Eds.), Harwood Academic Publishers, Amsterdam. 2000. p.295–316.

Oakes, R. S.; Clifford, A. A.; Bartle, K. D.; Thornton-Pett, M.; Rayner, C. M. Chem. Commun. 247-248, 2817, 1999.

Luzzio, F. Tetrahedron., 57, 915, 2001.

Parratt, A. J.; Adams, D. J.; Clifford, A. A.; Rayner, C. M. Chem. Commun. 2720-2721, 2004.

Evans, D. A.; Woerpel, K. A.; Hinman, M. M.; Faul, M. M. J. Am. Chem. Soc. 113, 726, 1991.

Clifford, A. A.; Pople, K.; Gaskill, W. J.; Bartle, K. D.; Rayner, C. M. J.Chem. Soc., Faraday Trans. 94, 1451-1456, 1998.

Oakes, R. S.; Heppenstall, T. J.; Shezad, N.; Clifford, A. A.; Rayner, C.M. Chem. Commun. 1459-1460, 1999.

Basavaiah, D.; Rao, A. J.; Satyanarayana. T. Chem. Rev. 103, 811, 2003.

Marko, I. E.; Giles, P. R.; Hindley, N. J. Tetrahedron. 53, 1015, 1997.

Oishi, T.; Oguri, H.; Hirama, M. Tetrahedron: Asymmetry. 6, 1241, 1995.

Raveendran, P.; Ikushima, Y.; Wallen, S. L. Acc. Chem. Res. 38, 478-485, 2005.

Bell, P. W.; Thote, A. J.; Park, Y.; Gupta, R. B.; Roberts, C. B. Ind. Eng.Chem. Res. 42, 6280-6289, 2003

Raveendran, P.; Wallen, S. L. J. Am. Chem. Soc. 124, 12590-12599, 2002

Beckman, E. J.; Sarbu, T.; Styranec, T. Polym. Mater. Sci. Eng. 84, 269, 2001.

Nelson, M. R.; Borkman, R. F. J. Phys. Chem. A 102, 7860-7863, 1998.

Meredith, J. C.; Johnston, K. P.; Seminario, J. M.; Kazarian, S. G.; Eckert,C. A. J. Phys. Chem. 100, 10837-10848, 1996.

Ikushima, Y.; Saito, N.; Hatakeda, K.; Sato, O. Chem. Eng. Sci. 51, 1996.

Sagisaka, M.; Yoda, S.; Takebayashi, Y.; Otake, K.; Kondo, Y.; Yoshino, N.; Sakai, H.; Abe, M. Langmuir. 19, 8161, 2003.

Clarke, D.; Ali, M. A.; Clifford, A. A.; Parratt, A.; Rose, P.; Schwinn, D.; Bannwarth, W.; Rayner, C. M. Curr. Top. Med. Chem. 4, 729-771, 2004.

Clarke, D.; Ali, M. A.; Clifford, A. A.; Parratt, A.; Rose, P.; Schwinn, D.; Bannwarth, W.; Rayner, C. M. Chem. Soc. 2964, 1962.

Saffarzadeh-Matin, S.; Chuck, C. J.; Kerton, F. M.; Rayner, C. M. Organometallics. 23, 5176-5181, 2004.

Beckman, E. J. J. Supercrit. Fluids. 28, 121-191, 2004.

Amandi, R.; Hyde, J. R.; Ross, S. K.; Lotz, T. J.; Poliakoff, M. Green Chem. 7, 288-293, 2005.

Cramers, P.; Selinger, C. PharmaChem. 1, 7-9, 2002.

Clarke, D.; Ali, M. A.; Clifford, A. A.; Parratt, A.; Rose, P. M.; Schwinn, D.; Bannwarth, W.; Rayner, C. M. Curr. Top. Med. Chem. 4, 729-71, 2004.

Jessop, P. G.; Ikariya, T.; Noyori, R. Chem. Rev. 99, 475, 1999.

Bianchini, C.; Giambastiani, G. Chemtracts. 16, 301-309, 2003.

Kuiper, J. L.; Shapley, P. A.; Rayner, C. M. Organometallics. 23, 3814-3818, 2004.

Wasserscheid, P.; Welton, T. Ionic Liquids in Synthesis. Wiley-VCH:Weinheim, 2003.

Rogers RD, Seddon KR. In Ionic Liquids: Industrial Applications to Green Chemistry. ACS Symposium Series 818. American Chemical Society: Washington, DC, 2002.

Holbrey JD, Seddon KR. Clean Products and Processes. 1, 223–236, 1999.

Earle MJ, Seddon KR. Pure Appl. Chem. 72, 1391–1398, 2000.

Welton T. Chem. Rev. 99, 2071– 2083, 1999.

Wasserscheid P, Keim M. Angew. Chem. Int. Ed. 39, 3772–3789, 2000.

Sheldon R. Chem. Commun. 23, 2399– 2407, 2001.

Olivier-Bourbigou H, Magna L. J. Mol. Catal. A. 182, 419–437, 2002.

Dupont J, de Souza RF, Suarez PAZ. Chem. Rev. 102, 3667–3692, 2002.

Wilkes, J. S. J. Mol. Chem. A. 214, 11–17, 2004.

Davis, J. H. Task-specific ionic liquids. Chem. Lett. 33, 1072-1077, 2004.

Lee, S. Functionalized imidazolium salts for task-specific ionic liquids and their applications. J. Chem. Soc., Chem. Commun. 1049- 1063, 2006.

Fei, Z.; Geldbach, T. J.; Zhao, D.; Dyson, P. J. From Dysfunction to Bis-function: On the Design and Applications of Functionalised Ionic Liquids. Chem.sEur. J. 12, 2122-2130, 2006.

C. Chiappe and Pieraccini D. Review Commentary Ionic liquids: solvent properties and organic reactivity. Journal of Physical Organic Chemistry. 18, 275–297, 2005.

Rogers, R. D., Seddon, K. R., Volkov, S. Green Industrial Applications of Ionic Liquids. NATO Science Series, Kluwer: Dordrecht, 2002.

Rogers, R. D., Seddon, K. R. Ionic Liquids – Industrial Applications to Green Chemistry. ACS Symposium Series 818; American Chemical Society: Washington, DC, 2002.

Rogers, R. D., Seddon, K. R. Ionic Liquids as Green Solvents - Progress and Prospects. ACS Symposium Series; Oxford University Press: Oxford, U.K., 2003.

Short, P. L. Chem. Eng. News. Vol.84, N.17, 15-21, 2006.

Seddon, K. R. Ionic liquids - A taste of the future. Nature Mat., 2 (June), 1-2, 2003.

Freemantle, M. BASF's smart ionic liquid. Chem. Eng.News. V.81 (March), N.9, 2003.

Riess, J. G.; Le Banc, M. Solubility and Transport Phenomena in Perfluorochemicals Relevant to Blood Substitution and Other Biomedical Applications. Pure Appl. Chem. 1982, 54, 2383-2406.

Brignole, E. A.; Botini, S.; Gani, R. A strategy for the design and selection of solvents for separation processes. Fluid phase equilibria. V.29, 125, 1986.

Cockrem, M., Flatt, J., Lightfoot, E. Solvent selection for extraction from diluite solution. Separation Science and Technology. 24, 769-807, 1989.

Macchieto S.; Odele O.; and Omatsone O. Design of optimal solvents for liquid-liquid extraction and gas absorption processes. Trans. Ind Chemi. Eng. Vol.68, p.429, 1990.

Buxton, A., Livingston, A. G., & Pistikopoulos, E. N. Reaction path synthesis for environmental impact minimization. Computers and Chemical Engineering (Supplement). 21, S959–S964, 1997.

Pistikopoulos, E.N., Stefanis, S.K.. Optimal solvent design for environmental impact minimization. Computers & Chemical Engineering. Vol.22, N.6, 717-733, 1998.

Buxton, A., Livingston, A. G., Pistikopoulos, E. Optimal design of solvent blends for environmental impact minimization. A.I.Ch.E. Journal. Vol. 45, N.4, 817-843, 1999.

Curzons, A. D., & Constable, D. J. C. Solvent selection guide: A guide to the integration of environmental, health and safety criteria into the selection of solvents. Clean Products and Processes. Vol.1, 82–90, 1999.

Marcoulaki, E. C., Kokossis, A. C. On the development of novel chemicals using a systematic optimization approach. Part II. Solvent design. Chemical Engineering Science. 55, 2547, 2000.

Kim, K. J., Diwekar, U.M. Integrated solvent selection and recycling for continous processes. Industrial and Engineering Chemistry Research. Vol. 41, N.18, 4479, 2002.

Wang, Y., Achenie, L.E.K. Computer aided solvent design for extrative fermentation. Fluid Phase Equilibria. Vol.201, 1, 2002.

Wang, Y., Achenie, L.E.K. A hybrid optimization approach for solvent design. Computers & Chemical Engineering. Vol. 26, 1415, 2002.

Giovanoglou, A., Barlatier, J., Adjiman, C. S., Pistikopoulos, E. N., Cordiner, J. Optimal solvent design for batch separation based on economic performance. A.I.Ch.E. Journal. Vol.49, N.12, p. 3095, 2003.

Folic, M., Adjiman, C. S., & Pistikopoulos, E. N. The design of solvents for optimal reaction rates, CACE-18. In A. Barbosa & H. Matos (Eds.), Proceedings of the ESCAPE, 14, pp. 175–180, 2004.

Eden, M.R., Jorgensen, S.B., Gani, R., El-Halwagi, M.M. A novel framework for simulation separation process and product design. Chemical Engineering and Processing. Vol. 43, 595, 2004.

Xu, W.Y., Diwekar, U. M. Environmentally friendly heterogeneous azeotropic distillation system design: integration of EBS selection and IPS recycling. Industrial and Engineering Chemistry Research. Vol. 44, 4061, 2005.

Jiménez-González, C., Curzons, A. D., Constable, D. J. C., & Cunningham, V. L. Expanding GSK's solvent selection guide – application of life cycle assessment to enhance solvent selections. Journal of Clean Technologies and Environmental Policy. 7, 42–50, 2005.

Rafiqul Gani, Concepción Jiménez-González, David J. C. Constable. Method for selection of solvents for promotion of organic reactions. Computers and Chemical Engineering.Vol. 29, 1661–1676, 2005.

Athasios I. Papadoulos, Patrick Linke .Efficient integration of optimal solvent and process design using molecular clustering. Chemical Engineering Science. Vol. 61, 6316 -6336, 2006.

Rafiqul Gani, Concepción Jiménez-González, Antoon ten Kate, Peter A. Crafts, John H. Atherton, Joan L. Cordiner. A Modern Approach to Solvent Selection. Chemical Engineering. March, pg.30-42, 2006.

Murrero, J. and Gani, R. Group Contribution Based Estimation of Pure Component Properties. Fluid Phase Equilibria. Vol. 183, 2001.

Kang, J.W.; Abildskov, J.; Gani, R. and Cobas, J. Estimulation of Mixture Properties from Firs and Second-Order Group Contributions with the UNIFAC Model. Ind. Eng. Chem. Res. Vol.41, p.3260, 2002.

9 Métodos para a análise de solventes

Neste capítulo serão apresentados os métodos analíticos mais empregados na especificação de solventes industriais. Também serão apresentados aspectos práticos e de como algumas estratégias analíticas podem ser úteis na investigação e resolução de problemas provenientes de diferenças de coloração, odor, contaminações e metodologias para a identificação e quantificação de solventes retidos em filmes, embalagens, matérias-primas, etc.

Cristina Maria Schuch

Os solventes podem ser analisados através de uma série de parâmetros previamente selecionados em função da sua classe química, de suas impurezas e dos requisitos finais de aplicação.

Entre os métodos analíticos que normalmente constam da especificação dos solventes, destaca-se a determinação do grau de pureza, onde é utilizada a técnica de cromatografia gasosa, a qual será detalhada mais adiante neste capítulo. Entretanto, testes físicos e químicos também fazem parte da especificação do produto final. Dentre eles, os mais utilizados são a densidade, cor, acidez ou basicidade, faixa de destilação, matéria não-volátil, teor de água, miscibilidade em água, resistência ao permanganato e odor residual.

Os requisitos analíticos são escolhidos em função do tipo de solvente analisado. Por exemplo, para o caso da acetona, um dos parâmetros importantes da especificação é o ensaio químico de resistência ao permanganato de potássio. Já para o acetato de etila, não se analisa este parâmetro, porém o ensaio de odor residual é de fundamental importância e requerido pelo mercado.

Em todos os casos, o ensaio que permite a dosagem do título (pureza) dos solventes é a análise por cromatografia gasosa. O grau de pureza, neste caso, é calculado pelo teor de impurezas e água, de acordo com a seguinte fórmula recursiva:

$$\% \text{ pureza} = 100 - (\Sigma A + B)$$

onde:
A = impurezas dosadas pela cromatografia gasosa;
B = Teor de água dosada pela técnica de Karl Fischer.

Em muitos casos, a especificação de solventes apresenta ainda teores de determinados compostos que podem impactar na aplicação final do solvente, separadamente. Por exemplo, na especificação do acetato de butila um dos parâmetros reportados é o teor de álcool butílico.

Um resumo dos principais parâmetros que constam na especificação de alguns solventes comerciais e respectivas normas está apresentado na Tabela 9.1.

9.1. Cromatografia gasosa

A cromatografia é um método físico-químico de separação, fundamentada na migração diferencial dos componentes de uma mistura, através de duas fases imiscíveis, a fase móvel e a fase estacionária. As diferenças possíveis entre as fases móveis e estacionárias tornam a cromatografia uma técnica muito versátil e dá origem a diferentes técnicas analíticas de grande aplicação no meio acadêmico e industrial, tais como a cromatografia gasosa e a cromatografia líquida de alta eficiência (*High Performance Liquid Chromatography* ou HPLC).

9. Métodos para a análise de solventes

Tabela 9.1. Solventes comerciais e suas respectivas normas

Análises realizadas	Referência	Metodologia
Pureza	—	Cromatografia
Densidade	ASTM D-4052	Ensaio físico
Cor (Pt-Co)	ASTM D-1209	Ensaio físico
Acidez (expressa como ácido acético)	ASTM D-1613	Ensaio químico
Faixa de destilação (760mm Hg)	ASTM D-1078	Ensaio físico
Matéria não-volátil	ASTM D-1353	Ensaio físico
Água	ASTM D-1364	Ensaio químico
Odor residual	ASTM D-1296	Ensaio físico
Miscibilidade em água	ASTM D-1722	Ensaio físico
Resistência ao $KMnO_4$	NBR-5824	Ensaio químico

Quando se fala de análise de solventes, a cromatografia gasosa torna-se a técnica de maior aplicação. Especialmente útil para a análise dos componentes da mistura, permite separar, caracterizar e quantificar os componentes e impurezas orgânicas presentes nos solventes disponíveis no mercado e acompanhar o processo de síntese, levando à otimização de parâmetros de produção, se realizada em tempo real.

A cromatografia gasosa de alta resolução (CGAR) emprega colunas de comprimento entre 10-100 m, diâmetros internos na faixa de 0,10-0,75 mm e a fase estacionária consiste de um filme de polaridade variável. Hidrogênio e hélio são os gases de arraste mais utilizados.

Quanto aos detectores, os mais empregados são o de ionização de chama ou *Flame Ionization Detector (FID)* e o de condutividade térmica ou *Thermal Conductivity Detector* (TCD). Outro tipo de detector muito utilizado é o de fragmentação de Massas ou *Mass Spectrometry Detector* (MSD). Entretanto, existem outros tipos de detectores, como por exemplo, os detectores de captura de elétrons ou ECD (*Electron Capture Detector*), os detectores fotométricos de chama ou FPD, os detectores específicos para espécies nitrogenadas e fosforadas ou NPD, os detectores de fotoionização ou PID e os detectores compostos FID/PID, TCD/FID e MS/FID, onde dois princípios de detecção são empregados simultaneamente.

O equipamento de Cromatografia Gasosa acoplada à Espectrometria de Massas (CG/EM) consiste do acoplamento na saída da coluna do cromatógrafo de um sistema que seja capaz de gerar fragmentos que possam ser selecionados, detectados e registrados na forma do espectro de massas do componente. De uma maneira geral, o componente que sai da coluna na forma gasosa entra na câmara de ionização (que opera em pressões reduzidas, da ordem de 10^{-5} a 10^{-6} torr), onde é bombardeado por um feixe de elétrons proveniente de um filamento aquecido. Através de uma seqüência de etapas de aceleração dos íons positivos gerados pelo bombardeamento eletrônico, o sistema coletor seleciona, através das fendas de colimação, um conjunto de íons de cada vez, sendo detectados e amplificados em uma multiplicadora de elétrons.

O resultado é a obtenção de um espectro de massas, que permite caracterizar espectroscopicamente o composto correspondente a determinado pico. Na técnica de cromatografia gasosa tradicional (detector FID, TCD ou outro), a identificação do componente é feita através da comparação do tempo de retenção obtido para um determinado composto contra um padrão puro do componente. Para misturas muito complexas, torna-se praticamente impossível checar todos os componentes contra padrões conhecidos.

Desta maneira, a grande vantagem da técnica de CG/EM está na análise qualitativa dos componentes da mistura, através da obtenção de seus respectivos espectros de fragmentação de massas.

O espectro de massas do acetato de etila e a comparação com o espectro disponível na biblioteca do equipamento estão apresentados na Figura 9.1. Neste caso, obtém-se o espectro típico de cada um dos picos da mistura de solventes que aparece no cromatograma que pode ser comparado com uma biblioteca que acompanha o equipamento ou pela interpretação do técnico responsável pela análise.

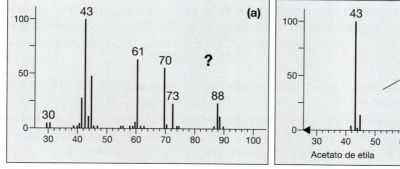
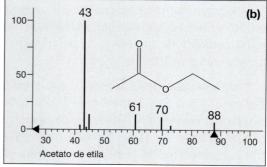

Figura 9.1. a) Espectro de massas do componente com tempo de retenção a 2,10 min; b) comparação com o espectro do acetato de etila disponível na biblioteca do equipamento.

9.1.1. Escolha de colunas cromatográficas

A escolha do tipo de coluna a ser utilizada para a análise dependerá de vários fatores, tais como a polaridade e o ponto de ebulição do sistema de solventes a ser analisado.

Em geral, a polaridade das colunas capilares acompanha a tendência de polaridade do componente majoritário da mistura a ser cromatografada. Em outras palavras, quando o sistema é altamente polar pode-se optar por utilizar uma coluna de alta polaridade disponível no mercado, que provavelmente fornecerá uma boa separação entre todos os componentes. O principal cuidado, neste caso, é garantir que todos os componentes da mistura sejam capazes de eluir nas condições cromatográficas selecionadas. O mesmo ocorre quando a coluna é de baixa polaridade. Entretanto, quando a separação cromatográfica é crítica, além de modificar a polaridade da coluna, é possível variar a espessura do filme e o seu comprimento, quando for interessante aumentar a retenção do componente para melhorar a separação e/ou a seletividade da separação total da mistura.

Mais utilizada para os hidrocarbonetos, a cromatografia gasosa bidimensional ou *Comprehensive Two-Dimensional Gas Chromatography* (GC × GC) foi desenvolvida com o intuito de melhorar a eficiência da separação e se caracteriza pela utilização de duas colunas seqüencialmente ligadas, em geral, uma convencional e uma curta, de forma que todo o efluente da primeira coluna ou grande parte dele sejam conduzidos para a segunda através de um modulador. Através desta técnica, a sensibilidade é significativamente aumentada e a resolução aumenta de forma expressiva, se comparada à cromatografia gasosa tradicional. A principal aplicação desta técnica é na separação de derivados do petróleo onde, dependendo da fração que está sendo analisada, o número de componentes pode chegar a um milhão. As classes tipicamente analisadas através desta técnica incluem os n-alcanos ou parafinas, alcanos ramificados ou isoparafinas, alcenos ou olefinas, alcenos ramificados ou iso-olefinas, alcanos cíclicos ou naftenos, alcenos cíclicos, aromáticos, aromáticos monocíclicos, aromáticos bicíclicos, aromáticos tricíclicos, entre outros.

Para a análise de solventes podem ser empregadas colunas do tipo PLOT (*Porous Layer Open Tubular*) especialmente utilizadas para melhorar a performance na separação de gases e compostos de alta volatilidade. Tais colunas foram desenvolvidas para resolver problemas analíticos relacionados a compostos de alta volatilidade, onde se fazia a utilização de colunas com filmes muito finos e que apresentavam baixa resolução e eficiência na separação de compostos voláteis e gases. Essas colunas foram desenvolvidas em 1988 pela Chrompack, permitindo aos usuários analisar uma variedade de compostos voláteis e gases, com a eficiência da cromatografia gasosa capilar, tornando-se uma alternativa interessante na análise de solventes, oferecendo rapidez e alta resolução de picos. A tecnologia empregada na fabricação destas colunas consiste no crescimento *in situ* do filme, ligado quimicamente à sílica fundida que compõe a camada externa, resultando em uma camada interna de alta resistência à temperatura, baixo sangramento e alta resistência mecânica do filme, o que permite a interface com um sistema de CG/EM, por exemplo.

Recentemente, com a necessidade de análises de alta performance e rapidez, foram introduzidas técnicas de cromatografia gasosa rápida ou *fast-GC*, onde as colunas adquiriram dimensões internas menores (da ordem de 100 µm ou 0,10 mm).

As principais diferenças entre um método tradicional de cromatografia gasosa e um método de *fast-GC* estão apresentados abaixo:

- o volume de amostra a ser injetado no método *fast-GC* será menor;
- a coluna a ser empregada terá diâmetro, comprimento e espessura de filme menores do que no método tradicional;
- no método *fast-GC*, o gás de arraste terá uma pressão maior e a ordem de preferência para a utilização será H_2 > He >>> N_2;
- as taxas de aquecimento do forno serão muito mais elevadas do que no método tradicional.

Existem programas "tradutores" que permitem fazer a adaptação/adequação de um método tradicional para um método *fast-GC* e que auxiliam o usuário nas primeiras injeções em colunas com estas características.

Um exemplo das alterações nas condições de injeção, obtidas através do método de tradução, está apresentado na Tabela 9.2.

Tabela 9.2. Resultados obtidos a partir de um programa de tradução de metodologia tradicional de cromatografia gasosa para um método *Fast-GC*

Coluna	Tradicional	Fast-GC
Comprimento (m)	60,0	10,0
Diâmetro interno (μm)	250	100
Espessura do filme (μm)	1,00	0,40
Gás de arraste	H_2	H_2
Pressão na cabeça da coluna (psi)	11,4	26,6
Vazão do gás (ml/min)	1,0	0,5
Velocidade média do gás (cm/s)	36	115
Temperatura inicial do forno (°C)	45	45
Tempo inicial (min)	0	0
Velocidade de aquecimento do forno (°C/min) Rampa 1	4	52,5
Velocidade de aquecimento do forno (°C/min) Rampa 2	12	157,5
Temperatura final do forno (°C)	180	180
Tempo final (min)	0	0
Tempo total da corrida (min)	27,8	2,1
Volume de amostra injetado (μl)	1,0	0,4

No exemplo da Tabela 9.2, o tempo de injeção foi reduzido cerca de 13 vezes, o que torna a metodologia muito interessante para o acompanhamento de processos industriais, por exemplo.

Na transformação de um método tradicional para as condições de *fast-GC* para o controle analítico de solventes, alguns cuidados devem ser tomados quanto aos valores de fluxo e razão de divisão empregados, mas a principal vantagem na utilização da técnica reside no fato de que o tempo de análise é drasticamente reduzido.

Na Figura 9.2, está apresentado um cromatograma típico de *fast-GC* obtido para a separação de uma mistura de solventes, cujos tempos de retenção estão registrados em cada caso.

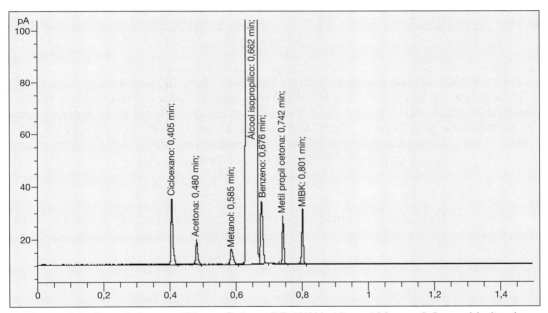

Figura 9.2. Condições analíticas: Coluna DB-WAX; 10 m; 100 µm; 0,2 µm; Limite de Temperatura: 20-250°C (N° série: US1434617A, Agilent); Fase: Polietilenoglicol. Razão de divisão: 700:1; Fluxo: 0,7 ml.min^{-1}; Temperatura inicial do forno: 45°C; Programação de temperatura: 52,5°C.min^{-1}; 100°C (0,3 min); 40°C.min^{-1}; 140°C (0,3 min); 30°C.min^{-1}; 180°C (1 min); tempo de equilíbrio: 0,5 min; Temperatura do injetor: 200°C; Temperatura do detector (FID): 220°C. Gás de arraste: H$_2$.

Na Figura 9.3 está apresentado um segundo exemplo da utilização da metodologia *fast-GC* para a análise de uma mistura de solventes, onde o composto majoritário é a MIBK (metil isobutil cetona), onde o tempo total de corrida cromatográfica é de 3,0 min.

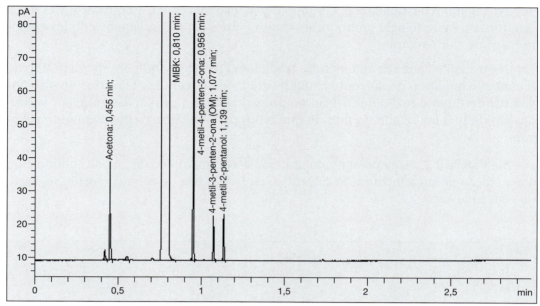

Figura 9.3. Condições analíticas: Coluna DB-WAX; 10 m; 100 µm; 0,2 µm; Limite de Temperatura: 20-250°C (N° série: US1434617A, Agilent); Fase: Polietilenoglicol. Razão de divisão: 700:1; Fluxo: 0,7 ml.min^{-1}; Temperatura inicial do forno: 45°C; Programação de temperatura: 52,5°C.min^{-1}; 100 °C (0,3 min); 40°C.min^{-1}; 140°C (0,3 min); 30°C.min^{-1}; 180°C (1 min); Tempo de equilíbrio: 0,5 min; Temperatura do injetor: 200°C; Temperatura do detector (FID): 220°C. Gás de arraste: H$_2$.

Como em toda a implementação de metodologia, deverão ser avaliados os parâmetros estatísticos do método modificado e verificar se estão adequados, caso a caso.

9.1.2. Análise de solventes retidos em filmes e plásticos

Um dos principais fatores que influenciam na escolha de um solvente em uma formulação de tinta ou verniz é a sua capacidade de retenção em filmes úmidos e secos. Em geral, o que ocorre é que a taxa de evaporação na fase inicial de secagem é muito mais rápida do que no final, ou seja, na etapa de retenção. Em determinadas condições de secagem, quanto mais alta for a velocidade de difusão através dos elementos constituintes do filme, menor será a retenção dos solventes na etapa final do processo. A velocidade de difusão depende de alguns fatores, entre os quais destacam-se:

- as características estruturais e moleculares dos solventes;

- as possíveis interações físicas e químicas que possam ocorrer entre o solvente e a macromolécula;
- a permeabilidade do filme plástico que está sendo ensaiado.

O enriquecimento da mistura polimérica em relação ao diluente pode ocasionar a precipitação ou coagulação do polímero, efeito esse que deve ser evitado. Sendo assim, torna-se necessário estudar os fenômenos de secagem empregando-se métodos analíticos precisos. No início do processo, quando os teores de solvente tem taxas de evaporação elevadas, é possível fazer uso de uma termobalança. Entretanto, quando os teores se tornam muito baixos, é necessário fazer uso da cromatografia em fase gasosa para determinar o solvente residual. Esta técnica também permite estudar se há evaporação seletiva de algum solvente da mistura e quantificar com precisão os valores residuais após determinado tempo de ensaio.

Em filmes plásticos e embalagens que entram em contato com alimentos e bebidas, a análise de voláteis residuais torna-se particularmente importante, pois a classe química e o teor de componente residual podem afetar aspectos de sabor, odor e até introduzir toxicidade ao produto final.

Neste caso e no anterior, pode-se fazer uso da técnica de cromatografia gasosa com injeção por *headspace*, onde o equipamento requerido é um sistema de injeção que utiliza somente a fase aérea da amostra, a qual pode ser coletada por uma seringa específica para coletar amostras gasosas ou amostradores automáticos disponíveis no mercado (*Headspace samplers*).

O procedimento é simples e consiste em aquecer uma determinada massa de amostra, colocada dentro de um tubo selado com septo de silicone, injetando-se a fase aérea diretamente no cromatógrafo gasoso ou no equipamento de CG/EM. Este último permite caracterizar a mistura contida na fase aérea, estratégia que pode ser útil quando há suspeita de diferença de odor ou contaminação de amostras. A quantificação é feita pela adição de padrão do componente a ser quantificado diretamente sobre a amostra, construindo-se uma curva de calibração que permite quantificar a concentração inicial do solvente retido na embalagem ou filme plástico.

Na Figura 9.4 está apresentado um cromatograma obtido em sistema CG/EM que permitiu a caracterização de solventes e a quantificação de alguns solventes em amostras de polipropileno, após injeção por *headspace*.

No cromatograma da Figura 9.4.a, o pico inicial (Tr = 1,46 min) corresponde ao ar injetado, que neste caso é detectado como dióxido de carbono. Um exemplo de como a caracterização é feita está apresentado na Figura 9.4.b, onde o pico com tempo de retenção a 5,64 min (composto A) foi caracterizado como 2,4-dimetil heptano ou isômero de C9, derivado da degradação da cadeia do polipropileno.

Solventes industriais

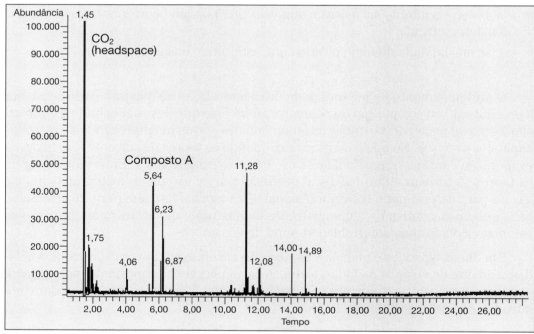

Figura 9.4a. Equipamento Agilent 6890/MSD 5973N, *Headspace sampler* Coluna HP-5MS; 30 m; 250 μm; 0,25 μm; Fase: Sulfenileno siloxano; Temperatura inicial do forno: 45°C (5 min); 8°C.min^{-1}; 200°C (5 min); Temperatura do injetor: 200°C; Temperatura do detector (MSD): 230°C. Faixa de massa: 30-400 (modo *scan*); Gás de arraste: He; Condições do *headspace*: 2,0 g de amostra; Temperatura do vial: 90°C (30 min); temperatura da linha de transferência: 100°C; Tempo de pressurização: 0,5 min; Tempo de injeção: 0,5 min.

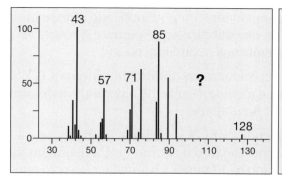 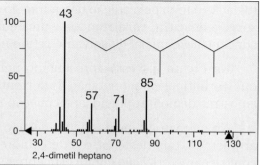

Figura 9.4b. a) espectro de fragmentação de massas do pico com Tr = 5,64 min (composto A) em amostra de polipropileno; b) comparação com o espectro de 2,4-dimetil heptano disponível na biblioteca do equipamento.

9.2. Métodos químicos de análise de solventes

As análises químicas empregadas na especificação de solventes disponíveis comercialmente são determinadas em função das características químicas dos compostos que os contaminam ou que apresentam alguma restrição para a aplicação final do produto.

Dentre os métodos mais utilizados estão a determinação quanto ao teor de água, a determinação da acidez e o teste de resistência ao permanganato.

A **dosagem de água** pode ser realizada pelo método potenciométrico de Karl Fischer, que está baseado na reação de redução do iodo pelo dióxido de enxofre na presença de água. Esta reação permite dosar quantitativamente o teor de água no meio, na presença de piridina e um álcool primário, os quais reagem com o trióxido de enxofre e ácido iodídrico, de acordo com as seguintes reações:

$$H_2O + I_2 + SO_2 + 3C_5H_5N \rightarrow 2C_5H_5N \cdot HI + C_5H_5N \cdot SO_3$$

$$C_5H_5N \cdot SO_3 + R\text{---}OH \rightarrow C_5H_5N \cdot HSO_4\text{---}R$$

As soluções de Karl Fischer são comerciais e se constituem de iodo, piridina e dióxido de enxofre, dissolvidas em 2-metóxi-etanol. O reagente é padronizado imediatamente antes de ser utilizado. Devido aos cuidados requeridos no manuseio, existem no mercado soluções reagentes de Karl Fischer isentas de piridina.

O método descrito na norma ASTM D1364 é indicado para solventes voláteis e intermediários químicos utilizados em tintas, vernizes e produtos similares e pode ser utilizado para a dosagem de teores de água muito baixos (da ordem de ppm) até valores muito altos. Solventes que absorvem água com facilidade do ar ambiente, tais como cetonas, acetatos e éteres de glicol, devem ser manuseados com muito cuidado no sentido de evitar este efeito, especialmente quando os teores de água a serem dosados são muito baixos.

O método não é sensível à presença de mercaptanas, peróxidos ou quantidades apreciáveis de aldeídos ou aminas, tendo uma vasta aplicabilidade.

Na **determinação da acidez total**, a expressão dos resultados é dada em acidez acética. Nos solventes industriais, a acidez pode ser proveniente de contaminação, do próprio processo produtivo, de decomposição durante a estocagem ou na distribuição.

O método ASTM D1613 é aplicável para teores de acidez inferiores a 0,05% (500 ppm) em compostos orgânicos, misturas de hidrocarbonetos, solventes e diluentes utilizados em tintas, vernizes e intermediários químicos. Entre os compostos que podem ser analisados através deste método, destacam-se os álcoois saturados e insaturados de baixo peso molecular, cetonas, éteres, ésteres e hidrocarbonetos.

O princípio do método baseia-se na titulação com solução aquosa de hidróxido de sódio, na presença de fenolftaleína. Alternativamente, a titulação potenciométrica com eletrodo de pH pode ser utilizada em substituição ao indicador. O teor de acidez acética é calculado a partir da quantidade de NaOH utilizado para a neutralização.

O **teste de resistência ao permanganato** em etanol, metanol e acetona é descrito na norma NBR 5824, também conhecido como método de Barbet. O teste consiste de um ensaio qualitativo de determinação de impurezas em solventes, indicativo da presença de substâncias que reduzem o permanganato, em meio neutro, a dióxido de manganês. O tempo necessário para que a descoloração da solução de permanganato de potássio ocorra é comparado com uma solução padrão de nitrato de uranila e cloreto cobaltoso. A temperatura do ensaio varia em função do tipo de solvente a ser testado. Por exemplo, para os álcoois metílico e etílico, compostos capazes de se oxidarem nas condições do ensaio, a temperatura é mantida em 15°C. Já para a acetona o ensaio é realizado na temperatura de 25°C.

De uma maneira geral, as substâncias que podem reagir com o permanganato de potássio, reduzindo-o, correspondem a:

- Compostos com duplas e triplas ligações, exceto anéis aromáticos;
- Aldeídos;
- Álcoois primários e secundários;
- Fenóis;
- Compostos nitrogenados.

9.3. Métodos físicos de análise de solventes

As análises físicas empregadas na especificação de solventes disponíveis comercialmente são determinadas em função das características físicas necessárias para a aplicação final do produto.

Dentre os métodos físicos mais utilizados estão a determinação de matéria não-volátil, a miscibilidade em água, odor de solventes voláteis, densidade e densidade relativa e faixa de destilação. O teste de cor também é considerado um ensaio físico, apesar de não poder ser dissociado completamente de ensaios químicos que correlacionem possíveis contaminantes (orgânicos, inorgânicos, etc.) aos fatores que contribuem para a especificação de cor do solvente.

O **ensaio de cor** baseia-se na comparação visual ou espectrofotométrica da coloração de um padrão de concentração conhecida com a cor da amostra. No método em que se utiliza uma escala baseada em padrões de Pt-Co, a comparação é visual e a amostra deve apresentar apenas coloração fraca, como é o caso da maioria dos solventes disponíveis comercialmente. A presença ou ausência de cor é uma indicação do grau de purificação do material, das condições de estocagem ou de ambos. O método ASTM para a determinação de cor em solventes é o D1209 e é conhecido por muitos como a especificação de cor APHA. A preparação da escala de comparação é feita através de soluções de concentração conhecida de Hexacloroplatinato de potássio (K_2PtCl_6) e cloreto de cobalto hexaidratado ($CoCl_2 \cdot 6H_2O$).

O **teor de matéria não-volátil** ou extrato seco é um método aplicável a solventes que serão utilizados na produção de tintas, vernizes ou intermediários químicos. A norma ASTM D1353 descreve a metodologia do ensaio, que se baseia no método gravimétrico para a determinação do teor de matéria não-volátil máximo necessário para a aplicação final do solvente. Este teste é de fundamental importância, uma vez que a presença de qualquer resíduo após a evaporação do solvente pode afetar a qualidade e a performance de tintas, vernizes e outros produtos. Para efetuar o teste, alguns procedimentos de segurança estão destacados na norma, uma vez que alguns solventes podem formar peróxidos e tornam-se potencialmente explosivos quando são concentrados e aquecidos nas condições do ensaio. Outra nota de segurança citada na norma refere-se ao cuidado com solventes que tem baixas temperaturas de auto-ignição, tais como hidrocarbonetos alifáticos.

Outro ensaio físico utilizado para o controle de qualidade de solventes industriais é a **determinação da faixa de destilação**. A norma ASTM D1078 é aplicável a líquidos que entram em ebulição entre 30 e 350°C e quimicamente estáveis durante o processo de destilação, que pode ser feita em sistema manual ou automático. Pode ser aplicada a compostos líquidos orgânicos do tipo hidrocarbonetos, solventes oxigenados, intermediários químicos, incluindo misturas.

O resultado do teste é a obtenção de uma faixa de temperatura que indica a volatilidade relativa do líquido orgânico analisado, que pode ser usada para a identificação e como indicador da qualidade (grau de pureza) do solvente ou da mistura analisada.

A **densidade ou densidade relativa** é uma grandeza física que indica, juntamente com outras propriedades físicas, as características finais de aplicação do solvente. A norma ASTM D 4052 trata dos requisitos analíticos do ensaio para compostos líquidos na faixa de 15 a 35°C, com pressão de vapor menor do que 600 mm Hg e viscosidade abaixo de aproximadamente 15000 cSt (mm^2/s) na temperatura do ensaio, a qual deve ser devidamente indicada.

A densidade é definida como a massa por unidade de volume em uma determinada temperatura. A densidade relativa é a razão entre a densidade do produto em uma determinada temperatura e a densidade da água obtida na mesma condição.

Para os ensaios de densidade realizados em densímetros digitais, os valores obtidos são expressos normalmente da seguinte forma:

$$\text{densidade a } 20°C = \text{valor em g/ml};$$

$$\text{densidade relativa, } 20/20°C = 0,xxxx \text{ (valor adimensional)}.$$

O método analítico empregado para a análise de **odor de solventes e diluentes voláteis** é descrito na norma ASTM D1296. Trata-se de um método comparativo em que se observam as características e o odor residual de solventes orgânicos voláteis para determinar a sua aplicabilidade e tolerância no sistema de solventes da aplicação final. O método não se aplica para determinar a diferença de odor ou a sua intensidade.

Neste teste os solventes são classificados em relação ao odor característico, quando o papel de filtro é avaliado comparativamente, ainda úmido, e quanto ao odor residual, comparando-se a diferença no odor após a evaporação do solvente.

O teste de **miscibilidade em água** para solventes é descrito na norma ASTM D1722. A principal característica é determinar contaminantes imiscíveis em água, qualitativamente, sendo um bom indicador para a presença ou ausência de substâncias incapazes de solubilizarem completamente em água, que resultam em turbidez quando o teste é realizado. Entre as substâncias que podem causar turbidez no teste de miscibilidade em água estão as parafinas, olefinas, compostos aromáticos, álcoois ou cetonas de alto peso molecular, entre outros. Após o ensaio, o solvente que não passar no teste deverá ser analisado cuidadosamente no sentido de se identificar quais substâncias presentes podem estar interferindo no teste.

9.4. Caracterização espectroscópica de solventes

Muitos solventes requerem ensaios que os caracterizem inequivocamente quando recebidos na unidade industrial através de métodos espectroscópicos. A importância do teste de recebimento varia em função do tipo de intolerância química entre o material que receberá o solvente e a característica química do produto. Por exemplo, quando o substrato (material que receberá a diluição com solvente) pode reagir facilmente, é necessário ter este tipo de controle, uma vez que um erro no recebimento pode resultar em reações indesejáveis no produto, que pode reagir com o solvente utilizado na diluição (cura de material, etc.) e também por questões de segurança, pois algumas reações podem envolver incompatibilidade química e levar a um risco muito grande no processo industrial.

Um dos ensaios muito utilizados na recepção e liberação dos lotes é a análise por espectroscopia de infravermelho ou espectroscopia de infravermelho por transformada de Fourier (FTIR ou IVTF).

A radiação de infravermelho na faixa de 10.000 a 100 cm^{-1} quando absorvida por uma molécula orgânica é transformada em energia de vibração molecular. O espectro vibracional costuma aparecer como uma série de bandas, resultado da sobreposição de linhas de energia rotacional múltiplas, denominadas de bandas de vibração-rotação. A interação da radiação infravermelha com uma molécula orgânica, por mais simples que seja, leva a um espectro de alta complexidade, na região entre 4.000 e

400 cm^{-1}. A alta complexidade do espectro obtido permite ao analista comparar bandas características de determinados grupos funcionais com informações de literatura e obter do espectro informações estruturais importantes para a sua elucidação.

Um espectro de infravermelho apresenta duas regiões de maior utilidade na interpretação: a região entre 4.000 e 1.300 cm^{-1} e a região entre 900 e 650 cm^{-1}. A faixa intermediária entre 1.300 e 900 cm^{-1} é conhecida como região da "impressão digital". Nesta região serão procuradas as denominadas bandas associadas, que são diferentes para os diferentes compostos químicos.

A região de mais alta freqüência (4.000 a 1.300 cm^{-1}) é a região onde absorvem os principais grupos funcionais presentes nos compostos orgânicos.

Por exemplo, bandas características da absorção de grupos aromáticos e heteroaromáticos aparecem na região de 1.600 a 1.300 cm^{-1}. Estes grupos absorvem fortemente na região de 900 a 650 cm^{-1}. Estas bandas são originadas pelas deformação angular do anel aromático e indicam o seu padrão de substituição. Complementarmente, a região entre 1.300 e 900 cm^{-1} também deverá ser observada, pois será característica da estrutura molecular que está sendo analisada.

Na Figura 9.5 está apresentado um espectro de FTIR na forma de absorbância obtida para a recepção de xileno (mistura de o, m e p-dimetilbenzeno) empregado na diluição de um composto sensível à presença de grupos funcionais próticos (hidroxílicos, amínicos, amídicos, etc.).

No espectro da Figura 9.5 é possível observar o padrão de substituição aromática na região de 697 a 795 cm^{-1}, a banda de deformação axial de C—H aromático a 3027-3084 cm^{-1}, a deformação C—H da metila a 2873-2996 cm^{-1}, as bandas de harmônicas ou freqüências de combinação a 1941-1742 cm^{-1} e as bandas de deformação axial C=C do anel aromático a 1606 e 1496 cm^{-1}, caracterizando o composto como uma mistura de *orto, meta* e *para*-xileno, inequivocamente. Além disso, não aparecem bandas que pudessem sugerir a presença de compostos do tipo álcoois, compostos carbonílicos, aminas, etc. no solvente recebido e, portanto, liberando-o para o uso na planta industrial.

A Ressonância Magnética Nuclear é mais utilizada nos meios acadêmicos do que na indústria. Entretanto, é uma poderosa ferramenta para a análise da estrutura molecular do solvente e permite a caracterização e quantificação inequívoca da estrutura de isômeros presentes, estrutura de contaminantes, etc.

As informações obtidas na técnica de Ressonância Magnética Nuclear podem ser utilizadas em conjunto com as informações obtidas no infravermelho e na espectrometria de massas, discutida ao longo deste capítulo, para a elucidação espectroscópica dos compostos presentes. As amostras são preparadas em solventes deuterados disponíveis comercialmente. A análise pode ser realizada em diferentes temperaturas que dependem da temperatura de ebulição do solvente deuterado em que a amostra foi preparada e pode-se monitorar diferentes núcleos, sendo os mais utilizados o hidrogênio e o carbono.

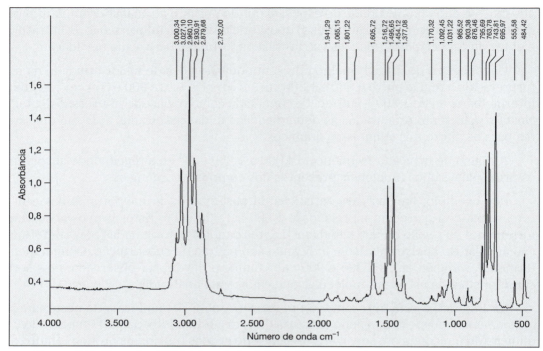

Figura 9.5. Espectro FTIR (absorbância), obtido em equipamento Bruker Equinox 55, em cela de KBr para líquidos de 0,025 mm de caminho ótico.

9.5. Utilização de técnicas analíticas acopladas para resolução de problemas na indústria de solventes

Em muitos casos, é necessário utilizar mais do que uma técnica analítica para a resolução de problemas industriais. Por exemplo, quando são observadas diferenças de odor ou cor no produto final, são necessárias técnicas que permitam uma investigação detalhada dos componentes presentes, de origem orgânica ou inorgânica. A seqüência de técnicas utilizadas na abordagem analítica final é definida como uma estratégia analítica, cuja dimensão varia em função do tamanho e grau e dificuldade do problema a ser resolvido. O trabalho, neste caso, extrapola os limites do controle analítico normal e passa a ser de responsabilidade dos laboratórios especializados em pesquisa e desenvolvimento, que darão o suporte técnico necessário para a definição da melhor estratégia a ser empregada, caso a caso.

De uma maneira geral, em um problema de coloração ou odor fora da especificação, pode-se empregar a estratégia investigativa para compostos orgânicos e inorgânicos, lembrando que, neste caso, os compostos responsáveis pelo problema podem estar em concentrações extremamente baixas. Neste caso, uma das abordagens possíveis é a utilização de um lote "sem problema" como referência para a comparação com o lote "com problema". Em situações como essas, muitas vezes, é difícil afirmar qual ou quais os compostos são os responsáveis pelo problema em questão. Neste caso, é muito importante avaliar tanto as diferenças qualitativas quanto quantitativas. Muitas vezes a presença de um determinado componente na amostra com problema, pode ser a resposta. Em outras, a composição química é semelhante, mas a proporção dos componentes na mistura pode ser uma possível explicação.

Para a investigação de compostos orgânicos, uma das primeiras técnicas a ser utilizadas é a espectrometria de massas acoplada à cromatografia gasosa (CGEM). Isso porque esta técnica permite a utilização de diferentes colunas cromatográficas, diferentes formas de injeção e diferentes formas de fragmentação de íons, que auxiliam no diagnóstico final do problema.

Os critérios de escolha das colunas cromatográficas já foram abordados anteriormente neste capítulo quando foi abordada a técnica de cromatografia gasosa. De uma maneira geral, seguem os mesmos critérios em que se há de considerar o tipo de composto que se está investigando. Neste caso, pode-se optar por utilizar colunas do tipo *Plot* se houver suspeita de um contaminante extremamente volátil, assim como colunas apolares ou polares.

Com relação aos tipos de injetores, existem possibilidades para a injeção normal do componente, onde a escolha de uma temperatura mais baixa do que a normal para o injetor pode ser feita e até mesmo para a utilização de um injetor programável de temperatura ou PTV (*Programmable Temperature Vaporization*). Neste caso, reduz-se o risco de perda ou transformação térmica de compostos contaminantes durante o processo de injeção no cromatógrafo.

A degradação térmica é muito comum para o caso de álcoois, onde a eliminação de água leva a compostos insaturados conjugados ou não, podendo levar a dosagens ou conclusões errôneas sobre a composição do solvente que está sendo analisado.

Outra forma de injeção possível, especialmente quando se investiga odor causado por solventes residuais (em filmes plásticos, borrachas, sólidos, etc.) é a injeção através da técnica de *headspace* estático ou dinâmico. Neste caso, apenas a fase aérea volatilizada da amostra é injetada, obtendo-se uma varredura qualitativa dos compostos presentes e que compõem o odor residual da amostra. Este assunto foi abordado no item 9.1.2 deste capítulo, quando foi abordada a análise de solventes residuais em filmes plásticos e embalagens.

Na Figura 9.6, apresenta-se um exemplo onde foi investigado o odor residual em uma amostra de suporte inorgânico (carga).

Neste caso, a análise por injeção *headspace* permitiu a identificação e quantificação dos compostos presentes na fase aérea de uma amostra que apresentava odor, sendo possível caracterizá-los como etanol, limoneno e dodecano. Para comparação, foi utilizado um lote testemunha da amostra que não apresentava odor residual. A quantificação foi realizada pela adição de padrão sobre a amostra considerada referência (sem contaminação).

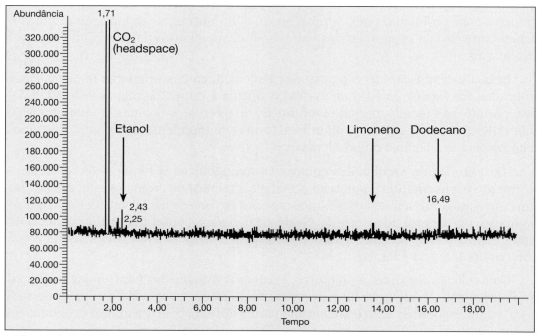

Figura 9.6. Equipamento Agilent 5890/MSD 5971, *Headspace sampler Agilent 7694E*. Coluna Innowax: 60 m; 250 μm; 0,25 μm; Fase: polietilenoglicol; Temperatura inicial do forno: 45°C (5 min); 8°C.min^{-1}; 200°C (5 min); Temperatura do injetor: 200°C; Temperatura do detector (MSD): 230°C. Faixa de massa: 30-400 (modo *scan*); Gás de arraste: He; Condições do *headspace*: 2,0 g de amostra; Temperatura do vial: 90°C (30 min); Temperatura da linha de transferência: 100°C; Tempo de pressurização: 0,5 min; Tempo de injeção: 0,5 min.

A técnica de injeção conhecida como SPME (*Automated Phase Solid Extraction* ou microextração por fase sólida) pode ser utilizada para a detecção de solventes residuais em produtos farmacêuticos, alimentícios, matrizes ambientais e outros.

A técnica de SPME permite analisar uma maior variedade de compostos com diferentes pontos de ebulição e apresenta grande sensibilidade na detecção de compostos voláteis. Além disso, pode-se considerar que é uma técnica de menor custo comparada ao sistema *headspace* estático. A escolha do tipo de fibra a ser utilizada na injeção por SPME depende do tipo de análise que se deseja fazer. Em algumas notas técnicas comenta-se que, para determinadas matrizes, as fibras que atuam pelo mecanismo de adsorção são mais adequadas para a identificação de voláteis do que para a quantificação, onde o mecanismo por absorção mostra-se mais eficiente.

As formas de detecção também podem ser escolhidas em função do tipo de contaminante a ser investigado. De uma maneira geral, utiliza-se para a investigação de contaminantes orgânicos em solventes os detectores do tipo EI (*Electronic Impact* ou por impacto eletrônico). A varredura de íons pode ser feita através da técnica de seleção total, escolhendo-se uma faixa determinada de massas (modo *SCAN*) ou seletivamente, escolhendo-se alguns fragmentos típicos de determinado componente (modo *SIM* ou *Selective Ion Monitoring*). A seleção pelo modo de injeção *SIM* aumenta consideravelmente a sensibilidade para a detecção dos compostos orgânicos e é particularmente útil para a quantificação de contaminantes presentes em baixas concentrações. Desde que análises para a identificação e quantificação de impurezas que podem resultar em cor no produto final requerem uma grande sensibilidade para a detecção de impurezas, esta é uma estratégia importante que pode ser utilizada.

Para problemas relacionados à alteração de cor usualmente são investigados metais, uma vez que cátions metálicos mesmo em pequenas concentrações podem resultar na alteração da cor da amostra. Os metais podem ter origem no próprio processo industrial ou nos sistemas de armazenagem e a sua identificação e quantificação tornam-se essenciais em casos onde são detectadas diferenças ou alterações na cor do produto final.

Neste caso, as técnicas analíticas que podem ser empregadas e que devem ser tratadas como uma complementação à investigação de compostos orgânicos cromatografáveis, são o ICP OES (*Inductively Coupled Plasma Optical Emission Spectrometry* ou Espectrometria de Emissão Ótica por Plasma Indutivamente Acoplado) e a Espectrometria de Absorção Atômica (AAS). As semelhanças e diferenças entre as duas técnicas estão resumidas na Tabela 3.

Tabela 9.3. Algumas diferenças entre as técnicas de ICP OES e AAS

ICP OES	AAS
Técnica espectroscópica de emissão atômica/iônica	Técnica espectroscópica de absorção atômica
A espécie atômica ou iônica é gerada por plasma	A espécie atômica é gerada por chama ou forno de grafite
A temperatura do plasma de argônio pode ser superior a 10.000 K	A temperatura da chama de acetileno/ar chega no máximo a 2300-2900°C
Melhores limites de detecção para elementos refratários (B, Ti, V, Al, etc.)	Possibilita a determinação de teores mais altos dos elementos alcalinos e alcalino-terrosos

Os equipamentos de ICP OES disponíveis comercialmente podem ser seqüenciais (determinação de um elemento por vez) ou simultâneos (determinação de vários elementos simultaneamente). A vantagem deste último é a redução no tempo de análise, pois vários elementos podem ser analisados simultaneamente.

O posicionamento da tocha permitiu o desenvolvimento de equipamentos do tipo radial e, mais recentemente, do tipo axial. A principal característica dos equipamentos radiais é a maior faixa de linearidade, o que possibilita a determinação de teores mais altos para elementos alcalinos. Os equipamentos, onde a tocha é disposta axialmente, são mais modernos e com uma faixa de linhas de emissão mais larga. Além disso, são equipamentos mais sensíveis e, por isso, mais sujeitos à interferência de outros elementos e/ou da matriz da amostra.

Além dessas, uma série de outras vantagens ou desvantagens podem ser consideradas na escolha da técnica para a análise de metais, especialmente quando os níveis requeridos para a detecção são extremamente baixos.

Na Figura 9.7, está apresentado um exemplo do espectro de emissão obtido pela análise de Fe e Al em equipamento ICP OES simultâneo. Neste caso, estão sendo empregados dois comprimentos de onda distintos para cada metal, para melhor avaliar possíveis interferências, devido à emissão de outros elementos e/ou da matriz da amostra, aumentando a seletividade da medida.

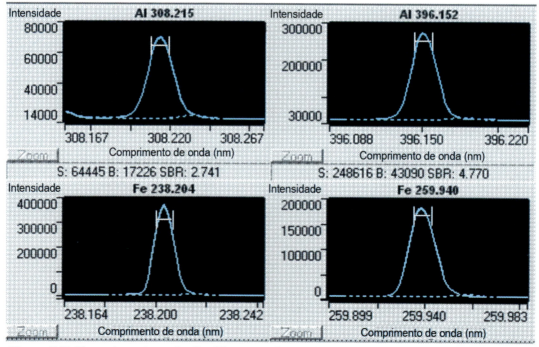

Figura 9.7. Espectros de emissão ótica por plasma indutivamente acoplado do alumínio (308,215 e 396,152 nm) e do ferro (238,204 e 259,940 nm) obtidos em equipamento ICP-OES Varian 720-ES, simultâneo, de visão axial.

Atualmente, existem no mercado alguns acessórios que podem ser acoplados ao equipamento de ICP OES que introduzem pequenas quantidades de oxigênio no plasma, facilitando a análise de compostos voláteis. No caso de solventes, que são soluções orgânicas de alta pressão de vapor, o oxigênio estabiliza o plasma no momento da aspiração. Isso permite analisar o teor de metais em solventes orgânicos diretamente (sem preparação da amostra). Quando não há equipamento para a análise direta, o mais comum é evaporar o solvente até a secura, de preferência em condições brandas, sob atmosfera de gás inerte, para evitar a perda de possíveis espécies metálicas voláteis.

9.6. Considerações finais

Para a análise de solventes industriais podem ser empregados diferentes métodos analíticos para as análises de especificação do produto final ou matéria-prima. Entretanto, um dos principais desafios é escolher a estratégia analítica mais adequada em casos onde a especificação não é atingida ou quando surgem problemas na aplicação final do produto ou mesmo no desenvolvimento de novos produtos e/ou aplicações. Nestes casos, muitas vezes não há uma única estratégia possível para a abordagem do recurso analítico e é de fundamental importância a interação entre os especialistas de processo e os especialistas em análise que definirão em conjunto qual o melhor caminho a ser seguido para a investigação e resolução do problema.

Referências bibliográficas

W. Bertsch, W. G. Jennigs, R. E. Kaiser. Recent Advances in Capilary Gas Chromatography. Alemanha: Hutchig Verlag Heidelberg, 592 p. 1981.

W. Bertsch, W. G. Jennigs, R. E. Kaiser. Recent Advances in Capilary Gas Chromatography, Volume 2. Alemanha: Hutchig Verlag Heidelberg, 557 p. 1981.

W. McFadden. Techniques of Combined Gas Chromatography/Mass Spectrometry: Applications in Organic Analysis. Bristol: John Wiley & Sons, 463 p. 1973.

J. R. Chapman. Practical Organic Mass Spectrometry – A Guide for Chemical and Biochemical Analysis, 2.ª Ed. Chichester: John Wiley & Sons, 339 p. 1995.

B. Kolb. Applied Headspace Gas Chromatography. Bristol: Heyden & Son, 185 p. 1982.

H. Verneret. Solventes Industriais: Propriedades e Aplicações. São Paulo: Toledo, 145 p. 1984.

R. M. Svilverstein, F. X. Webster. Identificação Espectrométrica de Compostos Orgânicos. 6.ª edição. Rio de Janeiro: Livros Técnicos e Científicos, 460 p. 2000.

T. W. Solomons, C. B. Fryhle. Organic Chemistry. 7.ª edição. New York: John Wiley & Sons, 1258 p. 2000.

ASTM. Standard Test Method for Water in Volatile Solvents (Karl Fischer Reagent Titration Method), D 1364. USA, 2002.

ASTM. Standard Test Method for Acidity in Volatile Solvents and Chemical Intermediates Used in Paint, Varnish, Lacquer, and Related Products, D 1613. USA, 2006.

ABNT. Acetona, Álcoois etílico e metílico. Determinação do Tempo de redução de permanganato. Método de Barbet, NBR 5824. Brasil, 1986.

ASTM. Standard Test Method for Color of Clear Liquids (Platinum-Cobalt Scale), D 1209. USA, 1997.

ASTM. Standard Test Method for Nonvolatile Matter in Volatile Solvents for Use in Paint, Varnish, Lacquer, and Related Products, D 1353. USA, 2003.

ASTM. Standard Test Method for Density and Relative Density of Liquids by Digital Density Meter, D 4052. USA, 2002.

ASTM. Standard Test Method for Odor of Volatile Solvents and Diluents, D 1296. USA, 2001.

ASTM. Standard Test Method for Water Miscibility of Water-Soluble Solvents, D 1722. USA, 2004.

C. Von Muhlen, C. A. Zini, E. B. Caramão, et al. Characterization of petrochemical samples and their derivatives by comprehensive two-dimensional gas chromatography. Química Nova, Brasil, vol.29, no.4, p.765-775, Jul/Ago, 2006.

A. O. Maldaner, M. A. Guilherme. Cromatografia gasosa ultra-rápida - Implementação de metodologia. Documento 2002-19-C02, Centro de Pesquisas de Paulínia, Rhodia Poliamida e Especialidades Ltda., 2002.

10 Um segmento comprometido com a sustentabilidade

Neste capítulo são apresentados os aspectos relevantes no gerenciamento da saúde, da segurança e do meio ambiente na manipulação e uso de solventes industriais.

Hidejal Santos
Maria Luiza Teixeira Couto
Fernando Zanatta
Rosmary De Nadai

Em resposta às crescentes demandas da sociedade, dos clientes e do próprio setor, o ICCA (*International Council of Chemical Associations*) mantém como uma das suas principais iniciativas o programa *Responsible Care*®. Originalmente concebido no Canadá em 1985, o *Responsible Care*® tem o objetivo de tratar as preocupações do grande público com a produção, distribuição e uso de produtos químicos, tendo foco na melhoria contínua da performance, comunicação e responsabilidades por meio da implementação e manutenção de um conjunto de práticas gerenciais. Essas boas práticas gerenciais estão organizadas em seis códigos de práticas: **Segurança de Processos**, **Transporte e Distribuição**, **Proteção Ambiental**, **Saúde e Segurança do Trabalhador**, **Diálogo com a Comunidade e Preparação e Atendimento a Emergências** e **Gerenciamento de Produto**.

O *Responsible Care*® foi adotado nacionalmente em 1992 pela Abiquim (Associação Brasileira da Indústria Química) com o nome de Atuação Responsável®. Em 1998, a adesão ao programa passou a ser obrigatória para as empresas associadas.

Com a publicação do *Responsible Care Global Charter* em 2005, o *Responsible Care*® se assume como uma iniciativa da indústria química global, na qual as empresas, por meio das suas associações nacionais, se comprometem a trabalhar em conjunto para continuamente melhorar as performances de seus produtos e processos em termos de Segurança, Higiene Industrial, Saúde e Meio Ambiente, e contribuir para o desenvolvimento sustentável das comunidades locais e da sociedade como um todo.

10.1. Product Stewardship (Gerenciamento de Produto)

O **Product Stewardship** ou **Gerenciamento de Produto** pode ser traduzido como o gerenciamento ético e responsável dos aspectos de Saúde, Segurança e Meio Ambiente de um produto químico ao longo do seu ciclo de vida. Da sua aplicação resulta a melhoria contínua na redução dos impactos sobre a Saúde, a Segurança e o Meio Ambiente dos produtos colocados no mercado, por meio da comercialização de produtos mais seguros e ambientalmente aceitáveis, da melhoria do controle de emergências e da redução de acidentes ou minoração da gravidade em função do conhecimento dos perigos e do gerenciamento dos riscos associados à utilização.

Adotado em 2006 pela *International Conference on Chemicals Management* (ICCM), o *Strategic Approach to International Chemicals Management* (SAICM) do *United Nations Environment Programme* (UNEP) é a estrutura de uma política para ação internacional sobre os perigos dos produtos químicos. O SAICM dá suporte para que os objetivos ratificados em 2002 durante o *Johannesburg World Summit on Sustainable Development* sejam atingidos, assegurando que até 2020 os produtos químicos sejam produzidos e utilizados, de modo que os impactos adversos à saúde e ao meio ambiente sejam minimizados.

Como resposta ao SAICM, também no início de 2006, a indústria química mundial representada pelo ICCA apresentou o *Global Product Strategy* (GPS) como forma de intensificar a aplicação das melhores práticas de *Product Stewardship* ao longo da cadeia de suprimentos (*supply chain*). O GPS se constitui como um importante pilar do programa *Responsible Care*®, por reunir várias iniciativas de gestão de produtos químicos, por construir a base para melhoria contínua, por fomentar maior transparência e, principalmente, ser a primeiro esforço global para alavancagem do *Product Stewardship* da indústria até os clientes.

As práticas gerenciais de *Product Stewardship* podem ser agrupadas em:

- Princípios de Gerenciamento do *Product Stewardship*
  - Definição da política e objetivos e estabelecimento de plano de ação para implementação e melhoria contínua;
  - Definição das responsabilidades, autoridades e interação das pessoas;
  - Gerenciamento dos recursos;
  - Acompanhamento da performance global dos processos e individualmente das pessoas.

- Identificação e Classificação dos Perigos
  - Identificação e classificação dos perigos à saúde, à segurança e ao meio ambiente, com base em sistemas de classificação de perigos internacionalmente reconhecidos.

- Análise de Riscos
  - Definição de ferramenta(s) para análise de riscos;
  - Identificação das indicações de aplicação e reconhecimento dos usos dos produtos químicos;
  - Identificação das legislações aplicáveis onde os produtos são fabricados e comercializados;
  - Caracterização dos riscos produto — aplicação — regulamentação aplicável.

- Gerenciamento dos Riscos
  - Definição das estratégias e ações de gerenciamento dos risco identificados;
  - Análise sistemática de acidentes e reclamações envolvendo aspectos de saúde, segurança e meio ambiente;
  - Gerenciamento de crise;
  - Gerenciamento da cadeia de distribuição.

- Comunicação
  - Comunicação dos perigos;
  - Comunicação cooperativa com fornecedores, subcontratados, clientes e autoridades;
  - Comunicação de crise.

O *United Nations Recommendations on the Transport of Dangerous Goods* e o GHS são as principais ferramentas do *Product Stewardship* para classificação e comunicação de perigos de produtos químicos.

10.2. Classificação e comunicação de Perigos — GHS

Em 1989, na Assembléia Geral da Organização Internacional do Trabalho (OIT), durante a primeira discussão a respeito das regras da OIT sobre segurança no uso de substâncias químicas no trabalho, decidiu-se pela adoção da resolução apresentada pelo governo da Índia. Essa resolução se refere a um Sistema Harmonizado de Classificação e Rotulagem para uso de substâncias químicas perigosas no trabalho. Seguindo o modelo da Convenção de Substâncias Químicas, adotado em 1990, a OIT iniciou um projeto para harmonizar sistemas existentes para classificação e rotulagem de substâncias químicas.

Esse objetivo avançou em 1992 apoiado pela Conferência de Meio Ambiente e Desenvolvimento da Organização para a Cooperação e Desenvolvimento Econômico (OECD) — a Rio 92 — ficando fixada como uma das seis áreas de ação identificadas no Capítulo 19 da Agenda 21 no controle ambiental de substâncias tóxicas. A OCDE recomendou que fosse feita uma classificação de perigos globalmente harmonizada, juntamente com um sistema de rotulagem compatível, incluindo as Safety Data Sheets (SDS) contendo dados relevantes de segurança:

> UNCED — Agenda 21 — Chapter 19 — GHS (Globally Harmonized System) Objectives
>
> 19.27. A globally harmonized hazard classification and compatible labelling system, including material safety data sheets and easily understandable symbols, should be available, if feasible, by the year 2000.

Esse compromisso foi reafirmado no World Summit on Sustainable Development em Johannesburg em 2002 (Rio+10):

> Plan of Implementation Paragraph 23 (c):
>
> Encourage countries to implement the new globally harmonized system for the classification and labelling of chemicals as soon as possible with a view to having the system fully operational by 2008.

GHS é o acrônimo para *Globally Harmonized System of Classification and Labelling of Chemicals,* ou seja, Sistema Globalmente Harmonizado para a Classificação e Rotulagem de Produtos Químicos. A primeira edição do GHS — também conhecido como *Purple Book* — foi publicada em 2003 e pode ser encontrada juntamente com suas posteriores revisões e emendas por meio do link , http://www.unece.org/trans/danger/publi/ghs/ghs_welcome_e.html.

O GHS estabelece critérios lógicos e abrangentes para classificação de perigos físicos, à saúde e ao meio ambiente para substâncias químicas e misturas, bem como a comunicação estruturada desses perigos por meio do uso de rótulos de fichas com dados de segurança.

- **Perigos físicos**

Para os perigos físicos, o GHS considera as seguintes classes: explosivos; inflamáveis (gases, aerossóis, líquidos e sólidos); oxidantes (gases, sólidos e líquidos); peróxidos orgânicos; agentes oxidantes; gases sob pressão; substâncias e misturas auto-reativas; líquidos e sólidos pirofóricos; substâncias e misturas auto-aquecíveis; substâncias e misturas que, em contato com a água, liberem gases inflamáveis; substâncias corrosivas a metais. Para os solventes tratados neste livro, a inflamabilidade é certamente o principal perigo físico.

- **Perigos à saúde humana**:
  - Toxicidade aguda;
  - Corrosão e irritação da pele;
  - Lesão ocular grave/irritação ocular;
  - Sensibilização respiratória ou da pele;
  - Mutagenicidade em células germinativas;
  - Carcinogenicidade;
  - Toxicidade à reprodução;
  - Toxicidade sistêmica para certos órgãos-alvo (exposição única e repetida);
  - Toxicidade por aspiração.

- **Perigos para o meio ambiente**

Para os perigos para o meio ambiente, o GHS considera a toxicidade aquática aguda, a bioacumulação, a degradação (biótica ou abiótica) para produtos químicos orgânicos e a toxicidade aquática crônica.

No desenvolvimento do GHS houve um esforço de aproximação para harmonização com o sistema existente para classificação de riscos no transporte de produtos perigosos. Contudo, para efeito de transporte ainda prevalecem as recomendações estabelecidas pelo *United Nations Committee of Experts for the Transport of Dangerous Goods.*

Tal como ocorre com as recomendações da ONU para o transporte de produtos perigosos, a adoção, a forma e extensão da implementação do GHS estão subordinadas ao ordenamento jurídico de cada país.

10.2.1. Classificação de perigos para solventes

Com relação aos perigos à saúde, são características comuns aos solventes os efeitos dérmicos localizados devido à extração de lipídeos da derme, efeito depressor do Sistema Nervoso Central, neurotoxicidade, hepatotoxicidade, nefrotoxicidade e, em alguns casos, carcinogenicidade com risco variável, como por exemplo:

Substância	Sinais/sintomas potenciais
Acetato de etila	Irritação dos olhos, pele, nariz e garganta; narcose; dermatite.
Acetona	Irritação dos olhos, nariz, garganta; dor de cabeça, tontura, depressão do sistema nervoso central; dermatite.
Tolueno	Irritação dos olhos, lassidão (fraqueza, cansaço), confusão, euforia, tontura, dor de cabeça, dilatação de pupilas, lacrimação; ansiedade, fadiga muscular, insônia, parestesia; dermatite; lesões hepática e renal.
Metiletilcetona	Irritação dos olhos, pele nariz; dor de cabeça; tontura; vômito; dermatite.
n-Hexano	Irritação dos olhos, nariz; náusea, dor de cabeça; neuropatia periférica; dormência nas extremidades, fraqueza muscular; dermatite; tontura; pneumonia química (aspiração do líquido).
Cicloexano	Irritação dos olhos, pele, sistema respiratório; sonolência; dermatite; narcose, coma.
Etilenoglicol	Irritação dos olhos, pele, nariz e garganta; lassidão (fraqueza, cansaço); dor de cabeça, tontura, depressão do sistema nervoso central; movimento anormal dos olhos (nistgagmo); sensibilização cutânea. Ingestão aguda: dor abdominal, náusea, vômito, perda da coordenação, estupor, convulsão, inconsciência; aceleração do ritmo cardíaco, insuficiência cardíaca congestiva; danos aos rins e insuficiência renal tardia.

10.2.2. Uso do GHS para classificação e comunicação de perigos

Os critérios estabelecidos pelo GHS são aplicáveis para substâncias puras e misturas, inclusive com a definição dos métodos para a obtenção dos dados quando necessário.

A precisa classificação de uma substância ou mistura depende da interpretação dos critérios estabelecidos pelo GHS, como da confiabilidade dos dados disponíveis. A classificação de perigos é uma atividade que deve ser realizada por especialistas suficientemente treinados, porque além da simples existência de dados confiáveis, as evidências em seres humanos e animais devem ser levadas em consideração na avaliação dos perigos representados por uma substância ou mistura à saúde humana e ao meio ambiente. Para certas propriedades, a classificação pode ser diretamente obtida quando os dados satisfazem os critérios. Para outras, a classificação pode ser inteiramente baseada em evidências. Outro aspecto importante é que as fórmulas de cálculo existentes para misturas são baseadas no princípio da aditividade. Contudo, interações antagônicas e sinérgicas devem ser consideradas pelos especialistas para classificação.

Um dos princípios gerais estabelecidos pelo GHS determina que dados experimentais já gerados para a classificação de produtos químicos em outros sistemas já existentes devem ser aceitos, evitando assim a repetição de testes e o uso desnecessário de animais de laboratório. É recomendado que se desenvolvam parcerias e ações cooperativas entre empresas e entidades, onde possível, para compartilhamento de dados e assim evitar a realização de testes duplicados e desnecessários em animais. Se, mesmo assim, tais testes se mostrarem necessários, é recomendado que sejam utilizados laboratórios validados e estritamente comprometidos com o tratamento humano dos animais.

Considere-se uma mistura solvente homogênea hipotética contendo 40% de uma substância A, 32% de uma substância B, 25% de uma substância C e 3% de uma substância D, a sua classificação pode ser feita da seguinte maneira:

	C_i%	Ponto de Fulgor °C	Ponto de Ebulição °C	Pressão de Vapor mm Hg $\cong$ 0°C	$\Delta_{VAP}H_0$ kJ/mol
Substância A	40	−22,0	55,6	187,5	31,3
Substância B	32	− 4,0	77,0	76	35,1
Substância C	25	92,8	196,0	0,1	48,4
Substância D	3	4,4	114,1	21,8	38,1

	$C_i\%$	Rota de Exposição		
		Oral DL_{50}	Dérmica DL_{50}	Inalatória CL_{50}
Substância A	40	5.800 mg/kg	20.000 mg/kg	50.100 mg/m^3
Substância B	32	5.620 mg/kg	20.000 mg/kg	200 mg/m^3
Substância C	25	2.080 mg/kg	3.000 mg/kg	4.000 mg/m^3
Substância D	3	5.000 mg/kg	14.000 mg/kg	10.640 mg/m^3

DL_{50} (Dose Letal 50%): dose de produto químico que provoque a morte de 50% (a metade) de um grupo de animais submetido a ensaio.
CL_{50} (Concentração Letal 50%): concentração de produto químico no ar ou na água que provoque a morte de 50% (a metade) de um grupo de animais submetido a ensaio.
$C_i\%$: quantidade ou concentração relativa do componente i na mistura.

Sendo que a substância A é absorvida pelas vias aéreas, quando em altas concentrações tem efeito narcótico podendo induzir o coma.

A substância D é reconhecidamente neurotóxica.

10.2.3. Exemplo de classificação de perigos físicos

10.2.3.1. Inflamabilidade para líquidos

Para o caso de misturas contendo líquidos inflamáveis e em concentrações conhecidas, o ponto de fulgor e o ponto inicial de ebulição são usados como critérios de classificação. No caso do nosso exemplo, o ponto de fulgor (vaso fechado) pode ser determinado experimentalmente ou, segundo o GHS, pode ser calculado usando-se o método descrito por Gmehling e Rasmussen (Ind. Eng. Chem. Fundament, 21, 186, (1982)). Contudo, para aplicação desse método alguns dados de difícil obtenção como, por exemplo, o coeficiente de atividade de cada componente presente na mistura e sua dependência à temperatura serão necessários. Por essa razão, pode ser mais rápida a determinação experimental.

Considerando-se que para essa mistura hipotética tenham sido obtidos experimentalmente os valores de 5,6°C e 99,2°C para ponto de fulgor e ponto inicial de ebulição, respectivamente, de acordo com a tabela acima, na qual são apresentados os valores de corte para inflamabilidade para líquidos, essa mistura deverá se classificada como **Inflamável — categoria 2**.

Critério	Categorias			
	1	2	3	4
Ponto de fulgor	< 23°C	< 23°C	≥ 23°C e ≤ 60°C	> 60°C e ≤ 93°C
Ponto inicial de ebulição	≤ 35 °C	> 35 °C	—	—
Elementos do rótulo				
Pictograma	🔥	🔥	🔥	Não aplicável
Palavra de advertência	Perigo	Perigo	Cuidado	Cuidado
Frase de perigo	Líquido e vapor extremamente inflamáveis	Líquido e vapor altamente inflamáveis	Líquido e vapor inflamáveis	Líquido combustível

10.2.4. Exemplo de classificação de perigos à saúde

10.2.4.1. Toxicidade aguda (TA)

Substâncias e misturas são classificadas para toxicidade aguda em cinco categorias, com base nas possíveis rotas de exposição oral, dérmica ou inalatória.

Rotas de Exposição	Categorias				
	1	2	3	4	5
Oral (mg/kg)	0 < TA ≤ 5	5 < TA ≤ 50	50 < TA ≤ 300	300 < TA ≤ 2000	2000 < TA ≤ 5000
Dérmica (mg/kg)	0 < TA ≤ 50	50 < TA ≤ 200	200 < TA ≤ 1000	1000 < TA ≤ 2000	2000 < TA ≤ 5000
Gases (mg/m^3)	0 < TA ≤ 100	100 < TA ≤ 500	500 < TA ≤ 2500	2500 < TA ≤ 5000	Nota 1
Vapores (mg/m^3)	0 < TA ≤ 0,5	0,5 < TA ≤ 2,0	2,0 < TA ≤ 10,0	10,0 < TA ≤ 20,0	Nota 1
Poeiras/ Névoas (mg/m^3)	0 < TA ≤ 0,05	0,05 < TA ≤ 0,5	0,5 < TA ≤ 1,0	1,0 < TA ≤ 5,0	Nota 1

Elementos do rótulo					
Pictograma	☠	☠	☠	❗	Não aplicável
Palavra de advertência	Perigo	Perigo	Perigo	Cuidado	Cuidado
Frase de Perigo					
Oral	Fatal se ingerido	Fatal se ingerido	Tóxico se ingerido	Nocivo se ingerido	Pode ser nocivo se ingerido
Dérmica	Fatal em contato com a pele	Fatal em contato com a pele	Fatal em contato com a pele	Fatal em contato com a pele	Pode ser nocivo em contato com a pele
Inalatória	Fatal se inalado	Fatal se inalado	Fatal se inalado	Fatal se inalado	Pode ser nocivo se inalado

Nota 1 — Os critérios do GHS para a categoria 5 possibilitam a identificação de substâncias ou misturas com toxicidade aguda relativamente baixas que, com base em informações confiáveis, indiquem efeitos tóxicos em humanos ou possam apresentar perigo a populações vulneráveis no julgamento de especialistas.

10.2.4.2. Classificação com base nos dados disponíveis para todos os componentes

Sabendo-se que a via inalatória é a rota de exposição mais provável e os valores de toxicidade aguda para cada componente são conhecidos, é possível calcular a estimativa de toxicidade aguda (ETA) para a nossa mistura pela fórmula de aditividade:

$$\frac{100}{ETA_m} = \sum_n \frac{C_i}{ETA_i}$$

onde: C_i = Concentração do ingrediente i
n = Quantidade de ingredientes de 1 a n
ETA_i = Estimativa de Toxicidade Aguda do ingrediente i
ETA_m = Estimativa de Toxicidade Aguda da mistura

Para aplicação da fórmula acima, é necessário:

- Incluir ingredientes com toxicidade aguda conhecida, que se enquadrem em qualquer uma das categorias de toxicidade aguda do GHS;
- Ignorar ingredientes conhecidos como não-tóxicos a nível agudo (por exemplo, água, açúcar);
- Ignorar ingredientes para os quais o teste oral não mostre toxicidade aguda inferior a 2.000 mg/kg/peso corpóreo;
- Considerar que não há evidências de interação antagônica ou sinérgica potencializadora entre os componentes da mistura.

Se considerarmos todos os ingredientes da mistura:

$$\frac{100}{ETA_m} = \frac{40}{50,1} + \frac{32}{0,2} + \frac{25}{4,0} + \frac{3}{10,64}$$

$ETA_m = 0,6$ mg/L

A mistura seria, então, classificada na **categoria 2** para **toxicidade aguda**.

Contudo, se considerarmos que, com base nos dados disponíveis, a substância A não contribui para a toxicidade aguda da mistura, teríamos:

$$\frac{60}{ETA_m} = \frac{32}{0,2} + \frac{25}{4,0} + \frac{3}{10,64}$$

$ETA_m = 0,36$ mg/L

A mistura seria, então, classificada na **categoria 1** para **toxicidade aguda**.

Esse exemplo reforça o que já foi comentado anteriormente. A classificação de perigos é uma atividade que deve ser realizada por especialistas suficientemente treinados, porque, além da simples existência de dados confiáveis, as evidências em seres humanos e animais devem ser levadas em consideração na avaliação dos perigos representados à saúde humana principalmente para os casos de misturas, bem como possíveis interações antagônicas ou sinérgicas potencializadoras entre os seus ingredientes.

10.2.5. Toxicidade Sistêmica em órgãos-alvos específicos

Um dos ingredientes da mistura hipotética tomada como exemplo é reconhecidamente neurotóxico e outro ingrediente é depressor do Sistema Nervoso Central podendo, em altas concentrações, induzir o coma.

Para classificação nesta subclasse de perigo, evidências confiáveis associadas à exposição única ou repetida com efeitos identificados e consistentes devem ser usadas como apoio. Efeitos que devem considerados, como por exemplo:

a) Morbidade ou morte resultante da exposição repetida ou de longa duração. Morbidade ou morte pode ser resultante da exposição repetida, mesmo em concentrações/doses baixas, devido à bioacumulação da substância ou seus metabólitos;

b) Alterações funcionais significativas no Sistema Nervoso Central ou Periférico ou outro sistema orgânico, incluindo sinais de depressão do SNC e alterações nos sentidos (visão, audição, olfato);

c) Qualquer alteração adversa significativa e consistente nos parâmetros bioquímicos, hematológicos ou de urinálise;

d) Danos significativos em órgãos que podem ser evidenciados por necropsia e/ou histologicamente confirmados;

e) Necrose multifocal ou difusa, fibrose ou granuloma em órgãos vitais com capacidade regenerativa;

f) Alterações morfológicas que sejam potencialmente reversíveis, mas que fornecem clara evidência de disfunção do órgão atingido (ex.: esteatose hepática);

g) Evidência de morte celular significativa (incluindo degeneração celular e redução no número de células) em órgãos vitais incapazes de regeneração.

A ação neurotóxica de produtos químicos é de difícil caracterização por causa da:
- Definição de casos não específicos;
- Possibilidade de duplicação das taxas de prevalência;
- Variabilidade nos testes neurocomportamentais;
- Não especificidade de medições fisiológicas;
- Confusão com etanol (hábitos e estilo de vida), trauma e outros fatores;
- Exposição múltipla
- Deficiências nutricionais, metabólicas, hereditárias;
- condições demielinizantes, paraneoplásticas.

A definição de Sistema Nervoso Central não é funcional, caracterizando-se anatomicamente pelas estruturas localizadas dentro do esqueleto axial (cavidade craniana e canal vertebral), ou seja, cérebro, cerebelo, tronco cerebral e medula espinhal. Contudo, alguns sintomas de neurotoxicidade podem ser associados a essas estruturas:

Central aguda	Atividade geral tipo anestesia ou inibição seletiva; narcose; euforia; agitação (desinibição); descoordenação, ataxia, disartria
Central crônica	Controversa – de difícil caracterização Síndrome dos Pintores: depressão; performance psicomotora retardada; alterações de personalidade; deficiências de memória no curto prazo Resultados de testes neurocomportamentais da OMS
Neurotoxicidade periférica	Neuropatia axonal distal geralmente presente nas extremidades inferiores: primeiramente: diminuição da capacidade sensorial – parestesia (dormência, perda da propriocepção tardia), vibração; mais tarde: diminuição da capacidade motora (fraqueza motora e atrofia por denervação)

10.2.5.1. Classificação para toxicidade sistêmica em órgãos-alvos específicos

No quadro seguinte são apresentados os critérios para classificação para ambas exposições — única e repetida.

Categoria	Exposição única	Exposições repetidas
1	Toxicidade significativa comprovada em humanos ou presunção de toxicidade potencial significativa a partir de resultados de estudos em animais em uma única exposição.	Toxicidade significativa comprovada em humanos ou presunção de toxicidade potencial significativa a partir de resultados de estudos em animais em repetidas exposições.
2	Presunção de nocividade potencial significativa a partir de resultados de estudos em animais em uma única exposição.	Presunção de nocividade potencial significativa a partir de resultados de estudos em animais em repetidas exposições.
3	Efeitos transitórios em órgãos-alvo. Há efeitos que alteram adversamente funções do organismo humano, contudo, não se enquadram nas categorias 1 ou 2.	

Elementos do rótulo				
	Categorias			
	1	2	3	
Pictograma	(pictograma perigo à saúde)	(pictograma perigo à saúde)	(pictograma ponto de exclamação)	
Palavra de advertência	Perigo	Cuidado	Cuidado	
Frase de perigo				
Exposição única	Causa danos a órgãos (ou descrever todos os órgãos afetados, se conhecidos) (descrever a rota de exposição se for conclusivamente comprovado que nenhuma outra rota de exposição cause o perigo)	Pode causar danos a órgãos (ou descrever todos os órgãos afetados, se conhecidos) (descrever a rota de exposição se for conclusivamente comprovado que nenhuma outra rota de exposição cause o perigo)	Pode causar irritação respiratória ou pode causar sonolência e vertigem	
Exposições repetidas	Causa danos a órgãos (ou descrever todos os órgãos afetados, se conhecidos) por meio de exposição prolongada ou repetitiva (descrever a rota de exposição se for conclusivamente comprovado que nenhuma outra rota de exposição cause o perigo)	Pode causar danos a órgãos (ou descrever todos os órgãos afetados, se conhecidos) por meio de exposição prolongada ou repetiva (descrever a rota de exposição se for conclusivamente comprovado que nenhuma outra rota de exposição cause o perigo)		

A comunicação desse perigo em FISPQs e rótulos para o caso de misturas, contudo, depende da concentração do ingrediente perigo. O GHS sugere os valores de corte ou concentrações-limite mostrados na tabela abaixo mas compete às autoridades de cada país estabelecer seus critérios.

Ingrediente classificado como:	Valores de corte/concentração-limite que definem a classificação da mistura como:	
	Categoria 1	Categoria 2
Categoria 1 Tóxico sistêmico em órgão-alvo	≥ 1,0 % (nota 1)	1,0 ≤ ingrediente < 10% (nota 3)
	≥ 10 % (nota 2)	1,0 ≤ ingrediente < 10% (nota 3)
Categoria 2 Tóxico sistêmico em órgão-alvo		≥ 1,0 % (nota 1)
		≥ 10 % (nota 2)

Nota 1: Se um ingrediente tóxico sistêmico em órgão-alvo específico das categorias 1 ou 2 estiver presente na mistura em uma concentração entre 1,0% e 10,0%, o GHS deixa sob responsabilidade das autoridades de cada país a exigência de informação e uso do respectivo pictograma.

Nota 2: Se um ingrediente tóxico sistêmico em órgão-alvo das categorias 1 ou 2 estiver presente na mistura em uma concentração ≥ 10%, é esperado que as autoridades de cada país exijam a identificação no rótulo.

Nota 3: Se um ingrediente tóxico sistêmico em órgão-alvo específico da categoria 1 estiver presente na mistura em uma concentração entre 1,0% e 10,0%, algumas autoridades reguladoras podem classificar essa mistura como agente tóxico sistêmico em órgão-alvo de Categoria 2, enquanto outras não.

Um aspecto a ser considerado é a existência de outros sistemas de classificação internacionalmente reconhecidos.

Com base nos critérios acima, a Classificação da mistura hipotética seguindo-se os critérios do GHS seria:

- O ingrediente A da mistura hipotética caracterizado como depressor do Sistema Nervoso Central e indutor de coma em altas concentrações, como substância seria classificado como **Tóxico Sistêmico para Órgão-Alvo – Categoria 2**.

- O ingrediente D, reconhecidamente neurotóxico, seria classificado como **Tóxico Sistêmico para Órgão-Alvo – Categoria 1**.

- Nesse caso, em função da concentração do ingrediente D na mistura e pela potencial interação sinérgica com o ingrediente A, a mistura hipotética seria classificada como **Tóxico Sistêmico para Órgão-Alvo – Categoria 1**.

10.2.6. Comunicação de perigos

A finalidade deste tópico é apenas demonstrar o uso das informações obtidas nos exemplos de classificação. A preparação de fichas com dados de segurança e rótulos é uma atividade para especialistas que, muito além das recomendações do GHS, devem conhecer e saber interpretar os requisitos legais aplicáveis à rotulagem nos países onde seja pretendida a comercialização do produto químico perigoso. No GHS, a comunicação de perigos é feita por dois principais meios:

- A ficha com dados de segurança, que no Brasil é conhecida como Ficha de Informação de Segurança de Produto Químico (FISPQ), e internacionalmente como MSDS – Material Safety Data Sheet, ou SDS – Safety Data Sheet, ou HDS – Hoja de Datos de Seguridad.

- O rótulo. Um aspecto importante para a rotulagem é que o GHS tem como um dos seus objetivos estabelecer critérios para adição de informações de segurança nos rótulos, principalmente o uso dos pictogramas, palavras de advertência e declarações de perigo, que devem ser alocados próximos uns dos outros no rótulo. Desse modo, compete a cada país acomodar esses critérios nos seus respectivos ordenamentos jurídicos.

    - Pictograma: é a composição gráfica obtida a partir do uso do símbolo de perigo e outros elementos gráficos como bordas, padrões de fundo e cores;
    - Palavras de advertência: são usadas como indicativo do nível relativo de severidade do perigo e como alerta sobre o perigo potencial no rótulo. As palavras de advertência usadas no GHS são "Perigo" e "Cuidado", sendo "Perigo" associado às categorias de perigo mais severas;
    - Declarações de perigos: são frases atribuídas a classes e catergorias de perigo que descrevem a natureza do perigo em um produto perigoso e, onde necessário, o grau de perigo.

10.2.6.1. Perigos múltiplos e precedência das informações de perigo

- **Pictogramas:**

Para substâncias e misturas abrangidas pelas *UN Recommendations on the Transport of Dangerous Goods*, a precedência dos pictogramas para riscos físicos no rótulo deve seguir as regras estabelecidas por essa recomendação. Quando um pictograma de risco para o transporte for mostrado no rótulo, o pictograma GHS para o mesmo perigo deve ser omitido.

Para os perigos à saúde devem ser considerados os seguintes princípios de precedência:

a) Se o símbolo do "crânio e ossos cruzados" for aplicável, o símbolo de "ponto de exclamação" deve ser omitido;

b) Se o símbolo de "corrosão" for aplicável, o símbolo de "ponto de exclamação" deve ser omitido quando usado para indicar irritação ocular ou cutânea;

c) Se o símbolo de "perigoso à saúde" for aplicável para sensibilização respiratória, o símbolo de "ponto de exclamação" deve ser omitido quando usado para sensibilização cutânea ou para irritação ocular ou cutânea.

- **Palavras de advertência:**

Se a palavra "Perigo" for aplicável, a palavra "Cuidado" identificada por causa de outro perigo deve ser omitida.

- **Declarações de perigo:**

Todas as declarações de perigo decorrentes do processo de classificação de perigos devem ser mostradas no rótulo. Contudo, autoridades de cada país podem determinar a ordem na qual devem ser apresentadas.

Para o nosso exemplo de mistura, deveriam ser alocados no rótulo os seguintes elementos:

Pictogramas	Palavra de advertência	Declarações de perigo
🔥	Perigo	Líquido e vapor altamente inflamáveis.
☠		Fatal se ingerido. Fatal se em contato com a pele. Fatal se inalado.
⚠		Pode causar danos ao Sistema Nervoso Central por meio de exposição respiratória prolongada ou repetitiva.

10.3. Gerenciamento dos aspectos de higiene, saúde e meio ambiente

10.3.1. Os solventes no contexto da higiene industrial

No campo da Higiene Industrial procuramos estabelecer uma ligação com a Toxicologia dos compostos químicos; de um modo especial trataremos aqui desta relação com os solventes. O homem é parte integrante do meio ambiente e com este mantém uma relação íntima de consumo e de contribuições.

Quando falamos de toxicidade, estamos mencionando a característica de uma molécula ou composto em produzir um efeito adverso no indivíduo, considerando o corpo no seu interior ou na superfície. E dentro do contexto dos solventes, esta susceptibilidade é potencializada principalmente pelas vias de absorção dérmica e respiratória.

10.3.1.1. A toxicologia como ferramenta de informação e planejamento na prática da Higiene Ocupacional

Classificar os solventes de acordo com seu potencial tóxico nos leva a conceituar o perigo de um produto como a probabilidade com que uma doença pode ser causada através da maneira pela qual estes produtos estejam sendo utilizados.

Neste cenário, podemos concluir que uma avaliação dos efeitos dos solventes sobre seus usuários, seja na indústria ou em qualquer segmento de aplicação, somente tem valor comparativo se interpretado como uma matriz de cruzamento de dados toxicológicos (*relação de impacto no organismo humano*) e ecotoxicológicos (*relação de impacto com o meio ambiente*). Portanto cada um tem seu potencial benéfico ou maléfico que lhe é característico.

Dentro deste conceito reforça-se a interdependência interpretativa para as áreas de Saúde, Segurança e Meio Ambiente (SSMA), ou como muitos preferem, de acordo com a nomenclatura globalizada conhecida como *Health, Safety and Environment* (HSE).

No universo dos solventes, a exposição humana nos ambientes de manufatura, aplicações e manuseio de caráter doméstico, é pertinente entender a relação entre os termos que classificam a toxicidade de produtos em *aguda*, onde o efeito é de curta duração e a toxicidade *crônica* que é considerada quando o efeito é de longa duração de exposição, por inalação ou absorção através da pele que são as vias de entrada no organismo humano.

O quadro seguinte orienta a busca de informações e o julgamento profissional na classificação de perigos de solventes:

Perigo		Julgamento Profissional
Classificação	Descrição	
U = Desconhecido (Unknown)	Substâncias cujas informações toxicológicas não puderam ser encontradas na literatura ou outras fontes como experimentos, onde os resultados obtidos em animais inferiores, não são reconhecidos pela comunidade científica como informação aplicada para a exposição humana.	Neste caso, o papel da higiene ocupacional está em reconhecer na rota produtiva, as informações sobre as matérias-primas usadas na fabricação do produto sob avaliação.
Não-classificado pelo GHS - Não Tóxico	Esta designação é dada para substâncias que não causam risco algum sob qualquer condição de uso ou para as que produzem efeitos tóxicos em humanos somente sob condições muito fora do comum ou através de dosagem excessivamente alta.	O higienista tem um trabalho de percepção e levantamento de histórico de eventos coletados nas áreas produtivas.
Categoria 5 do GHS Levemente Tóxico Substâncias que recebem esta classificação são aquelas que produzem mudanças no corpo humano que são prontamente reversíveis e que irão desaparecer ao término da exposição, com ou sem tratamento médico.	Produtos que têm toxicidade leve podem apresentar efeito *agudo local*, ou seja, brandos para a pele ou membranas mucosas, independentemente da extensão da exposição. Quando a causa é *aguda sistêmica*, pode haver absorção pelo corpo por inalação, ingestão ou através da pele, produzindo efeitos brandos, seja por exposição durante segundos, minutos ou horas, seja por ingestão de uma única dose, independentemente da quantidade. A exposição *crônica local* pode ser contínua ou repetitiva, por dias meses ou anos, porém com danos leves para a pele ou membrana mucosa. Ainda dentro da classificação de efeito tóxico leve, temos a *crônica sistêmica*, condição onde o corpo absorve via inalação, ingestão ou através da pele, produzindo efeitos brandos, mesmo que a exposição seja contínua e repetitiva durante dias, meses ou anos.	A interação do higienista com o médico do trabalho traz valor agregado na identificação do potencial de toxicidade humana, nas avaliações de saúde nos postos de trabalho e nas informações lançadas nas Fichas de Segurança dos Produtos comercializados.

Solventes industriais

Perigo		Julgamento Profissional
Classificação	Descrição	
Categoria 3 e 4 do GHS - Moderadamente Tóxico Substâncias assim classificadas podem produzir mudanças irreversíveis, porém não tão severas, como ameaçar a vida ou produzir incapacidade física permanente	Os solventes também se classificam como tóxicos de efeito moderado. Nesta categoria vamos encontrar os efeitos *agudos locais; agudos sistêmicos; crônicos locais* e *crônicos sistêmicos*, sempre que os efeitos são de intensidade moderada, em situações de absorção pelo corpo, seja por via inalação, ingestão ou através da pele, com intensidades variadas que podem durar segundos, minutos, horas ou dias, meses ou anos.	A visão sistêmica do tempo de exposição x vias de entrada x intensidade dos efeitos orientam para os melhores procedimentos de avaliação, quantificação e aplicação das ações prevencionistas, para amenizar ou eliminar o potencial tóxico de um produto ou substância.
Categorias 1 e 2 Severamente Tóxico	Nesta classificação, estão as substâncias que podem provocar efeitos *agudos locais* em uma simples exposição durante segundos ou minutos, causando danos para a pele ou membranas mucosas com severidade suficiente para ameaçar a vida ou causar danos físicos permanentes. Os *efeitos agudos sistêmicos nesta categoria* são absorvidos pelo corpo por inalação, ingestão ou através da pele, com danos severos para exposições de segundos, minutos ou horas ou mesmo por ingestão de uma simples dose. Em situações de exposições contínuas ou repetitivas, durante períodos de dias, meses ou anos, onde a pele ou as membranas mucosas sofrem danos irreversíveis, com ameaça da vida, estas substâncias são classificadas como de efeito *crônico local.* O mesmo efeito irreversível ou que causa morte ocorre, quando substâncias são absorvidas no corpo por inalação, ingestão ou através da pele, com exposição por dias, meses ou anos. Neste caso são classificadas como de efeito *crônico sistêmico*.	Bancos de dados de alta confiabilidade, com atualização constante estão disponíveis nos portais de pesquisa com assinaturas, que auxiliam na busca de informações de efeitos para a classificação do potencial de toxicidade dos solventes e suas matérias-primas.

Fonte: Banco de Dados - http://www.portaldapesquisa.com.br/databases/sites

O quadro apresentado resume as informações mais importantes relativas à avaliação de características de periculosidade de um produto e que podem ser acertadamente aplicados a qualquer solvente ou sistema solvente existente no mercado. Se o solvente apresenta potencial de perigo, então existe um risco na sua utilização, sendo assim o conhecimento dos dados de periculosidade passa para uma posição central no processo de avaliação de risco numa área produtiva ou de aplicação de um solvente. Este conceito tem fundamental importância no planejamento de avaliações de campo, o que veremos com maior detalhe no decorrer deste capítulo.

Uma consideração polêmica, porém importante no segmento de Solventes, está na forma como consideramos as causas-efeitos da toxicidade dos produtos obtidos em inúmeras espécies cobaias e extrapolamos os resultados a humanos. Por longos anos, a toxicidade das diversas classes de compostos químicos tem sido objeto de estudos exaustivos, o que resultou num grande acervo de dados de base. Esses bancos contêm informações que indicam os níveis de concentrações-limites, a partir dos quais estas substâncias produzirão efeitos tóxicos nos seres humanos, conhecidos como Valor-Limite de Exposição (VLE). Neste ponto é que chamamos o leitor para uma reflexão, que passa pela consideração da semelhança dos relatos científicos publicados nos bancos, por diversos cientistas e/ou organizações de reconhecimento mundial. Publicações de acompanhamentos de campo realizados diretamente nas áreas produtivas de Solventes, durante anos, em trabalhadores, somam fortemente como fonte de dados comparativos aos obtidos em cobaias vivas de outras espécies. Com todas estas informações, para se concluir sobre o potencial tóxico de um Solvente e seus efeitos é preciso considerar a *severidade* do efeito, que pode variar de uma dermatite de contato (simples irritação de pele) a um carcinoma (câncer). Além disso, a *reversibilidade* ou *irreversibilidade* de um dado efeito precisam ser consideradas, pois em muitos casos, um efeito tóxico pode ser severo e totalmente reversível. Por outro lado, existem substâncias que são conhecidas por serem severas somente em altas concentrações de exposição, mas com efeitos totalmente irreversíveis. Assim sendo, estes conceitos são importantes ao avaliarmos uma publicação científica que anuncia o nível tóxico de um determinado produto e seus efeitos sobre humanos.

10.3.2. Avaliações de campo – conceitos e práticas

10.3.2.1. Considerações fundamentais

O higienista ou profissional da área SSMA especializado, ao planejar um trabalho de campo cujo objetivo é avaliar impactos dos solventes nas áreas de produção e de aplicação, seja qual for o segmento, deve ter em mente que o conhecimento e o controle das exposições é a primeira regra para a prática da Higiene Ocupacional, segundo o professor Paul Hewtt (PhD, Higienista Industrial Certificado), que formula as seguintes considerações para garantir uma avaliação com abordagem sustentável:

- Monitoramento da exposição;
- Gerenciamento de materiais perigosos;
- Controles de engenharia;
- Controles administrativos;
- Equipamento de proteção individual;
- Vigilância médica;
- Epidemiologia;
- Educação e treinamento.

Além destes segmentos importantes do planejamento de campo, acrescentamos os que compõem o nível de conhecimento do produto que será amostrado e mensurado, pois esta quantificação tem uma dimensão sistêmica que considera os efeitos diretos sobre o indivíduo em exposição e as condições ambientais na área de abrangência do produto avaliado. Por isso, o trabalho de campo exige do profissional uma busca anterior de dados sobre:

i. A toxicidade validada à saúde humana;
ii. O potencial de impacto ambiental.

Os procedimentos de teste de toxicidade precisam seguir os protocolos contidos no Guia para Teste de Produtos Químicos da OCDE (Organização de Cooperação e Desenvolvimento Econômico). São apresentados abaixo alguns exemplos de testes descritos neste protocolo:

- Teste de Toxicidade Oral Aguda (TG 401);
- Teste de Toxicidade de Inalação Aguda (TG 403);
- Teste de Toxicidade Dermatológica Aguda.

Caso existam informações suficientes sobre as propriedades toxicológicas dos componentes individuais da mistura, é assumido que a toxicidade dessa mistura é dada pela somatória das toxicidades dos compostos individuais.

Fontes que poderiam apresentar esses dados com grande confiabilidade seriam os listados a seguir:

- **HSDB** – **H**azardous **S**ubstances **D**ata **B**ank;
- **CHRIS** – **CH**emical **H**azard **R**esponse **I**nformation **S**ystem;
- **IRIS** – **I**ntegrated **R**isk **I**nformation **S**ystem;
- **NIOSH** – **N**ational **I**nstitute for **O**ccupational **S**afety and **H**ealth;
- **MEDITEXT**® – Medical Management;
- **OHM/TADS** – **O**il and **H**azardous **M**aterials/**T**echnical **A**ssistence **D**ata **S**ystem;
- **RTECS** – **R**egistry of **T**oxic **E**ffects of **C**hemical **S**ubstances;
- **REPROTEXT** ® System;

- **TOMES PLUS;**
- **GUIDE TO MANAGING SOLVENT EXPOSURE (ESIG)** – **E**uropean **S**olvents **I**ndustry **G**roup.

Do ponto de vista ocupacional, os trabalhadores das indústrias compõem o segmento da população que estão mais vulneráveis à exposição aos produtos químicos e os da indústria de Solventes se destacam pelas vias de contaminação de grande área de vulnerabilidade, como a pele e o trato respiratório. Para protegê-los destes riscos ocupacionais a American Conference of Governmental and Industrial Hygienists (ACGIH) publica anualmente Valores-Limites de Exposição, que apresentam as concentrações máximas permitidas à exposição de um trabalhador em seu local de trabalho, em jornadas de tempo específicas. Importante lembrar que a ACGIH é uma associação científica e não-governamental que estabelece padrões, mas que se organiza na forma de comitês que analisam e compilam dados publicados na literatura científica e publica guias de orientação denominados TLVs® (Threshold Limit Values) e BEIs® (Biological Exposure Índices), usados por higienistas industriais na tomada de decisões em relação a níveis de exposição seguros de vários produtos químicos, incluindo Solventes e agentes físicos encontrados no ambiente de trabalho. Ao usar estas diretrizes, os higienistas devem estar cientes de que os valores-limites se juntam a outros múltiplos fatores a serem levados em conta na avaliação de um determinado local de trabalho e suas condições inerentes. Outra situação positiva para os profissionais multidisciplinares que atuam no Brasil, como por exemplo, na higiene ocupacional, toxicologia, medicina e epidemiologia, é que a Associação Brasileira de Higienistas Ocupacionais (ABHO) promove a tradução e publicação em edições anuais atualizadas dos guias TLVs® e BEIs®.

Os TLVs® são expressos em concentrações de substâncias em partes por milhão ou miligramas por metro cúbico nas quais o trabalhador pode estar exposto sem risco à saúde em uma jornada de trabalho. Estes valores são aplicáveis somente ao espaço de trabalho e não podem ser utilizados como padrões para a qualidade do ar para a população. A consulta aos guias de orientação, como referência citada neste capítulo para os limites de exposição da ACGIH, para produzirem o real entendimento das informações, passam pela definição das três diferentes formas do TLV:

- TLV-TWA (TLV Ponderado pelo Tempo Médio): corresponde à concentração média de um determinado produto químico a que um trabalhador pode estar exposto com segurança durante uma jornada de oito (8) horas por dia e cinco (5) dias por semana;
- TLV-STEL (TLV Limite de Exposição de Curta Duração): é a exposição permitida para um indivíduo durante somente quinze (15) minutos, e no máximo quatro vezes por dia, com intervalo mínimo entre as exposições de sessenta (60) minutos;
- TLV-C (TLV Máxima): são as concentrações que nunca devem ser excedidas.

Os BEI correspondem à outra maneira de se avaliar os limites de exposição aos compostos químicos, e estão relacionados às quantidades máximas permitidas de produtos químicos no sangue, urina ou no ar exalado pelos trabalhadores expostos.

Próximos dos valores relatados para os TLVs® estão os chamados padrões de concentrações aceitáveis promulgados pela Associação de Padrões Americanos (ASA). De acordo com a ASA, estes padrões são designados como prevenção:

i Mudanças indesejáveis na concepção estrutural ou na bioquímica do corpo;
ii Reações funcionais indesejáveis, muitas vezes sem efeitos perceptíveis na saúde;
iii Irritações ou outros efeitos sensores adversos.

Quanto à expressão de valores, para *gases* e *vapores* o Valor-Limite de Tolerância é também expresso em partes por milhão (ppm), que significam partes de gás ou vapor por milhão de partes de ar.

10.3.2.2. Medições no campo — considerações para uma avaliação sustentável

Seja qual for a consideração adotada, européia através da ACGIH, ou americana pelas orientações da ASA, o profissional da Higiene Ocupacional no Brasil pode adotar as diretrizes aplicadas internacionalmente em seu planejamento de amostragem e avaliações, porém sem deixar de considerar a legislação brasileira de Segurança e Medicina do Trabalho, que orienta e estabelece as NRs (*Normas Regulamentadoras*), em vigor através da Lei n.º 6.514, de 22 de dezembro de 1977, disponibilizados ao usuário através de publicações em manuais atualizados periodicamente.

Conhecer e controlar todas as exposições passam a ser a principal premissa do planejamento de campo e para que isso ocorra devemos garantir que todos os processos e materiais envolvidos sejam revisados, num cenário que permita o julgamento real das exposições, embasado em documentação sistemática de dados, pelo menos qualitativos, declarados pelas áreas produtivas envolvidas na medição. O conhecimento da força de trabalho local quanto aos cargos; funções e atribuições. O gerenciamento das incertezas, relativas às informações de mudanças imprevisíveis no nível de conhecimento sobre os efeitos na saúde humana, dos produtos mensurados, se posiciona como prioridade no momento em que nos dirigimos ao campo para as amostragens. As características do local avaliado, no que se refere aos procedimentos em relação direta com os executantes, devem ser observadas de forma a estabelecer, em situações justificadas, os Grupos Homogêneos de Exposição, que agrupam funcionários com o mesmo perfil de exposição, devido à semelhança e freqüência das tarefas que executam, além dos materiais e processos com os quais trabalham. Neste contexto, colocamos o laboratório de análises, no mesmo patamar de importância, onde os procedimentos de amostragem e os métodos analíticos aplicados devem ser validados e a confiabilidade comprovada através de programas oficiais de controle de qualidade. As agências reconhecidas mundialmente que publicam métodos de amostragem e análise do ar, as quais consideramos como referência, são as seguintes:

i   *National Institute for Occupational Safety and Health* (NIOSH);
ii *Occupational Safety and Health Administration* (OSHA);
iii *Environmental Protection Agency* (EPA).

Enfim, garantir uma abordagem sustentável e de sucesso num trabalho de caracterização de campo se resume em ações conjuntas e integradas, traduzidas oportunamente como *Fatores*, pelos consultores e professores do AIHA – American Industrial Hygiene Association (*Drs. Hewett, Paul e Mulhausen, John R.*). O Quadro a seguir reúne estes fatores de forma ordenada, conforme os passos crescentes de atuação do higienista no campo.

Tabela 10.1. Estratégia de Avaliação de Exposição		
Fatores relativos ao local de trabalho	**Objetivos**	Entender fluxograma de processo e material Obter informações de processos químicos e físicos inerentes ao local em avaliação (descrição/química do processo) Entender a disposição dos fluxos de processo Identificar emissão potencial e pontos de controle Localizar tarefas com manuseio de materiais Práticas e Procedimentos de trabalho (entrevista e observação dos trabalhadores/complexidade/jornada de trabalho/rotinas/auxiliares/rotatividade) Movimento de materiais Uso de EPI's e controles
	Outras considerações	Tipo de edificação (plantas) Fontes de energia (equipamentos/ventilação) Suporte técnico (engenheiros/químicos, etc.)
Fatores da força de trabalho	**Objetivos**	Entender a divisão e práticas de trabalho Perfil de padrão de exposição (cargos e tarefas) Freqüência e duração da exposição (rotina x esporádico) Potencial de contato com a pele e trato respiratório (aspersões/despressurizações/projeções)
	Outras considerações	Conhecer as listas de pessoal de fábrica/organogramas/descrição de cargos Entrevistas nível diretoria Revisão detalhada do local de trabalho/dos procedimentos críticos (análise de tarefa)

Tabela 10.1. (continuação)

Fatores de agentes ambientais	Objetivos	Identificação dos agentes (químicos/físicos/biológicos - revisão de inventário) Efeitos potenciais à saúde (FISPQ) Quantidades manipuladas
	Outras considerações	Matérias-primas Produtos e aditivos intermediários Substâncias químicas de laboratórios (reagentes) Resíduos Nocivos Agentes físicos (ruído/vibração/radiação/temperaturas extremas) Agentes biológicos (patogêneses) Utilizar registros históricos anteriores de exposição
	Estabelecimento de limites de exposição	Limites de Exposição Ocupacional (LEs) Limite de Exposição Regulamentar (estabelecido e regulamentado pelos órgãos governamentais - NRs$_{(BRASIL)}$/OSHA$_{(EUROPA)}$/EPA$_{(USA)}$) Limite de Exposição Credenciado (definido por organizações científicas – NIOSH e ACGIH$_{(MUNDIAL)}$/AIHA$_{(USA)}$ Limite de Exposição Interno (definido por entidades privadas) Limites de Exposição Ocupacional (definido pelo higienista ocupacional)
Fontes de informações gerais	Objetivos	Entrevista com equipe médica e de segurança Conhecimento de normas e padrões atualizados
	Priorização inicial	Recurso usado, porém opcional, para seleção de áreas ou agentes para avaliação adicional. Útil quando há limitação de recursos de avaliação ou quando se faz a avaliação das operações pela primeira vez. Nestes casos considerar: Tipo de agente (ex.: apenas agentes químicos) Há um limite de exposição regulamentado? Há uma norma de consenso (ex.: ACGIH TLV)? Toxicidade do agente (ex.: nível de influência na saúde estipulada na literatura especializada) Dados de amostragens anteriores
	Abordagens de documentação	Informal (experiências/vivências/fatos relatados) Formal (estudos e medições documentadas) Relação (listas de verificação/questionários) Base de dados (planilhas e formulários disponíveis) Vídeos (documentação áudio-visual)

Fonte: Strategy for Assessing and Managing Occupational Exposures; Mulhausen,J.R Ph D/CIH) and Damiano, J.-MS/ CIH).Second Edition AIHA-Press.

Neste momento da nossa descritiva sobre a prática de uma abordagem confiável e sustentável de campo, aparecem elementos importantes que ocupam destaque na prática da higiene ocupacional, tanto na obtenção de dados como na sua correta interpretação. Agora é o momento de algumas definições do ponto de vista operacional, na atuação em campo:

- Perfil de exposição — é o retrato da situação do local em avaliação usando todas as informações disponíveis em nível qualitativo; semiquantitativo e quantitativo.

- Classificação de exposição — é a média aritmética do Perfil de Exposição, onde se classifica como de maior nível de exposição o valor que se posiciona acima da média de longo prazo, seguido pelos que se enquadram entre os 50 e 100% da média de longo prazo, atenuando ainda mais o risco de exposição para a faixa de 10 a 50% da média de longo prazo e os que se apresentam abaixo dos 10% da média de longo prazo como os de menor risco de exposição.

- Efeitos potenciais à saúde — efeitos adversos que porventura uma substância química, física ou biológica possa causar no organismo vivo, uma discussão intimamente ligada às questões da medicina ocupacional.

Nos ambientes onde são manipulados os Solventes, vamos atentar para os princípios básicos de amostragem do ar. A amostragem ativa é um processo de coleta do contaminante de interesse em um sistema apropriado, onde a sucção de ar realizada por meio de uma bomba de amostragem é considerada um procedimento de aceitação e prática em todo o mundo. A bomba é utilizada para aspirar o ar permitindo concentrar ou coletar o agente químico no meio de coleta. A faixa de vazão comumente utilizada é de 1 até 5.000 mL/min, suficiente para uso em coleta individual (pessoal) e de ambiente (ponto fixo). A configuração mais comumente usada na coleta de gases, vapores e aerodispersóides é a chamada coleta ativa pelo método da adsorção, onde a bomba de ar fica conectada em pequenos tubos de vidro normalmente preenchidos de um material sólido adsorvente, cuja metodologia especifica o tipo a ser usado, para cada agente químico de interesse, onde os mais comuns são: *Carvão Ativado; Sílica Gel; Tenax; Resina iônica XAD-2; Chromosorb*.

Inúmeras são as metodologias de amostragem, o importante é o critério de escolha que estará fundamentado ao nível de conhecimento do agente químico e sua relação com o cenário sob avaliação:

- Fator Humano — a interação do operador com o produto, seja qual for o nível de contato na organização local, envolve conhecimento dos riscos, nível de exigência e comportamento como fator inerente a cada indivíduo;

- Fator Ambiental — as condições locais como ventilação, temperatura e umidade do ar, ainda condições dos equipamentos e medidas preventivas;

- Fator Técnico — as práticas normalizadas na forma de procedimentos caracterizam grupos homogêneos para os riscos de exposição, garantem velocidade, capacidade de coleta e a estabilidade das amostras;
- Credibilidade Analítica — metodologias que garantem a recuperação com exatidão e precisão do (s) agente (s) químico (s) de interesse e domínio das interferências.

10.3.2.3. Tratamento dos resultados de campo – interpretação e aceitabilidade

Toda medição onde o fator humano tem potencial relevância, assim como a qualidade e confiabilidade instrumental, apresenta grande desafio e o sucesso dos resultados exige competência e transparência por parte do profissional da Higiene Ocupacional, nas suas relações com as áreas envolvidas. Esta premissa suporta a exigência de um julgamento criterioso no momento da classificação da exposição, uma vez que os dados obtidos em campo devem ser agrupados em *Aceitáveis*, *Incertos* ou *Inaceitáveis*.

As considerações básicas para este julgamento estão agrupadas a seguir para melhor compreensão do leitor.

- Exposições consideradas aceitáveis
    - Quando exposição e a variabilidade forem baixas o suficiente para que os riscos associados ao perfil de exposição sejam baixos;
    - Quando valores obtidos se posicionarem na faixa superior de exposição, abaixo da faixa de incerteza do Limite de Exposição (LE), tendo como balizamento as fontes de literatura especializada;
    - Quando alta confiança nos dados do perfil de exposição pode permitir maior proximidade do Limite de Exposição (LE). O inverso é verdadeiro, quanto menor confiança nos dados de campo, maior será a distância a ser percorrida para se considerar uma avaliação aceitável.

- Exposições inaceitáveis
    - Geralmente se considera como inaceitável a exposição média ou o grupo de dados localizados na faixa superior de exposições, que nada mais é do que o grupo de dados que se encontra na faixa inferior da incerteza do Limite de Exposição (LE);
    - Caso houver evidências de efeitos adversos para a saúde, associados a um agente (este julgamento é comum em casos de estresse térmico e dermatites);

10. Um segmento comprometido com a sustentabilidade

- Dados obtidos durante campanhas de medição onde outros dados aparecem associados como reclamações de comunidade, responsabilidade legal, exigências de observância da regulamentação ou pura percepção do profissional (ética e sensibilidade);
- A observação do controle sobre as situações que levam a exposições inaceitáveis é mais relevante do que a coleta de dados adicionais, embora essa prática pode também ser útil.
- Exposições incertas
  - As exposições são classificadas como incertas quando a exposição do grupo avaliado não pode ser classificada como aceitável ou inaceitável;
  - O perfil de exposição quando não está adequadamente caracterizado, por falta de dados sobre efeitos médicos, implica em dificuldades na determinação do Limite de Exposição;
  - Quando a incerteza se deve à variabilidade de exposição e técnicas estatísticas inadequadas elegidas para o tratamento dos dados.

O resumo esquemático representado a seguir gera com propriedade o ciclo de melhoria contínua no gerenciamento de mudanças ao longo de uma campanha de avaliação no campo.

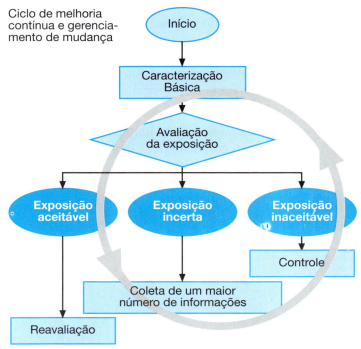

Figura 10.1. *Fonte*: Strategy for Assessing and Managing Occupational Exposures; Mulhausen, J. R Ph D/CIH and Damiano, J.-MS/CIH. Second Edition, AIHA Press.

O tratamento de dados, que culmina na conclusão de um trabalho de campo, somente se fecha com sucesso e sustentabilidade quando fundamentado por escolhas acertivas das ferramentas estatísticas. A premissa de que a estatística deve ser eficaz tanto na execução como no julgamento dos dados aparece agora de forma mais clara na mesa do profissional de Higiene.

Qualquer que seja o método estatístico aplicado no tratamento dos dados de campo, nossa atenção se volta para aqueles que nos oferecem, passo a passo, o caminho decisivo para a conclusão sobre o Limite de Exposição da área avaliada. Inúmeros são os trabalhos publicados, resultado de estudos de longo tempo, entre eles destaca-se o trabalho dos especialistas do American Industrial Hygiene Association – AIHA. Estas metodologias estatísticas trabalham na extremidade superior da curva de Gauss, ou seja, na área onde a concentração de dados deve estar em no mínimo 95%, assim como os Limites Superiores de Tolerância. Manter um foco na Média Aritmética e no Intervalo de Confiança também soma positivamente na construção do Perfil de Exposição.

Na fase de tratamento de dados, a maior expectativa de um Higienista Ocupacional é ter o domínio confiável sobre a estimativa da Exposição e sua variabilidade, fatores que sinalizam para um julgamento sustentável de aceitabilidade da exposição anunciada ao final do trabalho.

Em resumo, este nível de resultados é obtido quando o profissional traz consigo uma bagagem de subsídios que o auxiliam em todas as etapas do trabalho de campo, seja através das informações obtidas do pessoal envolvido no processo sob medição; das características dos materiais e produtos existentes na área; da confiabilidade das metodologias de amostragem de campo adotadas para coleta das amostras, como no nível de conhecimento da toxicidade do(s) produto(s) amostrado(s); das características da força de trabalho envolvida, das ferramentas estatísticas aplicadas e da confiança no Limite de Exposição determinado.

Tudo o que foi comentado aqui fica sedimentado no que chamamos de Visão Sistêmica e Crítica do profissional, condição para uma atuação responsável desde o planejamento, passando pela escolha das ferramentas adequadas de amostragem e tratamento estatístico dos dados e culminando naquilo que tem significado prático, como vivência pessoal, formação e informação contínuas.

10.4. Gerenciamento dos aspectos da saúde

10.4.1. Os solventes no contexto da saúde humana – uma visão higienista

Quando se fala em solventes no âmbito da Saúde Ocupacional focamos os efeitos crônicos como sendo potenciais, pois as propriedades físico-químicas destes compostos levam a uma exposição aos COV´s (Compostos Orgânicos Voláteis), onde a absorção através da pele, como via de entrada no sangue, em primeiro lugar e o trato respiratório passam a ser os veículos de contato íntimo com o organismo humano de maior relevância.

O mecanismo de absorção, no sentido fisiológico, considera um material como absorvido somente quando ele penetra na corrente sanguínea e, conseqüentemente tenha sido carregado para todas as partes do corpo. Algo que foi ingerido e que posteriormente é excretado através das fezes não foi necessariamente absorvido, mesmo que tenha permanecido no organismo por horas ou mesmo dias. Esta é a grande motivação e desafio para o profissional de saúde que atua na área industrial: entender o mecanismo de relação entre o produto e as reações bio e fisiológicas do organismo humano. Neste momento, alguns conceitos são necessários para o entendimento do mecanismo chamado de absorção pelas vias acima enfatizadas.

- Absorção através da pele — A absorção pela pele está diretamente relacionada com efeitos de contato com solventes orgânicos, objeto deste capítulo. Acompanhamentos clínicos, através de atendimentos e análises laboratoriais, reconhecem que quantidades significantes destes compostos podem entrar na corrente sangüínea, através da pele por contaminação direta acidental ou ainda, o que é preocupante, através de respingos sobre as roupas; uma prática muito comum do uso de solventes industriais para a remoção de graxas e sujeiras das mãos e braços, tornando-se um problema comportamental de difícil controle e combate, pois estamos falando primariamente de fontes potenciais de dermatites.

- Absorção por via respiratória — Publicações idôneas na área da medicina do trabalho mostram que mais de 90% de todo o efeito à saúde, relatado na área industrial, excluindo as dermatites, pode ser atribuído à absorção através dos pulmões. Inúmeras são as formas como substâncias perigosas podem estar suspensas no ar, sendo que névoas e vapores, atribuídos aos solventes se misturam com o ar respirável e se comportam como gases verdadeiros. Não é difícil calcular o quanto um produto presente no ar causa ameaça, quando estabelecemos o cenário em que um indivíduo, em estado normal de tarefas, irá respirar entre 10 e 12 metros cúbicos de ar durante uma jornada de 8 horas de trabalho diário.

É importante deixar claro que nem tudo o que é inalado, subseqüentemente é absorvido, sendo que parte é imediatamente expelida e parte impregnada no muco presente na traquéia. Desse muco, parte é eliminada para fora do organismo e parte é engolida, desta forma criando um contato de fácil absorção pelo intestino. Os gases voláteis emitidos de várias substâncias e produtos, com intensidade no caso dos solventes, percorrem o trato respiratório livremente até os pulmões e de lá para a corrente sangüínea, conforme já descrito anteriormente. Devido a este fato, uma grande maioria dos solventes industriais conhecidos pode a um dado momento contaminar o ar atmosférico e constituir uma ameaça potencial à saúde, razão porque encontramos um número considerável de programas de prevenção ocupacional direcionados para as tecnologias de ventilação como redutoras do perigo.

Neste momento, é importante uma reflexão ao termo Suscetibilidade Individual, muito citada por autores de diferentes linhas que publicam sobre o tema Saúde e Higiene Industrial. Não se trata de uma definição, mas sim de um conceito para uma reação de causa/efeito adversa, pois sob condições semelhantes de exposição a substâncias com efeitos potencialmente perigosos, indivíduos apresentam características totalmente diferentes na maneira como respondem a estes contatos. Alguns podem não apresentar evidências de intoxicação, outros mostram sinais brandos, enquanto outros mostram sinais severos e até fatais. A esta característica de resposta individual, que pode ser devida à herança genética ou mesmo a particularidades anatômicas do corpo humano, como exemplo a configuração da cavidade nasal, a permeabilidade dos pulmões e outros, é que chamamos de Suscetibilidade no trato das causas de saúde ocupacional. O conjunto de informações fisiológicas somadas ao funcionamento subnormal do fígado, órgão atuante na desintoxicação e secreção de substâncias perigosas, e o conhecimento do médico do trabalho, definem o nível de suscetibilidade do indivíduo exposto.

O profissional da saúde no âmbito da indústria química depara-se não raramente com problemas de efeitos de exposição como o resultado de acidentes, onde grande volume de concentrações agressoras de produtos tóxicos está envolvido no evento. Os efeitos agudos que geralmente se apresentam, no caso de Solventes, são inconsciência, choque ou colapso, inflamação severa dos pulmões ou até morte súbita, onde o entendimento sobre o agente agressor é de fundamental importância na ação do médico no tratamento de efeitos agudos. O caso dos efeitos crônicos exige do profissional uma comprovação de ocorrência que levou ao dito efeito, ou seja, evidenciar que um agente perigoso se encontra presente em concentrações significativas, que o mesmo tenha sido absorvido e que tenha revelado, nas reações fisiológicas do indivíduo, certos distúrbios experimentalmente comprovados. Este quadro de absorção de efeitos tóxicos pode ser comprovado através de exames laboratoriais de sangue e urina. Neles os próprios produtos como seus metabólitos excretados são evidências, porém é importante ressaltar a comprovação efetiva de que um indivíduo exposto está sob efeitos da absorção do produto tóxico, em concentrações acima das encontradas em pessoas não expostas. É preciso ainda provar que os distúrbios foram diagnosticados também por outros procedimentos da medicina ocupacional, como a história médica, o exame físico, estudos de raios X ou outras técnicas de medição instrumental comprovadas, além da contagem sangüínea e urinária, formando o conhecido diagnóstico de *Nexo Causal*.

Na indústria de Solventes, podemos destacar o Benzeno, por ser um produto que está em cheque, devido a seus efeitos tóxicos crônicos sobre órgãos vitais, científica e praticamente comprovados. Pequenas quantidades deste produto podem ser detectadas no sangue logo nos primeiros estágios de contato humano. Porém, muitos outros produtos, e não somente os solventes, podem produzir efeitos perceptíveis após longos períodos de exposição, o que também os coloca em posição de alerta ocupacional, sem contar com aqueles que têm ação cumulativa, como no caso de alguns metais como o chumbo e o mercúrio.

Uma questão polêmica, porém importante e não menos comum no dia-a-dia de um profissional de saúde ocupacional é a comprovação de problemas médico-legais, onde a opinião especialista do médico tem peso relevante nas decisões trabalhistas, na importância do real entendimento pelo profissional das diferenças entre *Causa Relacionada* e *Causa Possível*. A causa possível é aquela que provavelmente poderia produzir um efeito perigoso. Envolve a possibilidade e por isso tem uma carga subjetiva que exige do médico grande conhecimento sobre os efeitos tóxicos dos produtos manipulados na indústria e suas práticas operacionais. A causa relacionada somente existe se uma causa provável efetivamente produziu efeitos perigosos, ou seja, a probabilidade entra como ferramenta e novamente o nível de conhecimento disponível nos bancos credenciados de Higiene e Saúde vem trazer informações decisivas. O que fica como contribuição nestes casos é a importância das relações entre o médico e o higienista, uma vez que a medicina não é uma ciência exata, necessita de bases em fatos e observações, onde a prática sustentável da Higiene vem somar valor à opinião médica nestes casos.

10.4.2. O laboratório de análises como apoio ao diagnóstico médico

Dentro de uma visão higienista, fica evidente que um diagnóstico médico não se completa por uma única observação ou teste. O cenário total que vai diagnosticar um problema está na história levantada pelo médico com seu paciente, que sinaliza para exames físicos e testes de laboratório que, uma vez interpretados, completam o diagnóstico.

Por estes motivos específicos do campo da saúde ocupacional é que destacamos nesta descritiva os passos básicos para a elaboração de um plano médico de diagnóstico laboratorial, que definitivamente não segue a mesma lógica das ciências exatas.

1) Especificação dos testes de laboratório

As metodologias e procedimentos de laboratório em toxicologia industrial podem ser divididos em duas classes principais: aqueles aplicados para seres humanos e aqueles aplicados para o ambiente. Neste segmento discutiremos apenas os aplicados para seres humanos. O organismo humano produz resposta adversa tanto para reações contra ação de substâncias tóxicas externas como para processos de efeitos danosos que ocorrem no interior do corpo. Um exame de sangue pode tanto revelar a presença de células de marcadas características de uma contaminação por uma causa externa, como por desordens celulares típicas de leucemia ou anemia. Por isso, na escolha de testes de laboratório é importante sabermos que muitos poucos deles são seletivos e específicos para que um resultado positivo por si só seja suficiente para concluir um diagnóstico.

2) Valores normais

Valores na ciência exata têm um significado único e absoluto quanto àquilo que se propõem, como as constantes físico-químicas por exemplo. Na ciência biológica já não é tão simples a questão referente aos valores analíticos, pois exames de sangue ou de urina não são anunciados como resultados únicos, nem mesmo são mencionados valores fixos normais. O que existe nestes casos são faixas normais, cujo entendimento é fundamental para eliminar diagnósticos errôneos, considerando a premissa como verdadeira: a não ser que se saiba o que é normal, é impossível saber o que é anormal.

3) Tendências e quantidade de dados

Já vimos na Higiene que o número de dados aceitáveis e sustentáveis marca o sucesso de uma avaliação de campo. Na saúde ocupacional isso não é diferente, pois quase sempre um único e isolado teste de laboratório não é conclusivo para se encaixar na faixa dos valores normais ou anormais. A obtenção de dados feita ao longo de certo período de tempo estabelece uma tendência perceptível e significativa que supera qualquer resultado de testes individuais, cujos valores se encontram fora do padrão normal. O conceito de diagnóstico por quantidade de dados, também conhecido como massa de dados, leva o profissional a uma percepção de que a média de valores de um grupo de trabalhadores em ambiente de exposição comum é diferente de um grupo de indivíduos similares que não ficam expostos a um determinado tipo de ambiente. Esta referência nem sempre é decisiva para revelar que um indivíduo ou um grupo foram afetados, porém ela mostrará que no local existe exposição excessiva de agentes nocivos e indica a necessidade de medidas de correção. O mesmo raciocínio de tendências e quantidade de dados se aplica no acompanhamento de casos individuais.

4) Domínio sobre dados observados

Inúmeros são os dados publicados em livros especializados, obtidos em laboratórios com performance reconhecida, porém o que alertamos aqui é para o profissional de saúde não concluir seus diagnósticos de exposição apenas sobre estas informações. O domínio sobre os dados observados é prática reconhecida no mundo científico aplicado em experimentos biológicos, minimizando conclusões errôneas. Dentro do cenário industrial, quando a área de saúde ocupacional está monitorando um grupo onde existem riscos de exposição assinalados pelo Higienista, um grupo paralelo, onde esta possibilidade de contaminação não ocorre, deve também ser observado nos mesmos parâmetros. Esta prática elimina respostas duvidosas sobre o diagnóstico final do grupo de risco em avaliação.

5) Exames simples e exames complexos

Existe uma tendência do pessoal submetido a exames de monitoramento de exposição em dar maior credibilidade para resultados de exames instrumentais sofisticados do que para os mais simples. Nem sempre a toxicologia industrial consegue diagnosticar causas e efeitos baseada em laudos sofisticados e, ao ignorar os testes mais simples, acaba por cometer erros muitas vezes danosos à saúde do indivíduo ou grupo exposto.

6) Erros mais comuns

Em processos de diagnóstico de efeitos da exposição a produtos perigosos em seres humanos, usando análises e exames laboratoriais, a exigência para as boas práticas é fator de confiabilidade importante. A seguir, listamos algumas das inúmeras possibilidades de erros que levam a transtornos nas avaliações médicas.

- Erros na coleta de material

    O mais sutil desvio da técnica de coleta poderá viciar o resultado do teste. Este fato é de extrema relevância, principalmente em situações onde serão avaliadas espécies de contaminação quantitativamente, a exemplo de metais pesados, residuais de solventes como Benzeno, Tolueno e outros no sangue, etc.

- Contaminação cruzada

    Os procedimentos de manipulação, estocagem e trânsito das amostras, bem como os reagentes de análise, no ambiente do laboratório, podem ser a causa de contaminações por outros compostos que não aquele que estamos procurando, ou mesmo um resultado acentuado de uma espécie em avaliação em função de sua presença no ambiente do laboratório.

- Prazo de validade

    É sempre desejável que o material coletado seja analisado o mais rápido possível. Mudanças físicas, químicas e morfológicas podem ocorrer em função do tempo de espera de análise, uma vez que estamos tratando normalmente de amostras retiradas de sistemas vivos. Métodos de preservação são aceitos, porém com o cuidado de que estes procedimentos não exijam adições de químicos conservantes que venham falsificar o resultado buscado.

- Erros de procedimentos

    Independentemente do nível de conhecimento do corpo técnico envolvido na avaliação analítica, os erros de procedimentos são inerentes à rotina; a autoconfiança na memória técnica sobre as normalizações e as incertezas de calibração dos aparatos usados na rotina de análises.

- Erros de transferência de dados

    Além de um erro considerado de alto risco, que é a troca de amostras, outros podem ocorrer devido a distrações no momento da grafia ou digitação; troca de números; transposição de dados de planilhas de anotação de bancada para planilhas de laudos. Daí a importância de uma organização interna, onde a figura do revisor de laudos tem função decisiva na qualidade e credibilidade do laboratório.

- Erros comportamentais

    A falta de organização e limpeza, a desonestidade no relato de anomalias, durante os procedimentos de análise, são fatores que contribuem para resultados falsos. Os programas de acreditação de laboratórios de acordo com diretrizes de normas ISO trazem a organização e o rigor das boas práticas para o dia-a-dia do laboratório e têm sido cada vez mais um valor agregado na qualidade dos serviços e uma exigência dos usuários.

O laboratório é um recurso valioso no contexto de um programa de prevenção e monitoramento de risco à saúde humana, porém nunca deve ser um substituto de um julgamento médico. Diante de um conflito de opiniões, sempre será necessária uma auditoria no laboratório, revendo passo a passo os procedimentos e possíveis desvios.

10.4.3. Testes clínicos usados na prática da Saúde Ocupacional e seus significados

Neste item, procuramos relacionar de forma menos exaustiva, porém de fácil visualização, usando o formato de tabelas para mostrar alguns dos testes laboratoriais mais usados no diagnóstico de distúrbios causados por exposição a Solventes aqui enfatizados, embora também usados para avaliação de outros compostos com efeitos tóxicos. A Tabela 10.11 mostra um panorama para o exame laboratorial da Urina, considerado um dos mais importantes testes de diagnóstico de contaminação, de resposta rápida, devido às funções vitais dos rins ou de outras partes do trato urinário: uretra, bexiga, estruturas glandulares, revelando distúrbios que permitem intervenções médicas rápidas, mais eficazes e relaciona os efeitos com alguns solventes mencionados em estudos publicados.

A Tabela 10.12 relaciona alguns componentes do sangue e resume as anormalidades hematológicas que podem ser causadas por exposição ocupacional a alguns Solventes. Na realidade, não existe nada específico sobre exames no sangue que permite a conclusão de que as anomalias que eventualmente aparecem num trabalhador exposto a algum agente tóxico para o sangue, efetivamente são devidas à exposição como causa do efeito detectado no exame. Os exames de sangue são geralmente onerosos e demandam muito tempo, o que impede a realização de grandes quantidades de exames em campanhas que envolvem um elevado número de trabalhadores. A realização de exames que contabilizam a hemoglobina e as substâncias manchadas do sangue poderá sustentar a aceitabilidade da maioria das anormalidades do sangue por ocasião dos exames periódicos.

Ao contrário da urina e do sangue, o fígado pode não apresentar resultados positivos a metodologias de laboratório, até que danos de grau considerável tenham se acentuado. Em outras palavras devemos entender que os testes analíticos que revelam as funções do fígado se encontram em faixas muito limitadas para detectar início de efeitos causados por exposições a substâncias químicas. Uma grande variedade de causas pode causar anormalidades nas funções do fígado, porém é sempre complicado determinar o fator desta causa. Nesta seção vamos listar na Tabela 4 os testes comumente aplicados no estudo das funções hepáticas, seguidos de uma relação de solventes utilizados na indústria que podem produzir disfunções no fígado e, dependendo do nível de exposição severa, resultar em doenças irreversíveis neste órgão vital.

Tabela 10.2. Panorama para o exame laboratorial de urina

Teste	Escala de Valor Normal	Significado Resultado do Teste
Cor	De palha-claro a âmbar escuro	Clara: Gravidade específica baixa Escura: gravidade específica alta
Turbidez	Clara para amostra recente	Turbidez não deve ser considerada indicador de anormalidade
Acidez	pH 4,8 a 7,5	Valor sob amostra fresca tem caráter ácido. (mudança de pH para básico é comumente resposta de decomposição)
Densidade	de 1,001 a 1,030 g/mL	A densidade está relacionada com a entrada de líquidos. Certas doenças dos rins mantém densidade em 1,010 g/mL
Açúcar (glicose)	Não detectada	Refeições ricas em carbohidratos podem traçar açúcar na urina, porém sua presença não significa um quadro de Diabetes ou disfunção devido exposição por contaminantes
Albumina	Detectada por métodos específicos 2 a 8 mg/100 mL	A presença de albumina denota doenças renais. Aparece após longos períodos de estagnação pós cirúrgica ou traumatismos
Partículas, glóbulos vermelhos e leucócitos	0 a 9.000/12h 0 a 1.500.000 /12h 32.000 a 4.000.000 /24h	Nos exames de urina apenas poucas partículas e células vermelhas do sangue são esperadas em amostras normais
Cristais	Traços (qualitativo) 0,001 a 0,010 mg/100 mL (quantitativo)	Podem aumentar sua concentração em exposição ao Chumbo
Sólidos dissolvidos	Comum na faixa de 1,002 a 1,020 g/L	Trata-se de um método muito rápido, simples e útil de se medir a função renal
Capacidade na excreção de tinta	15 min. 30 a 50% 30 min. 15 a 25% 60 min. 10 a 15% 120 min. 3 a 10% máx. 70 a 80% ao final de 2 horas	Valores são baseados na injeção intravenosa de Sulfofenalato Fenólico. Menor a % de excreção pode significar baixa função renal

Fonte: Banco de Dados - http://www.portaldapesquisa.com.br/databases/sites.

Exemplos de Solventes	Principais Características de Causa Anomalia	Diagnóstico
Benzeno	Presença de cálulas sanguíneas vermelhas	Envenenamento severo com sangramento no interior do trato urinário
Brometo de metila	Albumina	Danos renais
Cloreto de Metila	Albumina	Danos renais
Clorobenzeno	Albumina, células sangüíneas vermelhas e coloração escura	Danos renais
Clorofórmio	Difícil detecção desta espécie por análises simples. Exige técnicas mais sofisticadas como cromatografias.	Aparecem registros de disfunções renais porém é questionável (observação médica é um diferencial importante)
Dicloroetil éter	Não detectável por técnicas comuns	Danos renais registrados apenas em animais de laboratório. Questionável (observação médica é um diferencial)
Dissulfeto de Carbono	Albumina	Danos renais
Glicóis	Células sangüíneas vermelhas e queda da função renal	As respostas ocorrem após ingestão
Nitrobenzeno	Albumina e células sangüíneas	Ocorre irritação renal, mudança de cor para escura
Tetracloreto de Carbono	Presença de albumina, partículas cristais, células sangüíneas e função reduzida	Reações típicas de danos renais

Solventes industriais

Tabela 10.3. Panorama para o exame laboratorial de sangue

Teste	Escala de valor normal	Significado resultado do Teste	Exemplos de Solventes	Principais características de causa anomalia	Diagnóstico
Glóbulos vermelhos	Homens 4,5 a 6,0 milhões/cmm Mulheres 4,0 a 5,0 milhões/cmm	Valores aplicados para EUA	Benzeno	Diminui todos os elementos formadores do sangue	Pode ocorrer causa morte por depressão da medula óssea
Hemoglobina	Homens 14 a 18 g/100cc Mulheres 12 a 15 g/100cc	Valores expressos em % são inexpressivos	Cloreto de metila	Diminuição dos elementos formadores	O que se conhece é apenas através de experimentos com animais
Glóbulos brancos	Total 5.000 a 10.000/cmm	Contagem total varia em taxa horária. Necessita de base estatística para garantir o diferencial	Dissulfeto de carbono	Apresenta anemia e leucocitose com queda dos glóbulos brancos	Estas informações são conflitantes na literatura médica (observação médica é importante no diagnóstico)
Hemoglobina corpuscular principal	27 a 32 micro-microgramas	Média de hemoglobina contida por célula	Monometil etileno glicol	Decréscimo em todos os elementos formadores e aumento da porcentagem de glóbulos brancos imaturos	Diagnóstico baseado em observação em humanos
Uréia do sangue	20 a 35 mg/100 cc sangue	Aumentada em doenças dos rins	Nitrobenzeno	Provoca redução de glóbulos vermelhos	Processo degenerativo do sangue
Colesterol total	150 a 250 mg/100 cc sangue	Observa-se aumento na obstrução biliar e diminuição em doenças para o fígado	Tetracloreto de carbono	Anemia com leucopenia	Diagnóstico questionado (observação médica importante)

Fonte: Banco de Dados - http://www.portaldapesquisa.com.br/databases/sites.

Tabela 10.4. Testes da função do fígado e listagem dos solventes potenciais

Teste	Valores normais esperados	Comentários
Teste de bromo sulfonaftalato	Níveis inferiores a 5% de retenção após 45 minutos	Doença no tecido do fígado, obstrução biliar ou circulatória, responsáveis por uma grande retenção
Floculação cefálica	0 a 1 + floculação em 48 horas	Aumento da floculção revela doença do fígado ou do tecido do fígado associado a anormalidades das proteínas do soro biliar
Soro biliar	Total 0,2 a 1,0 mg% Direto 0,1 a 0,7 mg% Indireto 0,1 a 0,3 mg%	Alterações nestas concentrações indicam anormalidades hepáticas
Turbidez timol	0 a 4 unidades Maclagan	Alterações na faixa indicam doenças do fígado ou tecido
Urina urobilinógena	0,5 a 2,0 mg/24horas ou diluição de 1:4 a 1:30	Alterações pode indicar anormalidade em obstrução da bílis ou doença no tecido do fígado
Solventes que podem produzir anormalidades na função do fígado		
Cloreto de metileno* Dissulfeto de Carbono* Clorofórmio	Dióxido de dietileno* Nitrobenzeno * Tetracloreto de carbono*	Dicloreto de etileno Tricloroetileno Brometo de metila Trinitrotolueno*
* a comunidade científica tem publicado resultados positivos de causa/efeito de doenças no fígado.		

Fonte: Banco de Dados - http://www.portaldapesquisa.com.br/databases/sites.

Ensaios especiais de laboratório devem ser considerados pelo médico ocupacional, como ferramenta de avaliação arbitrária num diagnóstico de doença ocupacional, pois a mesma pode ser não-ocupacional. Concluir por uma doença de causa-efeito externo ao ambiente de trabalho deve estar suportado por argumentações técnicas confiáveis e assertivas. Exemplos de doenças de origem não-ocupacional podem ser a inalação de gases tóxicos produzidos por aquecedores ou refrigeradores desregulados; a ingestão de materiais venenosos através do alimento ou no uso de produtos como, aguarrás; tinner; etc, na prática caseira de diluições de tintas à base de solventes orgânicos.

Os dados apresentados nas Tabelas acima não são exaustivos, pois existem inúmeros ensaios que auxiliam no diagnóstico médico, encontrados na literatura especializada. O objetivo aqui é mostrar que o profissional da saúde ocupacional conta atualmente com um suporte analítico que sustenta o seu diagnóstico e cria um histórico quantitativo importante no perfil profissional do trabalhador da indústria.

10.4.4. Carcinogênese/mutagênese/tóxicos para a reprodução humana – CMR

Existe uma grande preocupação mundial para que substâncias que promovem efeitos potenciais, como tumores carcinogênicos, mutações genéticas ou alterações reprodutivas, sejam gradativamente substituídas por outras menos perigosas.

A classificação de um produto ou substância como sendo CMR – Carcinogênico, Mutagênico e Tóxico para a reprodução humana merece uma reflexão devido à complexidade e diversidade de informações no âmbito científico, comumente disponibilizadas nas redes mundiais eletrônicas. Normalmente nos colocamos à frente de casos polêmicos ao tratarmos deste assunto, onde a arbitrariedade está no nível de conhecimento do Higienista, do Toxicologista e do Médico Ocupacional, que buscam dados de campo e bancos de dados científicos de alta confiabilidade.

Iniciamos esta descritiva enfatizando os agentes carcinogênicos que são definidos como aqueles compostos químicos classificados pela IARC (Agência Internacional de Pesquisa do Câncer) como:

- Grupo 1 – carcinogênicos para humanos;
- Grupo 2 A – provavelmente carcinogênicos para humanos;
- Grupo 2 B – possivelmente carcinogênicos para humanos.

Os agentes denominados de mutagênicos são aqueles que causam alterações permanentes na estrutura genética de um organismo vivo, que também são pontuados, como os carcinogênicos, de acordo com o nível de alterações provocadas ao organismo exposto. O mesmo ocorre com os Tóxicos para a Reprodução Humana ou Teratogênicos que, como o nome define, são agentes que causam alterações nas funções ou na capacidade de reprodução dos organismos vivos, principalmente no homem e na mulher.

Se usarmos a linha de classificação pontuada de acordo com a intensidade do efeito para os CMR, caímos num mecanismo matemático muitas vezes de compreensão difícil. Portanto, preferimos a classificação descritiva, baseada no cruzamento de informações extraídas de bancos de dados idôneos, conforme a que segue:

1. Sem evidência de carcinogenicidade, teratogenicidade ou mutagenicidade;

2. Efeitos carcinogênicos, teratogênicos e mutagênicos confirmados somente para animais;
3. Suspeitos de ser carcinogênicos, teratogênicos ou mutagênicos para seres humanos;
4. Efeitos carcinogênicos, teratogênicos ou mutagênicos confirmados para seres humanos.

Na tratativa com agentes CMR o que tem relevância é a eficácia no uso das ferramentas de gerenciamento, isto é, no domínio sobre todos os produtos, matérias-primas e reagentes com potencial CMR. Este conhecimento direciona as ações de controle tanto no âmbito da Higiene e Saúde dos trabalhadores, como na proteção ao Meio Ambiente e nas diretrizes de Pesquisa & Desenvolvimento focadas na substituição; na implantação de tecnologias de ponta em barreiras de proteção ao trabalhador e na melhoria do conteúdo das FISPQ's – Fichas de Informação de Segurança.

10.4.5. Efeitos neurotóxicos

Os bancos de dados idôneos mencionados anteriormente disponibilizam informações de ensaios *in vitro* e *in situ* sobre experimentos e acompanhamentos ocupacionais durante anos, que anunciam o potencial de efeitos sobre o SNC. Considerando os critérios do GHS e as informações disponíveis para consulta e as diretrizes propostas e publicadas no documento da NIOSH, é possível classificar os Solventes como Neurotóxicos, segundo seu potencial sobre o SNC. É uma ferramenta que auxilia os fabricantes e usuários na proteção à saúde humana e desenvolvimento de produtos com menor periculosidade.

A Tabela 10.5 a seguir apresenta um critério de classificação para solventes em função dos efeitos potenciais sobre o SNC em decorrência de exposição ocupacional, segundo as Diretrizes de Classificação da NIOSH em publicação oficial disponível sob o número 87-104.

Em função dos efeitos da exposição dos trabalhadores, solventes que possuem ação neurotóxica sobre o SNC geralmente são classificados como Tipo 1 e Tipo 2.

Tabela 10.5. Categorias de solventes indutores de distúrbios do sistema nervoso central

Severidade	Identificação segundo a Organização Mundial de Higienistas (WHO) em Grupo de Trabalho realizado em Copenhagen em julho/1985	Classificação segundo o Workshop Internacional de Solventes, realizado em Raleigh, N.C, em outubro/1985
Mínima	Síndromes emocionais	Tipo 1
Moderada	Doenças cerebrais crônicas de efeito tóxico médio	Tipos 2 A ou 2 B
Pronunciada	Doenças cerebrais crônicas de efeito tóxico severo	Tipo 3

Tipo 1 – distúrbio caracterizado por fadiga; memória fraca, irritabilidade, dificuldade de concentração e distúrbio suave da estabilidade.
Tipo 2 A – a estabilidade ou modo sustentado mudam, assim como a instabilidade emocional e o controle e motivação do impulso diminuem.
Tipo 2 B – a resposta da função intelectual manifesta-se pela concentração e capacidade de memória diminuídas.
Tipo 3 – é caracterizado pela deterioração global do intelecto e das funções da memória (demência) que podem ser irreversível, ou somente pouco reversível.

Fonte: WHO 1985/Baker and Seppalainen 1986. (*Current Intelligence Bulletin 48* – March 31, 1987).

10.5. Gerenciamento dos aspectos ambientais

10.5.1. Solventes e seu comportamento no ecosistema

A palavra "solvente" origina-se do latim *solventis* e é comumente utilizada para designar qualquer substância que tem o poder de dissolver outras substâncias. Os solventes podem ser inorgânicos ou orgânicos e dentro deste conceito a água é conhecida como solvente universal.

Os solventes são largamente utilizados nos mais variados ramos das atividades antropogênicas e podem atingir um determinado compartimento ambiental (ar, água, solo e sedimentos), em qualquer etapa do seu ciclo de vida, seja na produção, ou durante a sua utilização, como também na etapa de sua destruição. A maior ou menor facilidade que um determinado solvente possa ter para atingir um compartimento ambiental e causar um efeito adverso está associada a diversos fatores. Entre estes fatores podemos citar a quantidade envolvida, as condições climáticas e meteorológicas do meio, o tipo de compartimento atingido, onde ressaltamos que o fator dominante para partição no ecossistema está associado às propriedades físico-químicas do solvente em questão. (Figura 10.2).

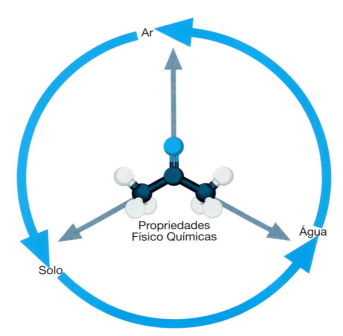

Figura 10.2. Diagrama representativo da partição no ecossistema

As características intrínsecas do compartimento ambiental podem favorecer uma disponibilidade maior ou menor para a partição nos tecidos dos organismos vivos (biota), em função do potencial de absorção ou adsorção, que é condição necessária para expressar um efeito adverso.

A predição do comportamento de um solvente, em um determinado compartimento ambiental, pode ser inferida via informações ecológicas, obtidas através das propriedades físico-químicas e/ou de dados experimentais.

Este capítulo aborda as propriedades físico-químicas e as principais informações ecológicas utilizadas para predizer o comportamento dos solventes no ecossistema.

10.5.2. Propriedades físico-químicas

As propriedades físico-químicas de um solvente são função de sua estrutura molecular, sendo uma informação fundamental para entender e predizer o comportamento nos ecossistemas.

10.5.2.1. Estado físico

Solventes no estado líquido, em função da pressão de vapor podem migrar para todos os compartimentos ambientais, enquanto no estado gasoso o seu compartimento alvo é o ar.

10.5.2.2. pH

Medida da acidez ou da basicidade, podendo permitir a avaliação de possíveis efeitos corrosivos ou irritantes sobre a pele e os olhos, certos efeitos sobre o meio ambiente, assim como sobre a corrosão de metais. Pode variar de 0 (fortemente ácido) a 14 (fortemente alcalino).

10.5.2.3. Peso molecular

Solventes de baixo peso molecular apresentam maior tendência a volatilizar e sofrer fotodegradação na atmosfera, enquanto os de elevado peso molecular tendem a ser adsorvidos pela matéria orgânica.

10.5.2.4. Pressão de vapor

É uma medida da volatilidade de um agente químico em estado puro e é um determinante importante da velocidade de volatilização ao ar a partir dos solos ou corpos de água superficiais contaminados. A temperatura, a velocidade do vento e as condições do solo de um lugar em particular, assim como as características de adsorção e a solubilidade na água do solvente, afetarão a taxa de volatilidade. Em geral, um solvente com pressão de vapor relativamente baixa e uma alta afinidade por solos ou água tem menor probabilidade de evaporar-se e chegar ao ar, que um solvente com uma pressão de vapor alta e uma menor afinidade por solo ou água.

10.5.2.5. Solubilidade em água

Refere-se à máxima concentração de um solvente químico que se dissolve numa quantidade definida de água pura e em geral situa-se numa faixa de 1 a 100.000 mg/L. A solubilidade de um solvente em água é função da temperatura e de propriedades específicas do solvente. Cada solvente individual possui um grau de solubilidade específica. Desta forma, diferentes solventes podem ser encontrados solubilizados em água com diferentes concentrações.

Condições ambientais, como a temperatura e o pH, podem influir na solubilidade. Em geral, os solventes muito solúveis em água apresentam baixa afinidade de adsorção em solos e são rapidamente dissolvidos na água e transportados a partir do solo contaminado até os corpos de águas superficiais e subterrâneas.

A solubilidade também afeta a volatilidade a partir da água. Os solventes muito solúveis em água tendem a ser menos voláteis. A determinação da solubilidade pode ser realizada de acordo com o procedimento padronizado pela Organização para a Cooperação e Desenvolvimento Econômico 105 (OCDE).

Segundo Petrus (1995), a solubilidade pode ser avaliada segundo o seguinte critério:

Faixa de Solubilidade (g/L)	Avaliação
> 1000	Muito solúvel
100 a 1000	Facilmente solúvel
33,3 a 100	Solúvel
10 a 33,3	Suficientemente solúvel
1 a 10	Pouco solúvel
0,1 a 1	Muito pouco solúvel
< 0,1	Praticamente insolúvel

10.5.2.6. Densidade

Associado com outras propriedades pode-se predizer o comportamento em aqüíferos. Solventes com baixa solubilidade e com densidade menor que a água tendem a originar a formação de fase livre, denominada como *Light Non-Aqueous Phase Liquids* (LNAPL) que flutuam na superfície aquosa, enquanto solventes com baixa solubilidade e com densidade maior que a da água tendem a migrar através das camadas de solos até encontrar uma camada impermeável originando *Dense Non-Aqueous Phase Liquids* (DNAPL).

10.5.2.7. Lipossolubilidade

A lipossolubilidade permite avaliar a tendência de acumulação de um solvente em tecidos gordurosos dos organismos vivos (peixes, aves, mamíferos). Representa a quantidade de solvente dissolvido em 100 g de óleo ou gordura padrão, a 37°C e é expressa em mg/100 g, a 37°C.

10.5.2.8. Coeficiente de partição (Kow)

É um dado especifico de cada solvente, importante para estimar seu comportamento ecoquímico e ecotoxicológico (absorção pelo solo, absorção biológica, bioconcentração e acumulação nos tecidos gordurosos).

O coeficiente de partição é a medida da repartição de um solvente entre a fase aquosa e uma fase orgânica não miscível, sendo utilizado para avaliar o potencial de transferência a partir do ambiente aquático e sua eventual bioacumulação.

Os organismos vivos tendem a acumular solventes com valores altos de Kow nas porções lipídicas de seus tecidos. Por isso, uma forma de estimar o potencial de bioconcentração de um solvente é medir o quanto lipofílico ele é. Por ser difícil medir diretamente a lipofilicidade, o valor de Kow é utilizado para predizer a tendência de um solvente de distribuir-se entre o octanol (um representante das gorduras) e a água. O valor de Kow está relacionado de maneira direta com a tendência a bioconcentrar-se na biota e está inversamente relacionado com a solubilidade em água. A determinação do coeficiente de partição Octanol/Água pode ser realizada de acordo com os procedimentos padronizados OCDE 107 e OCDE117.

10.5.2.9. Constante de Henry

Esta constante, que representa o coeficiente de partição ar/água, leva em conta o peso molecular, a solubilidade e a pressão de vapor, e indica o grau de volatilidade de um solvente, em uma solução. Quando um solvente apresenta alta solubilidade em água e relativamente baixa pressão de vapor, o mesmo permanecerá na água. Quando a pressão de vapor é alta com relação à sua solubilidade em água, a constante da Lei de Henry também é alta e o solvente se volatiliza. A tabela 10.15 assinala as faixas de volatilidade em função de valores da Constante da Lei de Henry.

Volatilidade segundo faixas da Constante da Lei de Henry

Volatilidade	Faixa de valor (atm m^3/mol)
Não volátil	Menor que 3×10^{-7}
Baixa volatilidade	3×10^{-7} a 3×10^{-5}
Volatilidade moderada	1×10^{-5} a 1×10^{-3}
Alta volatilidade	Maior que 1×10^{-3}

Fonte: ATSDR (1992)

10.5.3. Informações ecológias

As informações ecológicas abrangem as informações relativas ao comportamento provável do solvente no ecossistema, tais como a mobilidade, a persistência, a degradabilidade, a bioacumulação, assim como os efeitos possíveis sob a vida aquática e o meio ambiente em geral (ecotoxicidade).

É importante salientar que no caso de preparações (mistura de solventes), pode-se ter um comportamento ambiental muito diverso do que cada um isoladamente. As ações resultantes podem ser aditivas, sinérgicas ou até antagônicas.

As principais informações de um solvente no domínio ecológico, disponíveis na literatura ou passíveis de serem inferidas através das propriedades físico-químicos ou obtidas experimentalmente, são as seguintes:

10.5.3.1. Mobilidade

A mobilidade caracteriza as possíveis trocas entre os diferentes compartimentos ambientais, estando associada às seguintes propriedades:

- Volatilidade;
- Absorção/dessorção;
- Precipitação;
- Tensão superficial;
- Comportamento-alvo do solvente

10.5.3.2. Volatilidade

A volatilidade de um solvente em meio aquoso é avaliada a partir de sua constante de Henry (H) que representa o coeficiente de partição entre ar e água, enquanto a partir do solo está associada à pressão de vapor (P).

Segundo Petrus (1995), o critério utilizado para predizer o comportamento pode ser o seguinte:

- Se H ≥ 100 Pa · m^3/mol, o solvente é considerado volátil a partir do meio aquático;
- Se P ≥ 100 Pa, o solvente é considerado volátil a partir do solo.

10.5.3.3. Adsorção/dessorção

A adsorção e a dessorção de um solvente pode ser estimada avaliando propriedades físico-químicas como o coeficiente de partição octanol/água (Kow), ou o coeficiente de adsorção de carbono orgânico (Koc) ou a solubilidade em água.

Segundo Petrus (1995), a capacidade de adsorção/dessorção pode ser estimada através dos seguintes critérios:

- Se log Kow ≥ 3, o solvente sofre adsorção.
- Se Koc ≥ 10 m^3/kg, o solvente sofre fortemente a adsorção.
- Se S (solubilidade) ≥ 1 g/L, o solvente não sofre adsorção, neste caso, o solvente se infiltrará facilmente em solos.

10.5.3.4. Precipitação

A precipitação é avaliada a partir da solubilidade (S) e da densidade relativa à água (d 20/4). Um solvente pouco solúvel em água pode sedimentar, via adsorção em partículas ou matérias em suspensão ou flutuar na superfície da água.

Petrus (1995) estabelece o seguinte critério para predição da precipitação:
- Se S < 1 mg/L e se $d_{20/4}$ > 1, o solvente precipita.
- Se S < 1 mg/L e se $d_{20/4}$ < 1, o solvente flutua em superfície.

10.5.3.5. Tensão superficial

Identifica se um solvente tem capacidade de reduzir a tensão superficial (T), sendo neste caso caracterizada como tensoativo. Segundo PETRUS (1995), se T < 50 mN/m (a uma concentração de 1 g/L), o solvente é considerado como tensoativo.

10.5.3.6. Compartimento-alvo do solvente

O compartimento-alvo de um solvente é o compartimento final, ao qual o mesmo tem tendência a migrar. Este compartimento não é obrigatoriamente aquele no qual o solvente foi inicialmente aplicado e/ou acidentalmente descartado, por exemplo, certos solventes dispostos na água podem migrar para a atmosfera.

Diversos componentes de uma mistura ou formulação podem migrar para compartimentos-alvos distintos. A mobilidade de um solvente caracteriza as possíveis transferências do mesmo entre os diversos compartimentos ambientais: entre água, ar, solo/sedimentos.

Segundo Petrus (1995), o compartimento-alvo de um solvente pode ser predito a partir da solubilidade em água, da volatilidade e da capacidade de adsorção, conforme os critérios segintes:
- Se solubilidade > 1 g/L e o solvente for não volátil, o comportamento-alvo é a água;
- Se solubilidade < 1 mg/L e o solvente sofrer adsorção, os comportamentos-alvos são o solo e os sedimentos;
- Se solubilidade < 1 mg/L e o solvente for volátil, o comportamento-alvo é o ar.

Modelos matemáticos podem ser utilizados para determinar a distribuição de um solvente entre os diversos compartimentos e o seu compartimento-alvo, como por exemplo, o modelo de Mackay (Mackay, D. Paterson, S & shin, W.Y. – 1992 – *Generic models for evaluating the regional fate of chemicals* – *Chemosphere*, 24, 695-717).

- Degradabilidade

A degradabilidade de um solvente é caracterizada pelos processos associados à degradação abiótica, à biodegradabilidade e à persistência.

- Degradação abiótica

A degradação abiótica compreende transformações químicas, como hidrólise, fotólise, oxidação/redução e reações de troca iônica.

- Hidrólise

A hidrólise é a propriedade de um solvente de reagir com água. Em função do pH em que ocorre, a hidrólise pode ser ácida, básica ou neutra.

- Fotólise

A fotólise ou fotodegradação é a decomposição de um solvente pela ação da luz. A noção de fotodegradabilidade é geralmente expressa em tempos de meia-vida, avaliada em dias. A meia-vida representa o tempo necessário para que metade do solvente se degrade.

10.5.3.7. Degradação biótica ou biodegradabilidade

A biodegradabilidade é a capacidade de um solvente de sofrer uma biodegradação, ou seja, uma metabolização (decomposição parcial ou completa) por microorganismos, que o utilizam como fonte de carbono e/ou de energia.

A biodegradação pode envolver mudanças relativamente pequenas da molécula original, como a substituição ou modificação de um grupo funcional (biodegradação primária), ou a completa destruição do solvente, tendo como resultado final a sua conversão em CO_2, H_2O e sais inorgânicos, num processo conhecido como mineralização.

Com o objetivo de prever o comportamento e o impacto ambiental, foram estabelecidas metodologias para avaliar a biodegradabilidade. Neste sentido, agências nacionais e internacionais — tais como ISO e OCDE atuam no desenvolvimento e/ou revisão de tais metodologias.

- Biodegradabilidade imediata

A biodegradabilidade imediata indica a facilidade com a qual um solvente é degradado por ação microbiana sob condições similares às normalmente encontradas no meio aquático natural. Assim, um solvente com resultado positivo em um teste de biodegradabilidade imediata, que dura normalmente 28 dias, irá se degradar rapidamente no meio aquático natural e em estações de tratamento biológico de efluentes, sendo classificado como facilmente biodegradável. Como exemplo, podemos citar os testes OCDE 301 A – F, o teste OCDE 310 e o teste ISO 14593.

A Comunidade Econômica Européia (CEE) tendo por base os resultados da biodegradação imediata adota os seguintes critérios para classificação quanto ao grau de facilidade de biodegradar:

Classificação CEE	Resultado de Ensaio de Biodegradação Imediata
Facilmente biodegradável	$\geq 60\%$ desprendimento de CO_2, ou $\geq 60\%$ consumo de O_2, ou $\geq 70\%$ remoção de Carbono Orgânico Dissolvido (COD) e $t \leq 10$ dias[1]
Não facilmente biodegradável	$< 60\%$ desprendimento de CO_2, ou $< 60\%$ consumo de O_2, ou $< 70\%$ remoção de COD
Intrinsecamente biodegradável	$\geq 60\%$ desprendimento de CO_2, ou $\geq 60\%$ consumo de O_2, ou $\geq 70\%$ remoção de COD e $t > 10$ dias

(1) Esta % deve ser atingida em um período (t) ≤ a 10 dias (10-*day window*), a partir do momento em que ocorre 10% de biodegradação.

A biodegradabilidade pode ser inferida da relação entre a Demanda Biológica de Oxigênio ($DBO_{5\ dias}$) e a Demanda Química de Oxigênio (DQO), que quando superior a 0.5 é considerada um indicativo de rápida biodegradação.

- Biodegradabilidade intrínseca

A biodegradabilidade intrínseca é aplicada para solventes que não dão evidência de biodegradabilidade imediata. Geralmente, é determinada por testes que provêem condições experimentais mais favoráveis, como maior densidade microbiana e maior período de adaptação ou aclimatação do inóculo e eventualmente a provisão de outros nutrientes e substratos contendo carbono, a fim de induzir o aumento da biomassa bacteriana e o cometabolismo. O teste de biodegradação intrínseca é indicador do grau máximo em que o composto pode ser degradado em condições ambientais favoráveis, tal como em estações de tratamento biológico.

Como exemplo, podemos citar o teste de *Zahn –Wellens* (OCDE 302 B; ISO 9888; EPA 835.3200) e o teste *Semi-Continuous Activated Sludge* (SCAS) modificado (OCDE 302 A; ISO 9887; EPA 835.3210). Um resultado negativo neste teste indica provável persistência do composto no meio aquático, sendo classificado como não-biodegradável.

Segundo Petrus (1995), os critérios de classificação adotados pela CEE (Comunidade Econômica Européia) são os seguintes:

Classificação CEE	Resultado de Ensaio de Biodegradação Intrínseca
Intrinsecamente biodegradável	≥ 70% remoção COD ou DQO e t ≤ 28 dias (duração total)
Parcialmente biodegradável	< 70% e ≥ 20% remoção COD ou DQO e t ≤ 28 dias (duração total)
Não-biodegradável	< 20% remoção COD ou DQO e t ≤ 28 dias

10.5.3.8. Persistência

Solvente persistente é aquele cuja molécula seja estável, e não facilmente destruída por meios biológicos ou químicos, permanecendo no ambiente após o uso. A estabilidade de um solvente é função de sua estrutura química. Assim, solventes cíclicos são geralmente mais estáveis que solventes alifáticos e os solventes aromáticos são mais estáveis que os cíclicos. As estruturas ramificadas são mais estáveis que as estruturas lineares. A ligação cloro-carbono é muito resistente à hidrólise e, portanto, contribui para a resistência da molécula à degradação biológica e fotolítica.

A persistência, ou seja, a alta resistência à degradação biótica e/ou abiótica, diz respeito a todo solvente não degradado, ou todo solvente degradado em subprodutos não degradáveis, qualquer que seja o compartimento-alvo onde possa ocorrer migração dos mesmos.

Solventes que rapidamente se degradam podem ser rapidamente removidos do meio ambiente. Neste caso, enquanto efeitos podem ocorrer particularmente em situações de vazamentos ou acidentes, os mesmos serão localizados e de curta duração. A ausência de rápida degradação no meio ambiente implica na persistência em determinado compartimento por longos períodos de tempo, representando exposição ambiental crônica que não pode ser solucionada apenas pela interrupção do uso. Para evitar a acumulação de um solvente, sua meia-vida deve ser igual ou menor a seu tempo de residência no compartimento ambiental considerado.

Um solvente considerado de "rápida degradação" no meio aquático é aquele que pode ser degradado (biótica e/ou abioticamente) a um nível superior a 70%, dentro de um período de 28 dias.

10.5.3.9. Bioacumulação

A bioacumulação corresponde à capacidade apresentada por certos solventes de se acumularem nos organismos vivos. A assimilação e a retenção de um solvente por um organismo podem acarretar a concentração elevada do mesmo, com probabilidade de causar efeitos deletérios.

O coeficiente de partição octanol-água (Kow) pode ser utilizado para a apreciação da bioacumulação.

Petrus (1995) estabelece o seguinte critério para predição da bioacumulação:

- Se log Kow ≥ 3, o solvente é considerado como potencialmente bioacumulável.
- Se log Kow < 3, o solvente não é considerado como potencialmente bioacumulável.

Solventes com valores altos de Kow tendem a acumular-se na biota, se adsorvem fortemente ao solo, ao sedimento e à matéria orgânica; e se transferem aos seres humanos através da cadeia alimentícia. Por outro lado, solventes com baixos valores de Kow tendem a distribuir-se na água e no ar. Exemplo destes são os solventes orgânicos voláteis, tais como o tricloroetileno e o tetracloroetileno, que se distribuem com amplitude no ar e a via de exposição através da cadeia alimentar é de menor importância que outras vias, tais como a inalação (ATSDR, 1992).

Entretanto, alguns solventes, como os hidrocarbonetos aromáticos, não se acumulam significativamente em peixes e vertebrados, apesar de seu alto Kow. Isto se deve ao fato de que os peixes têm a habilidade de metabolizar rapidamente tais solventes. (ATSDR, 1992).

10.5.3.10. Fator de bioconcentração (FBC)

É uma medida da magnitude da distribuição química em relação ao equilíbrio entre um meio biológico (como o tecido de um organismo marinho) e um meio externo como a água. O FBC é determinado dividindo a concentração de equilíbrio (mg/kg) de um solvente em um organismo ou tecido pela sua concentração no meio externo.

Normalmente, os peixes são o alvo dos estudos de bioconcentração, devido à sua importância como fonte de alimento ao homem e à disponibilidade de procedimentos-teste padronizados para esses organismos. Os FBCs estimados através de modelos (de equilíbrio ou cinéticos) ou determinados experimentalmente são componentes básicos dos estudos de avaliação de risco ambiental ou para a saúde humana. O procedimento padronizado usualmente utilizado é o OCDE 305.

Segundo Petrus (1995) um solvente é considerado como bioacumulável se o FBC for superior ou igual a 100.

10.5.3.11. Ecotoxicidade

A ecotoxicidade corresponde aos efeitos tóxicos potenciais dos solventes sobre os organismos vivos, seja no meio aquático, no solo ou na flora e fauna terrestre. Tem como principal finalidade avaliar os efeitos resultantes da presença de tais solventes.

Os ensaios ecotoxicológicos mais importantes, aplicados mundialmente foram normatizados por agências nacionais e internacionais — tais como ISO, OCDE e a agência paulista de meio ambiente do estado de São Paulo - CETESB (Companhia de Tecnologia de Saneamento Ambiental).

10.5.3.12. Efeitos sobre organismos aquáticos

A toxicidade aquática estuda os efeitos tóxicos dos solventes sobre os organismos representativos do ambiente aquático. O meio aquático é considerado o mais importante compartimento receptor, pois solventes lançados no ar ou no solo irão atingi-lo através das chuvas, lavagem do solo e infiltrações.

O estudo dos efeitos de solventes sobre a vida aquática pode ser realizado através de ensaios biológicos "in loco" ou em condições laboratoriais, sendo estes últimos mais utilizados por permitirem um controle mais efetivo dos fatores ocasionais (exemplo: temperatura, pH, duração de exposição, meio, concentração). Com relação ao organismo-teste, por razões técnicas e econômicas, é impossível testar todas as espécies que fazem parte do ecossistema aquático. O critério mais amplamente aceito é o de se escolher espécies representativas de diferentes níveis tróficos (posição na cadeia alimentar). São utilizados testes com bactérias, algas, macro-invertebrados bentônicos, crustáceos (Daphnia para água doce e camarão para água do mar), peixes de água doce (trutas, paulistinha) e de água salgada.

O ensaio de toxicidade aguda avalia os efeitos, em geral, severos e rápidos, sofridos pelos organismos expostos ao solvente, em um curto período de tempo, geralmente de um a quatro dias.

Como critérios-teste, que permitem a leitura do efeito agudo de uma amostra, foram definidas as reações fundamentais do organismo-teste. No caso de peixes essa reação é a morte, no caso de microcrustáceos a mobilidade, no caso de fotobactérias a inibição da emissão de luz, no caso do Pseudomonas a inibição respiratória ou do crescimento, no caso de algas a inibição do crescimento ou o aumento da fluorescência.

Os resultados são expressos em Concentração Efetiva ou Letal inicial mediana (CE50 ou CL50), que correspondem à concentração nominal do solvente, no início do teste, que causa efeito agudo (letalidade ou imobilidade) a 50% dos organismos-teste, em determinado período de tempo de exposição.

A toxicidade aguda é normalmente determinada empregando-se as seguintes espécies:

- Peixes, tais como *Pimephales promelas, Danio rerio, Lepomis macrochirus*. O valor de CL50 em 96 horas é determinado pelo método OCDE 203 ou equivalente;
- Crustáceos, tais como *Daphnia Magna, Daphnia Similis, Daphnia pulex*. O valor de CE50 em 24 ou 48 horas é determinado pelo método OCDE 202 ou equivalente;
- Algas, tais como *Scenedesmus quadricauda, Scenedesmus subspicatus, Chlorella vulgaris*. O valor de CE50 em 72 ou 96 horas (redução da taxa de crescimento em 50%) é determinado pelo método OCDE 201 ou equivalente.

Segundo Petrus (1995), os critérios de classificação adotados pela CEE (Comunidade Econômica Européia) são os seguintes:

Classificação CEE	Resultados de Ensaio de Toxicidade Aquática Aguda:
Sem efeito nefasto conhecido	CL ou CE 50% > 100 mg/L
Nocivo	CL ou CE 50% > 10 mg/L e ≤ 100 mg/L
Tóxico	CL ou CE 50% > 1 mg/L e ≤ 10 mg/L
Muito tóxico	CL ou CE 50% ≤ 1 mg/L

O ensaio de toxicidade crônica permite avaliar os efeitos adversos mais sutis aos organismos expostos, tais como efeitos no crescimento, sobrevivência, reprodução e desenvolvimento. A duração dos testes pode variar de sete dias a meses, dependendo da espécie.

Os dados de toxicidade aquática crônica são menos disponíveis e os procedimentos experimentais menos padronizados, comparativamente com a toxicidade aguda. Os testes mais usados para a determinação do valor da Concentração de Efeito Não Observado, (CENO) que corresponde à maior concentração nominal do solvente que não causa efeito deletério estatisticamente significativo nos organismos, durante determinado tempo de exposição, nas condições de teste, são OCDE 210 (primeiro estágio de vida para peixes) ou OCDE 211 (reprodução de *Daphnia*).

10.5.3.13. Efeitos sobre organismos terrestres

Para a ecotoxicidade terrestre, são utilizados testes com vermes de terra (minhocas), vegetais superiores, pássaros e abelhas. Exemplo de testes padronizados para a determinação de toxicidade terrestre: OCDE 207 (toxicidade aguda em minhocas: *Eisenia foetida*), OCDE 208 (toxicidade aguda em plantas), OCDE 216/217 (efeitos sobre microorganismos do solo), OECD 206 (toxicidade crônica em pássaros).

10.5.3.14. Efeitos nocivos diversos

Diversos processos químicos, importantes do ponto de vista de efeitos nocivos ambientais ocorrem no ar, seja este puro ou poluído. Estas reações podem ocorrer na troposfera, que compreende a região do nível da superfície terrestre até cerca de 15 quilômetros de altitude ou na estratosfera, que abrange aproximadamente dos 15 até 50 quilômetros.

10.5.4. Potencial de formação de ozônio fotoquimicamente

Altos níveis de ozônio troposférico são produzidos como resultados das reações entre poluentes, induzidas pela ação da luz. Segundo Baird, os reagentes mais importantes envolvidos nestas reações são os compostos orgânicos voláteis (VOCs) e óxidos de nitrogênio, e seus compostos finais são ozônio, ácido nítrico e compostos orgânicos parcialmente oxidados.

$$VOCs + NO^0 + O_2 + Luz \longrightarrow O_3 + HNO_3 + \text{Compostos orgânicos}$$

Diversas escalas de reatividade fotoquímica foram desenvolvidas para classificação de compostos orgânicos em relação ao seu potencial para produzir ozônio, entre elas a escala Maximum Incremental Reactivity (MIR). O conceito da escala MIR foi desenvolvido por Carter (1998) para a organização *California Air Resources Board*. Baseia-se na Reatividade Adicional que corresponde ao número de moléculas de ozônio formadas por átomo de carbono adicionado à mistura atmosférica de VOCs original, para uma dada relação de VOC/NOx. A medida de MIR corresponde ao máximo de Reatividade Adicional de um dado VOC, expressa em termos de gO_3/g VOC e a Tabela 1 apresenta estes valores para alguns produtos.

A relação completa dos valores de MIR pode ser encontrada no trabalho do Carter através do http://pah.cert.ucr.edu/~carter/r98tab.htm

Tabela 10.5. Valores de reatividade adicional – MIR (grama de ozônio formado por grama de produto)

Substância	IR (g/g)	Substância	IR (g/g)
Acetato de amila	1,16	Cidobutanona	0,73
Acetato de etila	0,80	Dimetil éter	1,02
Acetato de isobutila	1,08	Etanol	1,92
Acetato de isopropila	1,21	Etil benzeno	2,97
Acetato de n-butila	1,14	Etilenoglicol	5,66
Acetato de propila	0,98	Glicerol	3,76
Acetato de s-butila	1,72	Metanol	0,99
Acetato de t-butil	0,21	Metil butil éter	1,34
Acetileno	1,23	Metilsobutirato	0,42
Acetona	0,48	m-Xileno	11,06
Ácido acético	0,67	o-Xileno	7,83
Ácido propiônico	1,37	Propilenoglicol	2,65
Alcool isopropílico	0,81	p-Xileno	4,44
Benzeno	1,00	Tolueno	4,19

Fonte: Carter, 1998

10.5.4.1. Potencial de destruição da camada de ozônio

A camada de ozônio (O_3) é uma concentração do gás de ozônio situada na alta atmosfera, entre 15 a 50 km de altitude, ou seja, na estratosfera. Esta camada filtra a maior parte da radiação ultravioleta biologicamente nociva do sol (UV-B) e qualquer modificação desta radiação pode derivar provavelmente em efeitos diversos à saúde e ao meio ambiente.

Elencamos abaixo quais são, segundo a Convenção de Viena para a Proteção da Camada de Ozônio, as substâncias químicas, de origem natural e antropogênica, que têm presumidamente o potencial de modificar as propriedades físicas e químicas da camada de ozônio.

a) Substâncias do grupo do carbono: monóxido de carbono (CO), dióxido de carbono (CO_2), metano (CH_4) e as espécies de hidrocarbonos sem metano.

As espécies de hidrocarbonos sem metano, que são constituídas de um grande número de substâncias químicas, têm fontes tanto naturais como antropogênicas e desempenham um papel direto na fotoquímica troposférica, além de papel indireto na fotoquímica estratosférica.

b) Substâncias do grupo do nitrogênio: óxido nitroso (N_2O), óxido de nitrogênio (NO_x)

As fontes de NO_x ao nível do solo representam um papel direto decisivo nos processos fotoquímicos troposféricos, bem como um papel indireto na fotoquímica da estratosfera, ao passo que injeções de NOx próximas à camada intermediária entre a troposfera e a estratosfera podem levar diretamente a mudanças no ozônio das camadas superiores da troposfera e estratosfera.

c) Substâncias do grupo do cloro: alcanos completamente e parcialmente halogenados, por exemplo: CFC-11, CFC-12, CFC-113, CFC-114, CFC-22, CFC-21.

d) Substâncias do grupo do bromo: alcanos completamente halogenados, por exemplo: CF_3Br.

e) Substâncias do grupo do hidrogênio: hidrogênio (H_2)

O hidrogênio, cuja origem é natural e também antropogênica, desempenha papel de menor importância na fotoquímica estratosférica.

f) Água (H_2O)

A água, que tem fonte natural, desempenha um papel vital na fotoquímica tanto da troposfera como da estratosfera. Fontes locais de vapor d'água na estratosfera incluem a oxidação de metano e, em grau menor, de hidrogênio.

O potencial de risco ou de destruição da camada de ozônio de uma substância química pode ser estimado pelo potencial de depleção de ozônio (ODP). ODP é definido como a depleção de ozônio na estratosfera causada pela emissão de uma unidade de massa de uma substância química relativa à depleção de ozônio causada pela emissão de uma unidade de massa de CFC-11. Qualquer substância com ODP maior que 0 pode destruir a camada de ozônio estratosférica. Em geral, valores de ODP próximos de zero são para substâncias com meia vida na atmosfera menores que um ano. (Verschueren, 2001). Observa-se também que muitas substâncias com potencial de depleção da camada de ozônio também possuem potencial para o aquecimento global.

O Protocolo de Montreal, que é um tratado internacional em que os países signatários se comprometem a substituir as substâncias ODP, não inclui solventes não-halogenados em sua relação de ODP.

10.5.5. Potencial de aquecimento global

As emissões de gases de efeito estufa são consideradas a principal causa de mudanças climáticas, sendo regulamentadas pela Convenção-Quadro das Nações Unidas (UNFCC) e pelo subseqüente Protocolo de Kyoto, que não contempla nenhum solvente industrial.

10.5.6. Efeitos nas estações de tratamento de águas residuais

Rejeitos de solventes em meios aquosos podem atingir estações de tratamento de águas residuárias urbanas ou industriais, e em função de suas características, serem eliminados por processos químicos e/ou biológicos, tais como volatilização, adsorção e biodegradação.

Em estações de tratamento por processos biológicos, tais como lodos ativados, um solvente pode eventualmente provocar efeitos adversos, em função da quantidade rejeitada, de sua toxicidade aos organismos que constituem os lodos ativados e de sua biodegradabilidade. Exemplos de efeitos adversos são choques de carga e inibição parcial ou total do sistema biológico, com perda de eficiência do tratamento.

Testes respirométricos de inibição do consumo de oxigênio dos organismos de lodos ativados (OCDE 209 ou ISO 8192) e testes de simulação de tratamento por lodos ativados em unidades pilotos de laboratório (OCDE 303A ou ISO 11733), podem ser empregados para avaliar os efeitos e a tratabilidade de solventes em estações de tratamento biológico.

Links interesssantes

A web oferece inúmeros links com dados e informações relacionadas ao comportamento ambiental, higiene e saúde ocupacional dos solventes. A titulo de ilustração citamos os seguintes:

http://www.syrres.com/esc/chemfate.htm - Propriedades físico-químicas.

http://www.syrres.com/esc/physdemo.htm - Propriedades físico-químicas.

http://toxnet.nlm.nih.gov/cgi-bin/sis/htmlgen?HSDB.htm - Dados toxicológicos, propriedades físico-químicas e informações ecológicas.

http://www.syrres.com/esc/biodeg.htm - Dados de biodegradabilidade.

http://cfpub.epa.gov/ecotox/quick_query.htm - Dados de ecotoxicidade.

http://pah.cert.ucr.edu/~carter/r98tab.htm - Dados de reatividade fotoquimica.

http://www.syrres.com/esc/ozone.asp - Dados sobre ODP (Ozone Depletion Potencial) e GWP (Global Warming Potencial).

http://hq.unep.org/ozone/Montreal-Protocol/Montreal – Protocolo de Montreal

http://www2.mst.dk/common/Udgivramme/Frame.asp?pg=http://www2.mst.dk/udgiv/Publications/2001/87-7944-596-9/html/kap11_eng.htm – Informações ecológicas para os grupos de solventes mais comumente usados.

http://chemfinder.cambridgesoft.com/ - Fornece links de numerosos websites com dados sobre propriedades físico-químicas, toxicológicas e ecotoxicológicas.

http://www.portaldapesquisa.com.br/databases/sites

Referências Bibliográficas

Associação Brasileira de Higienistas Ocupacionais (ABHO) – I Congresso Panamericano de Higiene Ocupacional. Anais/Curso Estratégia de Amostragem de Agentes Químicos.

American Conference of Governmental and Industrial Hygienists (ACGIH) – Limites de Exposição Ocupacional (TLVs®) para Substâncias Químicas e Agentes Físicos & Índices Biológicos de Exposição (BEIs®). Tradução ABHO, 2005.

Agency for toxic substances and disease registry. (ATSDR). Public health assessment guidance manual. Boca Raton: Lewis Publishers, 1992.

Cartr, W. Updated maximum incremetal reactivity scale for regulatory application. 1998.

Cikui L., David G. Prediction of physical and chemical properties by quantitative structur-property relationships. American Laboratory 1997.

Comstock, B. S. A review of psychological measures relevant to central nervous system toxicity, with specific reference to solvent inhalation. Clin. Toxicol., 11: 317-24, 1977.

Haguenoer, J. M. & Furon, D. Toxicologie et hygiene industrielles. Paris, Technique et Documentation. v. 10, p. 91-198. 1983.

Mulhausen, J. R., Damiano, J. - Strategy for Assessing and Managing Occupational Exposures; Second Edition, AIHA Press.

M. MacLeod, D. Mackay. Modeling transport and deposition of contaminants to ecosystems of concern: a case study for the Laurentian Great Lakes. 2003.

Niosh Publication No. 87-104. Current Intelligence Bulletin 48/Organic Solvent Neurotoxicity, march 31, 1987.

Organizações das Nações Unidas (ONU). Convenção de Viena para a Proteção da Camada de Ozônio. 1985.

Organizações das Nações Unidas (ONU). Protocolo de Montreal sobre substâncias que destroem a camada de ozônio. 1989.

Zagatto P. A., Bertoletti E. Ecotoxicologia aquática – princípios e aplicações – 1ª edição. 2006.

Petrus R Fiches de données de sécurité pour les produits chimiques dangereux. Manuscrit définit – Rhone Poulenc Chimie. 1995.

Rivaldo S. Toxicologia Industrial, Saúde e Trabalho on line.

Verschueren K. Handbook of Environmental Data on Organic Chemicals, 4ª edição. 2001.

Rebouças Z. Avaliação da Exposição de Agentes Químicos e Físicos. ABIQUIM, Agosto 09. 2004.

Glossário

- H entalpia relativa
- $\Delta H°$ entalpia de reação a 25°C e 1 atm
- δ^- polaridade negativa
- δ^+ polaridade positiva
- pe momento de dipolo
- Q produto da carga na extremidade negativa
- l distância entre os centros de cargas
- atm   atmosfera
- °C   graus Celsius
- p pressão de vapor
- T_c temperatura crítica
- p_c pressão crítica
- C_nH_{2n} grupo alcano
- OH   grupo hidroxila
- O   oxigênio
- N   nitrogênio
- F   fluor
- $p.e.$ ponto de ebulição
- $p.f.$ ponto de fusão
- Na^+ ions sódio
- Cl^- ions cloreto
- K   Kelvin
- Pa   Pascal
- q cargas
- r distância entre as cargas no vácuo
- V energia potencial
- ε_0 permissividade no vácuo
- ε permissividade do meio
- ε_r permissividade relativa ou constante dielétrica
- k constante de Boltzman
- ρ densidade
- η viscosidade
- M massa molar
- P_m polarização
- T temperatura
- E energia
- R constante universal dos gases
- n_{21} índice de refração relativo
- v_1 velocidade da luz no meio 1
- v_2 velocidade da luz no meio 2
- c velocidade da luz no vácuo
- n índice de refração absoluto
- θ_1 ângulo de incidência
- θ_2 ângulo de refração
- γ tensão superficial
- w trabalho
- A_{sup} área de superfície
- s segundos
- m massa
- V volume
- d densidade relativa
- ρ_0 densidade absoluta padrão
- VOC   volatile organic compounds

Índice remissivo

A
Absorção, 23, 72, 159, 287
Acetais, 49, 60
acidez, 22, 294, 319
Ácido-base de Lewis, 23, 137, 142
Adesivos, 11, 35, 75, 259
aerossóis, 37, 69, 335
água, 3, 23, 30, 54, 108
Alcanos, 43, 103, 293, 313
Alcenos, 24, 45, 313
Alcinos, 43, 45
Álcoois, 21, 49, 104
Amidas, 25, 58, 59, 60
Aminas 26, 58, 319, 323
Análise de metais, 328
Anfipróticos, 22
Aprótico, 22, 58, 108, 109
Aquosos, 79, 178, 292, 379
automotivo, 2, 34, 36, 74
Azeotropia, 175, 192
Azeotrópicas, 173

B
Biodegradabilidade, 88, 151, 178, 381

C
Calefação, 160
Calor de fusão, 177, 273, 284-287
Camada de ozônio, 5, 64, 69, 88, 178, 388
capilares, 155, 271, 313
Cetonas, 6, 13-15, 21, 27-28, 50, 60, 104
Clean Air Act, 5, 6, 10, 72
Classificação, 21, 43, 92, 174, 334
Clorofluorcarbono, 5, 56
Coeficiente de distribuição, 177, 277, 279
colunas cromatográficas, 312, 325
Constante dielétrica, 23, 95, 106
    da Lei Henry, 378
    de Henry em água, 178
Copos Consistométricos, 155, 156

cor, 3, 151, 199, 206, 320
Critérios de escolha, 16, 66, 149, 252, 325
Cromatografia gasosa, 188, 310, 317, 325
    gasosa bidimensional, 313
    gasosa rápida, 313

D
Demanda Química de Oxigênio (DQO), 178, 382
Densidade
    absoluta, 112
    do vapor, 103, 178
    energia coesiva, 128, 137
    relativa, 380
detectores, 311, 327
Destilação
    extrativa, 173, 273, 281, 285, 287
    azeotrópica, 175, 273, 285
Diagrama de fases, 101, 174, 185
Diagrama ternário, 173, 178
Dipolar apróticos, 24, 25
Divisão de fases, 177

E
Ebulição, 26, 32, 44, 54, 90, 102
Eletronegatividade, 24, 43, 49, 98
Energia
    cinética, 96, 128, 129
    interna, 128, 129, 134
    potencial, 96, 97, 106, 128, 129, 135
    química, 96, 97, 129
    térmica, 29, 103, 105, 292
Entalpia, 27, 29, 97, 135, 186, 282, 298
    reação, 25, 31, 32, 44-48, 51, 55-57, 70, 84, 97
    relativa, 22, 26, 27, 28, 58, 76, 97, 107
EPA, 5, 23, 72, 76
espectrometria de massas, 311, 323, 325
    de absorção atômica, 327
    de infravermelho, 322, 323

Índice remissivo

A
Absorção, 23, 72, 159, 287
Acetais, 49, 60
acidez, 22, 294, 319
Ácido-base de Lewis, 23, 137, 142
Adesivos, 11, 35, 75, 259
aerossóis, 37, 69, 335
água, 3, 23, 30, 54, 108
Alcanos, 43, 103, 293, 313
Alcenos, 24, 45, 313
Alcinos, 43, 45
Álcoois, 21, 49, 104
Amidas, 25, 58, 59, 60
Aminas 26, 58, 319, 323
Análise de metais, 328
Anfipróticos, 22
Aprótico, 22, 58, 108, 109
Aquosos, 79, 178, 292, 379
automotivo, 2, 34, 36, 74
Azeotropia, 175, 192
Azeotrópicas, 173

B
Biodegradabilidade, 88, 151, 178, 381

C
Calefação, 160
Calor de fusão, 177, 273, 284-287
Camada de ozônio, 5, 64, 69, 88, 178, 388
capilares, 155, 271, 313
Cetonas, 6, 13-15, 21, 27-28, 50, 60, 104
Clean Air Act, 5, 6, 10, 72
Classificação, 21, 43, 92, 174, 334
Clorofluorcarbono, 5, 56
Coeficiente de distribuição, 177, 277, 279
colunas cromatográficas, 312, 325
Constante dielétrica, 23, 95, 106
    da Lei Henry, 378
    de Henry em água, 178
Copos Consistométricos, 155, 156

cor, 3, 151, 199, 206, 320
Critérios de escolha, 16, 66, 149, 252, 325
Cromatografia gasosa, 188, 310, 317, 325
    gasosa bidimensional, 313
    gasosa rápida, 313

D
Demanda Química de Oxigênio (DQO), 178, 382
Densidade
    absoluta, 112
    do vapor, 103, 178
    energia coesiva, 128, 137
    relativa, 380
detectores, 311, 327
Destilação
    extrativa, 173, 273, 281, 285, 287
    azeotrópica, 175, 273, 285
Diagrama de fases, 101, 174, 185
Diagrama ternário, 173, 178
Dipolar apróticos, 24, 25
Divisão de fases, 177

E
Ebulição, 26, 32, 44, 54, 90, 102
Eletronegatividade, 24, 43, 49, 98
Energia
    cinética, 96, 128, 129
    interna, 128, 129, 134
    potencial, 96, 97, 106, 128, 129, 135
    química, 96, 97, 129
    térmica, 29, 103, 105, 292
Entalpia, 27, 29, 97, 135, 186, 282, 298
    reação, 25, 31, 32, 44-48, 51, 55-57, 70, 84, 97
    relativa, 22, 26, 27, 28, 58, 76, 97, 107
EPA, 5, 23, 72, 76
espectrometria de massas, 311, 323, 325
    de absorção atômica, 327
    de infravermelho, 322, 323

de infravermelho por Transformada de Fourier, 322
Estabilidade
　química, 97, 151, 178, 285
　relativa, 97
Estado
　gasoso, 102, 103, 159, 376
　líquido, 20, 101-103, 105, 111, 136, 159
　sólido, 96, 101
Ésteres, 6, 21, 25, 27, 37, 53-56, 194
Éteres, 21, 49, 51, 60, 73, 104, 293
Evaporação, 26, 33, 151, 159
Extração líquido-líquido, 32, 173, 175, 177
Extrativa, 173, 281, 285, 287

F
faixa de destilação, 33, 310, 320
Fármacos, 2, 34, 35, 273
Fase
　diagrama, 101, 185
　equilíbrio, 184-186, 277, 284
　estabilidade, 100, 186
　gasosa, 57, 101, 106, 164, 169
　líquida, 31, 35, 100, 101, 106, 175, 278
　sólida, 100, 101, 106, 175
　transição, 106
fast-GC, 313, 315
Filmes líquidos, 111
Força
　atração, 28-30, 96, 195
　eletrostática, 99, 105, 107
　intermolecular, 30, 43, 50, 99, 112
　repulsão, 96, 195
　van der Waals, 99, 111
Fluido Newtoniano, 153, 154
　Pseudoplástico, 153
　tixotrópico, 155

G
Glicóis, 6, 21, 26, 49, 52, 194
Green Solvents, 63, 65, 67, 89

H
headspace, 317, 325, 329
Hidrocarbonetos, 3, 5-7, 22, 42, 45-47, 159
　aromáticos, 6, 21, 47, 60, 137, 281
Higroscopicidade, 168-170, 263
Hildebrand, 127, 128, 130-132, 135, 136, 138, 142, 188
Hildebrand & Scott, 128, 135, 136

I
ICP OES ou *Inductively Coupled Plasma Optical Emission Spectrometry*, 327-329
Impacto Ambiental, 8, 66, 69, 174, 179, 273, 352, 381
Índice de refração, 26, 27, 109-111, 274
　Kauributanol, 150
Interação dipolo, 99, 104
　dipolo ligação, 99, 107
　Soluto-Solvente, 19, 24, 28, 275, 298, 299
Interações intermoleculares, 104, 106, 107, 128, 131, 134, 275

K
Karl Fischer, 310, 319

L
Legislação dos Estados Unidos, 72
　Européia, 79
Ligação
　covalente, 97, 99, 104, 293
　hidrogênio, 24, 29, 56, 104, 136, 140, 195, 222, 275
　íon-dipolo, 25, 108
　iônica, 105

M
matéria não volátil, 310, 311, 320, 321
Método SIM ou Selective Ion Monitoring, 327
métodos físicos, 320
　químicos, 319
microchips, 37
microextração por fase sólida, 32
MIR, 76-79, 387, 388
miscibilidade, 49-51, 54, 135, 159, 175, 193, 280

N
não-aquosos, 21, 292-294
Não-polares apróticos, 25
Nitrilas, 58-60
Nitroalcanos, 58-60
odor residual, 310, 311, 322, 325, 326

O
Olefinas, 43, 52, 313, 322
Organoclorados, 57, 60
Organofluorados, 57, 60

P

Parâmetro de solubilidade, 29, 127, 128, 130, 134-136, 194
    modelos empíricos, 134
    Hildebrand, 136
    Prausnitz and Blanks, 127
    Hansen, 138, 142
    multiparâmetros, 134
Perda de solvente, 177, 180, 189, 298
Persistência biológica, 178
Pintura e revestimento, 33
Poder solvente, 149, 150, 151, 158, 159
Polar Próticos, 24, 25
Polaridade
    moléculas, 30, 54, 98, 99
Ponto
    de anilina, 150, 159, 231
    de ebulição, 26, 32
    de fusão, 26, 44, 50, 95, 100, 105
    triplo, 105, 106
Pressão
    de vapor, 27, 73, 88, 91, 178-180, 283
    externa, 102, 270
Processo extração, 276, 280
produtos agrícolas e alimentícios, 35
    de higiene pessoal, 8, 35
    de limpeza, 6, 20, 34, 35
Protocolo de Montreal, 5, 69, 85, 389
Pureza, 27, 32, 310

Q

queda de esfera, 155, 156
Química Verde, 16, 65, 67

R

Reações endotérmicas, 31, 97, 274, 289
    químicas, 31, 67, 82, 103, 292
Reatividade fotoquímica, 91, 178, 327
Reologia, 153
resistência ao permanganato, 310, 319, 320
Ressonância Magnética Nuclear, 323
Retenção de solventes, 164, 168
rotativos, 157

S

Seleção, 20, 35, 173, 184
Seletividade, 33, 180, 275, 277, 278, 284
Sistema, 67, 85, 96, 128, 152, 175
Solubilidade, 150, 170, 184, 193
Soluções, 20, 31, 136, 168, 279
Solvatação, 25, 31, 108, 289, 291

Solvente verde, 66, 89
Solventes
    classificação, 22
    critérios de escolha, 16, 66, 149, 325
    leves, 161, 202, 260
    médios, 160, 163
    pesados, 160, 163
    seleção, 25, 173, 178, 275, 296
    sistema, 37, 128, 312, 322
Solventes Orgânicos, 4, 21, 88, 111, 191, 230
    Oxigenados, 6, 49, 86, 321
SPME ou *Automated Phase solid extraction*, 326
Sulfonas, 58
Sulfóxidos, 58-60

T

Tabela periódica, 98
Taxa de diluição, 150, 158
    de evaporação, 27, 115, 187, 203
    de evaporação relativa (T.E.R.), 27
Técnicas analíticas acopladas, 310, 324, 327
Temperatura de evaporação, 26
Tensão superficial, 27, 95, 111, 151
Termobalanças, 164, 169
Tintas & Vernizes, 6, 9
Tintas de impressão, 10, 33
TLV, 353
Toxicidade, 20, 63, 66, 73, 85, 188

V

van der Waals, 99, 103
Vaporização
    calefação, 160
    ebulição, 26, 32, 44, 54, 90, 95, 102
    evaporação, 26, 151, 168
Varredura de íons, 327
Velocidade de evaporação, 149, 159, 298
Viscosidade, 27, 33, 100, 109
    dinâmica, 151, 157
    definição, 152
    cinemática, 153
Viscosímetro, 154-157
    capilares, 156
    copos consistoméricos, 155, 156
    queda de esfera, 155, 156
    rotativos, 155, 157
VOC = *volatile organic compounds*, 9, 11, 70

RR Donnelley
MOORE

IMPRESSÃO E ACABAMENTO
Av Tucunaré 299 - Tamboré
Cep. 06460.020 - Barueri - SP - Brasil
Tel.: (55-11) 2148 3500 (55-21) 2286 8644
Fax: (55-11) 2148 3701 (55-21) 2286 8844

IMPRESSO EM SISTEMA CTP